船舶海洋工学シリーズ⑩

船体艤装工学

（改訂版）

著者

福地　信義
内野　栄一郎
安田　耕造

監修

公益社団法人　日本船舶海洋工学会
能力開発センター教科書編纂委員会

成山堂書店

本書の内容の一部あるいは全部を無断で電子化を含む複写複製（コピー）及び他書への転載は，法律で認められた場合を除いて著作権者及び出版社の権利の侵害となります。成山堂書店は著作権者から上記に係る権利の管理について委託を受けていますので，その場合はあらかじめ成山堂書店 (03-3357-5861) に許諾を求めてください。なお，代行業者等の第三者による電子データ化及び電子書籍化は，いかなる場合も認められません。

「船舶海洋工学シリーズ」の発刊にあたって

　日本船舶海洋工学会は船舶工学および海洋工学を中心とする学術分野のわが国を代表する学会であり、船舶海洋関係産業界と学術をつなぐさまざまな活動を展開しています。

　わが国の少子高齢化の状況は、造船業においても例外にもれず、将来の開発・生産を支える若い技術者への技術伝承・後継者教育が喫緊かつ重要な課題となっています。

　当学会では、造船業や船舶海洋工学に係わる技術者・研究者の能力開発、および日本の造船技術力の維持・発展に資することを目的として、平成19年に能力開発センターを設立しました。さらに、平成21年より日本財団の助成のもと、大阪府立大学大学院池田良穂教授を委員長とする「教科書編纂委員会」を設置し、若き造船技術者の育成とレベルアップの礎となる教科書を企画・作成することになりました。

　これまで、当会の技術者・研究者の専門的な力を結集して執筆・編纂を続けてまいりましたが、船舶海洋工学に係わる広い分野にわたって技術者が学んでおくべき基礎技術を体系的にまとめた「船舶海洋工学シリーズ」として結実することができました。

　本シリーズが、多くの学生、技術者、研究者諸氏に利用され、今後日本の造船産業技術競争力の維持・発展に寄与されますことを心より期待いたします。

公益社団法人　日本船舶海洋工学会
会長　谷口　友一

「船舶海洋工学シリーズ」の編纂に携わって

　日本船舶海洋工学会の能力開発センターでは、日本の造船事業・造船研究の主体を成す技術者・研究者の能力開発、あわせて日本の造船技術力の維持・発展に関わる諸問題に対して、学会としての役割を果たしていくために種々の活動を行っていますが、「船舶海洋工学シリーズ」もその一環として企画されました。

　少子高齢化の状況下、各造船所は大学の船舶海洋関係学科卒に加え、他の工学分野の卒業生を多く確保して早急な後継者教育に努めています。他方で、これらの技術者教育に使用する適切な教科書が体系的にまとめられておらず、円滑かつ網羅的に造船業を学ぶ環境が整備されていない問題がありました。

　本シリーズはこれに対応するため、本学会の技術者・研究者の力を合わせて執筆・編纂に取り組み、船舶の復原性、抵抗推進、船体運動、船体構造、海洋開発など船舶海洋技術に関わる科目ごとに、技術者が基本的に学んでおく必要がある技術内容を体系的に記載した「教科書」を目標として編纂しました。

　読者は、造船所の若手技術者、船舶海洋関係学科の学生のほか、船舶海洋関係学科以外の学科卒の技術者も対象です。造船所での社内教育や自己研鑽、大学学部授業、社会人教育などに広く活用して頂ければ幸甚です。

日本船舶海洋工学会　能力開発センター
教科書編纂委員会委員長　池田　良穂

教科書編纂委員会　委員

荒井　　誠（横浜国立大学大学院）	大沢　直樹（大阪大学大学院）
荻原　誠功（日本船舶海洋工学会）	奥本　泰久（大阪大学）
佐藤　　功（三菱重工業株式会社）	重見　利幸（日本海事協会）
篠田　岳思（九州大学大学院）	修理　英幸（東海大学）
慎　　燦益（長崎総合科学大学）	新開　明二（九州大学大学院）
末岡　英利（東京大学大学院）	鈴木　和夫（横浜国立大学大学院）
鈴木　英之（東京大学大学院）	戸澤　　秀（海上技術安全研究所）
戸田　保幸（大阪大学大学院）	内藤　　林（大阪大学）
中村　容透（川崎重工業株式会社）	西村　信一（三菱重工業株式会社）
橋本　博之（三菱重工業株式会社）	馬場　信弘（大阪府立大学大学院）
藤久保昌彦（大阪大学大学院）	藤本由紀夫（広島大学大学院）
安川　宏紀（広島大学大学院）	大和　裕幸（東京大学大学院）
吉川　孝男（九州大学大学院）	芳村　康男（北海道大学）

はじめに

(1) 艤装工学が包含する問題点

　現在の造船設計における日常業務では、多くは、類似船型を基にした倣い設計を組み入れることで、生産効率高めることが行なわれ、それなりの効果を挙げている。ただし、新しい船種や新機能のシステムが出現する場合には、新規の技術の創出が不可欠である。このために、既存の技術的環境を理解した上で、新たに生じる課題を解決して、設計案を具現化する能力を備えておくことが技術者として実に大切なことである。

　造船設計の中でも艤装工学の分野は極めて広い技術を包含し、出現する問題は極めて難解なものが多い。その理由の一つは艤装工学に関する問題の構造性にあり、いわゆる悪定義問題[注0-1]や悪構造問題[注0-2]が多くある。外には、他の設計上の問題と繋がっており、その関連性のために単独では解けない完結問題[注0-3]が存在している。さらに、艤装工学では、一般的な現象解析のようにクリスプなものから、感性や人的要因のように極めてあいまいさを含んでいたり、社会・経済・技術的環境の予測が困難なために設計要因を明確に計量化できない問題までが対象となる。これらの問題解決のためには、多くの知識を必要とするために経験と勘に頼ることが多いが、知識だけでなく、艤装に係わる現象を理解し、解析する能力が不可欠である。

(2) 艤装工学をとりまく環境

　船舶や海洋構造物などの船体艤装の計画・設計を行なうには、まずは必要機能を満足する設備・装置や艤装システムを案出して備え、船主などの要求に応えることは当然である。その際に標榜するものは、要求機能を満足するだけでなく、安全で、健康的な環境の創出・維持であり、それに加え利便性が高く、快適さを備えることである。この実現のためには、艤装設備・システムの知識と対処する解析力の外に、安全性、利便性や快適さとは何かを知り、安全環境や快適環境を具現化する設計を行なう必要がある。

　また、時代の趨勢として、船舶に対する省エネルギー化、省資源、省人化を強化する要請は益々強くなっている。一方、大気汚染、海洋汚染、地球温暖化などの地球環境問題への意識の高まりに対する適確な対応が求められている。この外、高度な先端技術の応用、寿命までの製造者責任の追及の傾向、規格の世界的統一への動きによるISO（国際標準化機構）との共通化など、艤装分野において今後取り組まなければならない課題は多い。

注0-1　悪定義問題：計画・設計に関わる問題は多種多様であり、解決すべき問題が必ずしも明確な定義や絶対的な条件のもとで出現するわけではなく、不完全な部分は経験の踏襲、個人の感性、価値観に基づき補完しなければ決定できない。このために、設計者の認識により解くべき問題の意味合いが異なる。

注0-2　悪構造問題：対象とする問題を解決するためには、どのような方法を用いてどのような過程で解いて行くかが決まっておらず、解決のアルゴリズムの構築が難しい問題。

注0-3　完結問題：一つの問題が他の問題と関連し、さらに連鎖した問題がある場合には、なんらかの仮定を設けてどこかでこの連鎖を断ち切らなければならないが、どこで切るかを問題視する問題。

(3) 艤装工学のテキストとしての本書

このために、本書では船体艤装設計において解決すべき問題に対応するための知識と解析法について述べている。

設計者は幅広い可能解の中から最適な設計値を求めて解析や探索をすることが多い。それには艤装設備やシステムに関する知識だけでなく、設計条件を決め、設計解を選択する理論的根拠を持つことが不可欠であり、本書では、その点に留意して構成しているために、説明がやや冗長的な箇所があるのは否めない。また、設計は自他の知識と経験の累積から成り立っている。このため、その累積量を増やすべく、出現する新規の問題を解決するための技術的知識を提示し、さらに数理解析のいくつかの例を交えて説明している。

なお、本書を書くに当たり、なるべく国内の造船所による統一した見解に基づく内容とするために、日本船舶海洋工学会造船設計・生産技術研究会造船設計部会（旧造船設計委員会）により作成された設計指針（JSDS）の内、P71 艤装品の振動、P83 救命設備、P86 船内交通、P87 コンテナ船艤装、P89 大型船の係船装置、P90 ハッチカバー、P92 操舵装置、P101 居住区防火・防熱などを参考にしている。

注意が必要なのは、本書の中では、SOLASの規定を始め、多くの国際的な規定、国内法に基づく規定について述べているが、それらにはそれぞれ緩和事項がある場合もあり、また時代の趨勢に応じて条文は適宜改正されるので、詳細については最新の規則を参照することが望ましい。

2012年9月

著者代表　福地 信義

改訂版発行にあたって

2012年に本書の初版を発行以来、多くの関係者にご利用いただいた。幸いにも今回、改訂版発行の機会を得て、全編を見直すこととした。

今回の発行にあたっては、2015年より強制となった船舶の騒音規制について、また、2004年に採択され、2017年9月8日に発効した『バラスト水及び沈殿物の管制及び管理のための国際条約（バラスト水管理条約）』に関連する部分について改訂を行った。

本書が引き続き、関係各位に活用されるならば、望外の喜びである。

2019年1月

著者代表　福地 信義

目　次

はじめに

第 1 章　船体艤装序論 ……………………………………………………………… 1

1.1　船体艤装工学の思考過程 …………………………………………………… 1
1.2　艤装システムの構想から設計まで ………………………………………… 2
　　(1)　艤装計画における機能解析 ……………………………………………… 2
　　(2)　計画・設計条件 …………………………………………………………… 2
1.3　艤装工学に関わる問題の構造 ……………………………………………… 3
　　(1)　新規計画の過程 …………………………………………………………… 3
　　(2)　艤装設計が包含する問題の性格 ………………………………………… 5

第 2 章　艤装問題の解析と状態方程式 …………………………………………… 7

2.1　状態量の勾配と輸送方程式 ………………………………………………… 7
　　(1)　勾配と拡散 ………………………………………………………………… 7
　　(2)　状態量の輸送方程式 ……………………………………………………… 7
2.2　熱の流れ（伝熱と熱量） …………………………………………………… 9
　　(1)　熱の伝わり方 ……………………………………………………………… 9
　　(2)　定常熱伝導 ………………………………………………………………… 10
　　　　Fourier の法則／多層平板の場合／円管の場合
　　(3)　非定常熱伝導 ……………………………………………………………… 11
　　　　熱伝導方程式／（例）物体の表面温度が周期的に変る場合
　　(4)　対流熱伝達 ………………………………………………………………… 14
　　　　空間における対流熱伝達／固体表面における熱伝達／Nusselt 数と相似則／Nusselt 数の実用式
　　　　／熱貫流率
　　(5)　放射熱伝達 ………………………………………………………………… 20
　　　　熱放射の概要／熱放射に関する法則／放射熱伝達の様相
2.3　流体の流れ …………………………………………………………………… 25
　　(1)　流体に関する基本事項 …………………………………………………… 25
　　　　流体の種類／流体の性質
　　(2)　流体の運動 ………………………………………………………………… 27
　　　　流れの場の解析／状態量の連成：（例）対流熱伝達の状態方程式／乱流の場合の解析
2.4　ガス（物質）の拡散 ………………………………………………………… 29
　　(1)　ガス体に関する基本事項 ………………………………………………… 29
　　　　気体とは／ガス体の性質
　　(2)　ガス（物質）の拡散解析 ………………………………………………… 31
　　　　ガス（物質）の輸送方程式／気相流としての粒子濃度拡散方程式

第 3 章　管　艤　装 ………………………………………………………………… 33

3.1　給排水およびポンピング（液体の流れ） ………………………………… 33

(1) 配管に関する基本事項 ……………………………………………………………… 33
　　液体の性質／配管系の構成品
(2) 配管艤装設計 ………………………………………………………………………… 36
　　配管系の設計順序／圧力損失の計算／ポンプ類
(3) 大容量のポンピング計算 …………………………………………………………… 40
　　タンクの液位が比較的高い場合／タンクの液位が低い場合

3.2 配管システムと管装置 …………………………………………………………………… 42
(1) 船舶のバラストおよびビルジ ……………………………………………………… 42
　　バラスト管装置（Ballast water piping system）／ビルジ管装置（Bilge piping system）／空気抜管（Air escape pipe）または空気管（Air pipe）
(2) 小径配管 ……………………………………………………………………………… 46
　　測深管装置（Sounding pipe）／燃料油移送管（Fuel oil transfer pipe）／油圧管システム（Hydraulic oil system）
(3) 海水の利用 …………………………………………………………………………… 47
　　雑用海水管（Sea water pipe）／海水淡水化

3.3 タンカーの配管システム ………………………………………………………………… 48
(1) 貨油関係の配管システム …………………………………………………………… 48
　　貨油管システム（Cargo oil piping system）／貨油ポンプ能力／貨油ポンプの制御／自動浚油装置（Automatic stripping device）
(2) 管系の遠隔指示と制御 ……………………………………………………………… 50
　　荷役遠隔制御システム／液面の遠隔指示装置
(3) その他の諸管装置 …………………………………………………………………… 51
　　バラスト管装置（Ballast water piping system）／ベント管装置（Vent line）／イナートガス管装置（Inert gas line）／タンク洗浄管装置（Tank cleaning line）／タンク加熱管装置（Tank heating piping line）

3.4 居住区の給排水・衛生装置 ……………………………………………………………… 54
(1) 給水・給湯設備 ……………………………………………………………………… 54
　　給排水設備の設計／清水管（Fresh water line）／温水管（Hot water line）／飲料水管（Drinking water line）
(2) 排水と衛生設備 ……………………………………………………………………… 56
　　船舶の排水管装置／衛生設備

第4章　甲板艤装・鉄艤装 …………………………………………………………………… 59

4.1 係船装置 …………………………………………………………………………………… 59
(1) 係船装置の計画 ……………………………………………………………………… 59
　　係船力の算定基準／係船方法
(2) 艤装数と錨、錨鎖、係船索 ………………………………………………………… 61
　　艤装数（Equipment number）／錨（Anchor）／錨鎖（Anchor chain）／係船索（Mooring rope）
(3) 投・揚錨機 …………………………………………………………………………… 63
　　揚錨機（ウインドラス　Windlass）／錨鎖孔（ホースパイプ　Hawse pipe）／制鎖器（Chain compressor）と制鎖止（Chain stopper）
(4) 係船機と係船金物 …………………………………………………………………… 65
　　係船機（ムアリングウインチ　Mooring winch）／係船金物

4.2 荷役装置 …………………………………………………………………………………… 68
(1) デッキクレーン（Deck crane） …………………………………………………… 69
　　ジブ型デッキクレーン（Jib-type deck crane）／ガントリー型デッキクレーン（Gantry-type deck crane）
(2) コンテナ荷役装置（Container handling system） ……………………………… 70

コンテナの概要／コンテナ船独自の設備／コンテナの積付と固縛

4.3 ハッチカバー ……………………………………………………………………… 75
(1) ハッチカバーの機能・性能 …………………………………………………… 75
用途と機能／強度／開閉機能
(2) ハッチカバーの構造と艤装 …………………………………………………… 76
ハッチカバーの種類／ハッチカバーの駆動と締付

4.4 操舵装置 …………………………………………………………………………… 79
(1) 操舵装置の要件 ………………………………………………………………… 79
操舵装置に関する規則／主操舵装置／補助操舵装置
(2) 操舵装置の構成と機能 ………………………………………………………… 80
操舵装置の構成／操舵機の力量

4.5 交通装置と閉鎖装置 ……………………………………………………………… 83
(1) 交通装置の必要性と要点 ……………………………………………………… 83
必要性／交通バリアフリー法の適用
(2) 代表的な交通装置 ……………………………………………………………… 84
梯子／ハッチおよびマンホール／扉（Door）／乗船装置／手摺（Hand rail）

4.6 救命設備 …………………………………………………………………………… 87
(1) 救命設備に関する規則 ………………………………………………………… 88
規則の適用／SOLAS 条約の近年の改正
(2) 救命設備と救命艇 ……………………………………………………………… 88
救命設備の一般要件／救命艇（Life boat）／ボートダビット（Boat davit）／自由降下型救命艇の架台／救助艇（Rescue boat）／膨張式救命筏（Inflatable liferaft）／その他の救命器具

4.7 通風装置 …………………………………………………………………………… 91
(1) 貨物倉の通風装置 ……………………………………………………………… 91
バラ積貨物船の貨物倉の通風／コンテナ船の貨物倉の通風／一般貨物船の貨物倉の通風
(2) 自然通風装置 …………………………………………………………………… 92
窓、天窓／通風筒

4.8 艤装品の振動 ……………………………………………………………………… 93
(1) 艤装品の共振 …………………………………………………………………… 93
振動源と共振現象／防振対策／固有振動数の計算
(2) 艤装品の振動数推定—（例）レーダーマスト ……………………………… 95
梁モデルによる固有振動数の計算／振動数の決定要因

第5章　快適さのための環境設計 ……………………………………………………… 101

5.1 快適さと環境 ……………………………………………………………………… 101
(1) 快適さに影響を与える要因 …………………………………………………… 101
(2) 環境と適応 ……………………………………………………………………… 101
刺激と調整／ホメオステイシス（Homeostatis）
(3) 感覚量と Weber-Fechner の法則 ……………………………………………… 102

5.2 視覚環境 …………………………………………………………………………… 102
(1) 物の見え方 ……………………………………………………………………… 103
光に関する物理量と感覚量／視覚による識別／光の分光分布
(2) 光に対する視覚系の反応 ……………………………………………………… 105
視覚系の生理反応／視覚系の心理反応／色彩調節／形態の美しさ
(3) 採光と照明 ……………………………………………………………………… 108
採光設計／人工照明

5.3 聴覚環境 ……………………………………………………………………… 111
(1) 音の基礎知識 ………………………………………………………… 111
音の伝播／音の強さと単位
(2) 音空間の知覚（音響） ……………………………………………… 113
可聴音と音量感／残響感と音響設計
(3) 騒音と対策 …………………………………………………………… 117
騒音（Noise）とは／騒音防止設計
(4) 騒音予測のための解析 ……………………………………………… 124
実績法とヤンセン法／SEA 法（統計的エネルギー解析）
(5) 騒音源と具体的対策 ………………………………………………… 127
機器から発生する騒音／流れの乱れを素とする流体音

5.4 振動環境 ……………………………………………………………………… 128
(1) 振動と人間 …………………………………………………………… 128
振動の受容／振動の感度と許容限界／全身振動の身体的影響／防振対策
(2) 動揺病（乗り物酔い、船酔い） …………………………………… 131

5.5 温熱環境 ……………………………………………………………………… 131
(1) 温熱環境の人体熱バランス ………………………………………… 131
人体温熱要因と環境要因／人体熱平衡方程式と蓄熱量
(2) 快適さと温熱指標 …………………………………………………… 133
有効温度（Effective temperature、ET）／効果温度（Operative temperature、OT）／PMV（Predicted Mean Vote）／湿球黒球温度（Wet bulb globe temperature、WBGT）

第6章 居住区艤装 ……………………………………………………………… 137

6.1 居住区艤装の計画 …………………………………………………………… 137
(1) 居住区設計の概念 …………………………………………………… 137
(2) 居住区配置と設備 …………………………………………………… 138
居住区に配置される諸室／船橋（Bridge）の艤装／諸室配置図の作成

6.2 居住区画の空気条件 ………………………………………………………… 140
(1) 空気の性状 …………………………………………………………… 140
気体の一般的性質／湿り空気
(2) 室内空気汚染 ………………………………………………………… 146
空気汚染と健康／空気汚染への対策

6.3 換気・通気 …………………………………………………………………… 147
(1) 換気の意義と方法 …………………………………………………… 147
換気の必要性と換気量／換気設備の概要
(2) 換気量と汚染空気 …………………………………………………… 149
換気によるガス濃度の変化／換気効率
(3) 機械換気 ……………………………………………………………… 152
換気計画の順序／必要風圧（圧力損失）の計算／ダクト径の決め方／エア・ダクトと送風機

6.4 冷暖房と空気調和 …………………………………………………………… 158
(1) 暖房設備 ……………………………………………………………… 158
暖房負荷／暖房方式と装置／暖房時の室温変化
(2) 冷房と空気調和 ……………………………………………………… 162
空気調和の方式／空気調和の計算／冷凍機と冷凍サイクル

6.5 居住のための設備 …………………………………………………………… 169
(1) 糧食冷蔵庫 …………………………………………………………… 169

冷蔵庫／冷凍機
　（2）防熱構造と内装材 ··· 171
　　　防熱の目的と熱伝導／防熱構造材／内装材
　（3）諸設備 ··· 173
　　　家具／調理室からの廃棄物の処理

第7章　艤装システムの安全 ·· 175

7.1　事故の構造と安全性 ·· 175
　（1）事故の状態 ·· 175
　　　事故の構造と要因／事故の遷移
　（2）人間―機械系の過誤 ·· 177
　　　機能配分と信頼性確保／人的過誤の発生と対応

7.2　艤装システムの信頼性解析 ·· 178
　（1）単一基準の信頼性評価 ·· 179
　（2）複合的システムの信頼性評価 ·· 179
　　　複合的システムの信頼性評価法／FMEA（故障モードとその影響解析）
　（3）フォールトツリー解析（Fault Tree Analysis、FTA） ·· 180
　　　フォールトツリー解析の概要／人的要因と過誤の発生
　（4）イベントツリー解析（Event Tree Analysis、ETA） ··· 185
　　　イベントツリー解析の概要／（例）船舶の静止物への衝突

7.3　リスク解析 ·· 186
　（1）人間―機械系の信頼性とリスク解析 ·· 186
　　　リスク解析の過程／リスク評価
　（2）卓越事象への対策とリスク評価―（例）避難安全システム ··· 188
　　　FTAによる信頼性解析と対策案／安全システムのリスク評価

7.4　火災安全 ·· 191
　（1）火災安全の基本要因 ·· 191
　　　火災安全要件／火災安全の必要機能と評価／船舶火災の特徴
　（2）火災における燃焼 ·· 192
　　　燃焼の理論／区画火災
　（3）防火構造に関する規定 ·· 196
　　　SOLASの規定／構造と材料の詳細
　（4）煙の流動 ·· 198
　　　煙の性状／発煙量と排煙
　（5）消火装置 ·· 200
　　　消火の原理／消火装置と効用／水消火装置／スプリンクラー消火装置／水噴霧消火装置／泡消火装置／ドライケミカル（粉末）消火装置／炭酸ガス消火装置／火災探知装置
　（6）区画火災現象の解析 ·· 206
　　　火災現象の数理モデル／ゾーンモデル（Zone model）／フィールドモデル（Field model）

7.5　避難安全 ·· 210
　（1）避難計画と規定 ·· 210
　　　避難計画の考え方／旅客船に関するSOLASの規定
　（2）避難行動とシミュレーション ·· 213
　　　避難計画に係わる人的要因／火災時避難の予測計算

参考文献一覧 ·· 216
索　　引 ·· 219

第1章　船体艤装序論

1.1　船体艤装工学の思考過程

　船体艤装の計画・設計は日常業務の上では、類似船をベースに倣い設計を行なうことが多いが、時代の推移とともに新規の艤装設備・システムの必要性が高まり、対応を迫られることがあり得る。例えば、時代の要請に応じてイナートガス装置やバラスト水処理装置が新たに出現した。

　船体艤装に関する新規の計画・設計案を創出するための思考過程は、次のように、[1] 船体艤装に関する技術的環境の理解、[2] 計画・設計案の具体化、[3] 案の評価の3段階になる[1.1][1.2]。

[1] 対象となる装置・システムが機能する環境の理解

　　　艤装装置・システムの機能する環境には設計の背景条件、目標条件（後述）があり、また制約としての技術レベルおよび企画遂行のためのプログラム条件（後述）がある。このために、科学技術および社会科学の知識を応用・適用して機能環境の理解を行う。これには、過去の類似船の計画・設計から経験対比により理解することもある。

[2] 目的とする機能とそれを実現する技術手段の具体化

　　　機能環境に適合する具現化技術の候補案を創生・選出して、その目標条件・プログラム条件に最も適していると考えられる技術・手段を選考する。それに対して、機能性、経済性、信頼性などの観点から検討を行い、設計案を具体化する。

[3] 設計の候補案（結果）の評価

　　　得られた設計案を背景、目標、プログラム条件に関して評価を行い、評価基準に基づき満足度を調べる。もし評価結果が悪ければ [2] のステップに戻り、他の候補案を検討する。

　以上のような計画・設計の処理手順をフローチャートで表すと図1.1のようになる。なお、このようなルーチンを経て、最終的な候補案が決定される。

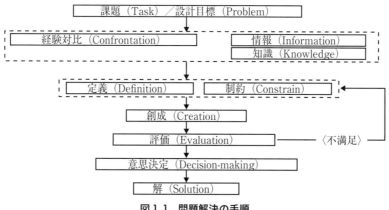

図1.1　問題解決の手順

1.2 艤装システムの構想から設計まで

(1) 艤装計画における機能解析

艤装設計を行う際には、船主の要求または需要予測調査によるニーズなどによって、要求される目的・機能を明らかにする必要がある。これに対して、設計される艤装システムは個々の構成部品（装置）やシステムに至るまでの要求機能を明確化し、各要求項目に対する満足度・達成度を分析する機能解析を行うことになる。

計画・設計すべき機能は、以下の3点について規定されたり、定義付けられている。従って、これらは設計を行うための基本的な必要事項である。

a) 機能を規定する具体的な方式を創出または選出する。
b) 機能は規模（大きさ、容量、対象範囲）や性格（機能、性能、能力）などで規定される。
c) 設計対象の規模や性格に応じて適切な機能範囲がある。

上記の計画すべき機能 a)、b)、c) の例として、バラスト水処理装置を新しく企画する場合について考えてみる。

a) この具体的な方式としては、1) フィルター・電気分解装置、2) オゾン発生・注入装置、3) 凝集・磁気分離技術、4) ハイドロクローネ・電気分解装置などが考えられる。バラスト水処理装置には安全性・環境影響、処理能力、装置積載性、経済性などを種々要求されるが、これらは処理装置を特定してはじめて具体的に定めることができる。
b) 規模や性格については、例えばバラスト水処理装置のもつ処理能力を規定するには時間当りの処理量、処理精度、エネルギー消費量、使用化学薬品などを定める必要がある。仕様書にはこれらの規定量が記述される。
c) 一般に、あらゆる機能要求をすべて満足できる万能な（最適な）方式は存在しないことが多いが、機能要求を満たす方式の中でも最も望ましい（好適な）機能範囲がある。バラスト水処理装置の好適域は対象バラスト水の量、運転費用などの経済性、装置の大きさと使用頻度などに応じて決まり、船種や船主の好みに応じて適切な装置が選択される。

(2) 計画・設計条件

船体艤装の計画・設計の条件としては以下の3条件がある。

a) 背景条件

　　企画の背景となる条件であり、対象目的、技術レベル、環境（気象、自然環境、社会情勢、経済状況など）、法律、ルール、社会的慣習などがある。

　　船体艤装の計画では、既存の艤装システムの充足度と新規システムの必要性、経済的環境、利用頻度などが背景条件となる。

b) 目標条件

　　企画の目標を示すものであり、機能（使われ方、規模）、性能（構造、設備、仕上材料など）、性格（意匠、姿勢、利便性、快適さ、安全度など）が問題となる。

　　船体艤装システムでは、機能と能力、安全レベル、意匠デザイン、消費エネルギー、環境負荷などの目標を定める必要がある。

c）プログラム条件

　　企画を遂行するために、コスト（投資計画、コストスタディ）、技術（技術レベル、施工法、製作技術など）、発注方式（設計者、業者、メーカーの選定）などが種々の条件を満たしているか調べる必要がある。

　以上のように、船体艤装システムの企画では運用計画、設備費、運用経費、施工メーカー、製造メーカーなどを策定する。ただし、船体艤装に関しては、耐振性、動揺、海水による腐食、波浪、ドレン、強い紫外線、居住区の振動、騒音などの船特有の問題があり、その対策を十分に設計に盛り込むことが必要である。その外にも、装置の故障は船員が対応することが多いために修理が容易で、部品の入手が容易なことが求められ、さらに艤装品の選択に際し、適用規則、認定品の調査を十分に行うことが求められる。

1.3　艤装工学に関わる問題の構造

(1) 新規計画の過程

　艤装システムの新規計画には主に次の要件を検討する必要がある[1.2]。

a）必要性

　　需要予測や社会的要請などに基づくニーズの詳細な製品企画・分析が必要であり、船主、用船者、荷主などの顧客に対して新規艤装システムの必要性に関するマーケティング調査を行なう。

b）コストと効果

　　投入コストとその効果（Cost/ Performance）を明確にする。新規艤装システムの導入効果については、効果に関する評価項目や評価基準が明確でないものが多く、そのあいまいさも含めて判定する必要がある。ただし、コストの積算根拠が不明確な時点では、コストの投入にリスクを伴うことがある。また、未知の要因が含まれることもあり、艤装システム計画の確実性が求められる。

c）信頼性と安全性

　　艤装システムの不備項目を予測して対応策をたて、システムの信頼性と安全性を確立する必要がある。ただし、事故などの想定には予測不可能なものもあり、また必要以上の安全のための重対策は過重なコストを要して実現不可能となることもあり、その適切な折り合い点を見つけることが重要である。

d）適応性

　　艤装システムの使い勝手と馴染み易さを確保することで、システムへの信頼感を持たせ得る。これには、船舶運用者側に対するアンケート調査などによる予測を行なって、その結果を設計へ取り組むことが必要である。

e）維持管理

　　種々の艤装システムの作動時における変更やトラブルへの修復を行い易いように設計して、システム維持と保守の容易さを確保する。

f）柔軟性

システム運用時における変更要求に容易に対応できるようにシステムに柔軟性を持たせる。

新しい艤装システムを具現化するには、課せられた制約の下で、ニーズを満たす最適なシステムを構築するための計画を行うことが肝要である。原則としては、ある構想に基づき戦略的な機能計画を作成することから始まり、システムの柔軟性と経済性のトレードオフ関係などを分析して、その実現化のための設計が行なわれる。

新規環境システムの構想から具現化に至るまでの過程は図1.2のようになる。なお、この図の中の各要因は以下のような作業内容が含まれている。

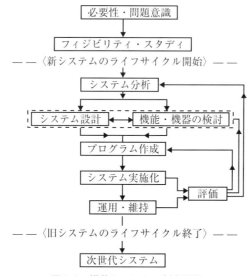

図1.2 艤装システムの創出過程

［フィジビリティ・スタディ］（Feasibility study）（実行可能性の研究）
 a）艤装システムの構想に関する問題点を明確にする。
 b）システムの概念設計を行い、構想を具現的な形にする。
 c）システムの導入効果を分析し、システム構想の妥当性を調べる。

［システム分析］（System analysis）
 a）艤装システムに関わる機能分析を行い、システム仕様（機能要件など）を決める。
 b）システム機能とシステム構造について検討し、計画仕様を明確にする。

［システム設計と機能・機器の検討］（System design and Hardware study）
 a）機能要件に基づき艤装システム設計を行う。これらの作業は選定する機能・機器の情報を取り込みながら行う。
 b）システム設計に対応した機器や設備の所要仕様を決める。
 c）機器・設備の評価・選定を行う。

［プログラム作成］
 a）艤装システム運用のためのプログラムを設計する。
 b）プログラムのテストを行う。

［システム実施化］
　a）艤装システムの作動テストおよび総合的なテストを行う。
　b）運転マニュアルなどを作成し、運用側に移行・引継ぎを行う。

［運用・維持］（運用側）
　a）艤装システムの運用を行う。
　b）システム維持のための保守・保全を行い、必要なら改善する。

［評価］（設計側および運用側）
　a）運用を通して艤装システムの評価を行う。これに基づき保守や改善を行う。
　b）システムの更新の必要性を検討する。
　c）次世代システムの構想のための概念や機能要件をまとめる。

(2) 艤装設計が包含する問題の性格

　船装機器・システムは多種多様であり、日常的な計画・設計作業ではかなり経験や勘に頼ったり、倣い設計などで解決することが多いが、その設計には以下のような問題と構造性をもっている[1.3]。

a）設計の進渉過程（デザイン・スパイラル）において、設計者の認知に応じて問題の意味合いが異る。（悪定義問題）[注0-1]

b）設計条件、特に制約条件が絶対的でなく、総合的な判断によって制約が斟酌されたり緩和されたりする。（フレキシブル制約）

c）問題解決のアルゴリズムの構築が難しい。（悪構造問題）[注0-2]

d）複数の候補案がある場合に評価基準の設定が難しい。

　従って、このような問題を包含する艤装計画・設計では、"最適解"は存在せず、多くの人を納得させ得る"満足解"を求めることが多い。

第2章　艤装問題の解析と状態方程式

2.1 状態量の勾配と輸送方程式

(1) 勾配と拡散

温度やガス濃度などの状態量に勾配（濃淡）があると、必ず高い方から低い方へ拡散が生じる。これは熱力学第2法則（自然状態ではエントロピーは増大する）に準拠することを意味する。ここで、x_i を座標 ($i=1,2,3$) とすると、状態量の勾配と拡散力は以下のように比例関係にある。

・熱（温度）の場合：熱流束　　　$q = -\lambda \dfrac{\partial \theta}{\partial x_i}$　　　[Fourier の法則]　　　(2.1)

ここに、θ は温度、λ は熱伝導率である。

・物質（ガスなど）の場合：物質拡散力　　　$f = -D \dfrac{\partial m}{\partial x_i}$　　　[Fick の法則]　　　(2.2)

ここに、m は物質濃度、D は物質拡散係数である。

・運動量の場合：この量は剪断力として現われる　　　$\tau = \mu \dfrac{\partial u_i}{\partial x_j}$　　$(i \neq j)$　　　(2.3)

ここに、u_i は i 軸方向の流速 ($i=1,2,3$)、μ は粘性係数である。

(2) 状態量の輸送方程式

力学系における全ての力の釣合いは次式で表わされ、拡散系の問題においても、これに従う。ただし、扱う状態量によって各項の意味する量が異なることになる。

$$\sigma^{ij}\big|_j + X^i = 0 \quad （総和規約^{注2-1}を適用） \quad (2.4)$$

ここに、σ^{ij} は応力テンソル（反変量）、X^i は物体力、$\big|_j$ は共変微分[注2-2]を意味する。

例えば、運動量の輸送方程式（"Navier-Stokes の運動方程式"ともいう）はこの平衡式から以

注2-1　（アインシュタイン）総和規約：総和記号をいちいち書くのは面倒なので、1つの項に同じ添え字が2度以上現れるときには、総和記号を省略して記述して表記し、総和を取るというルールのこと。例えば、3次元空間では、$u_i v^i = u_1 v^1 + u_2 v^2 + u_3 v^3$ のようになる。

下のように導かれる。（直交直線座標系で表す）

（2.4）式の応力勾配は物体力と慣性力につり合うので次式が成り立つ。なお、t は時間、ρ は質量である。

$$\sigma^{ij}\big|_j = -X^i + \rho\left(\frac{\partial u_i}{\partial t} + u_j\frac{\partial u_i}{\partial x_j}\right) \tag{2.5}$$

非圧縮性粘性流体について考える。流体中の圧力 p は垂直応力の平均として定義でき、偏差応力 s_{ij} は次のように表される。

$$s_{ij} = \sigma_{ij} + p\delta_{ij} \tag{2.6}$$

粘性流体では、偏差応力 s_{ij} は偏差ひずみ速度 $\dot{e}_{ij}$ と比例関係 $s_{ij}=2\mu\dot{e}_{ij}$ にあり、さらに偏差ひずみ速度は次式のように流速 u_i に関係づけられる。

$$\dot{e}_{ij} = \frac{De_{ij}}{Dt} = \frac{1}{2}\left(\frac{\partial u_i}{\partial x_j} + \frac{\partial u_j}{\partial x_i}\right) \tag{2.7}$$

（2.5）式、（2.6）式、（2.7）式より、次のように Navier-Stokes の運動方程式が求まる。

$$\rho\left(\frac{\partial u_i}{\partial t} + u_j\frac{\partial u_i}{\partial x_j}\right) = -\frac{\partial p}{\partial x_i} + \frac{\partial}{\partial x_j}\left(\mu_j\frac{\partial u_i}{\partial x_j}\right) + X^i \tag{2.8}$$

他の状態量も同様に慣性項と拡散項が主体の輸送方程式となる。

ⅰ）温度の輸送方程式（熱拡散方程式）

$$\frac{\partial \theta}{\partial t} + u_j\frac{\partial \theta}{\partial x_j} = \frac{\partial}{\partial x_j}\left(k_j\frac{\partial \theta}{\partial x_j}\right) \tag{2.9}$$

ここに k_j は j 方向の熱拡散率である。

ⅱ）物質の輸送方程式（ガス拡散方程式）

注2-2 共変微分：副次2次元空間（曲面座標）では、偏微分を $v_{\alpha,\beta}$, $v^\alpha{}_{,\beta}$ とし、$\Gamma^\alpha_{\beta\gamma}$ をクリストフェル記号とすると、

$$v_\alpha\big\|_\beta = v_{\alpha,\beta} - v_\gamma\Gamma^\gamma_{\alpha\beta}, \qquad v^\alpha\big\|_\beta = v^\alpha{}_{,\beta} + v^\gamma\Gamma^\alpha_{\beta\gamma}$$

と表される。なお、右辺第2項は曲面座標のもつ曲率による微係数の修正項に相当する。

$$\frac{\partial m}{\partial t} + u_j \frac{\partial m}{\partial x_j} = \frac{\partial}{\partial x_j}\left(D_j \frac{\partial m}{\partial x_j}\right) \tag{2.10}$$

ここに D_j は j 方向の物質拡散率である。

これらの輸送方程式は一般的には数値解析などで直接計算することになる。一方、解くべき場に応じて、積分した形の状態量による収支方程式を用いることも多い。例えば、多区画の火災伝播現象の解析では Zone Model（各区画を均一状態のゾーンに分けて解く。後述）が用いられる。

このように、艤装計画・設計では多くの状態量について計算・検討することが多いが、基になる輸送方程式は(2.4)式一つであり、状態量に応じて様態が異なるだけである。そう考えると、一つの状態量の解析や性状に精通すると、他の状態量に関しても同じように馴染むことができる。

2.2 熱の流れ（伝熱と熱量）

(1) 熱の伝わり方

基本的にみて熱の伝わり方には熱伝導、対流熱伝達および放射熱伝達の3様態がある。

a) 熱伝導（Heat conduction）

固体内で熱が移動するのは、内部エネルギーが主に熱による原子振動の形で、一つの分子から他の分子へ伝達される結果であり、この現象を"熱伝導"という。

熱伝導現象は液体中や気体中でも生ずるが、そのような物質内では分子が常に移動しており、分子の拡散による伝熱現象も同時に起り、それに比べて熱伝導による伝熱量は小さい。船体艤装では、熱伝導は例えば保温あるいは壁体の熱損失、熱取得の問題などに関係する。

b) 対流熱伝達（Heat convection）

液体および気体内においては、上述の熱伝導現象に加え、流体の移動（移流）によって熱が運ばれることになる。このような現象を"対流熱伝達"という。温度差によって発生する体積変化により比重差を生じて、対流が起こる現象を"自然対流熱伝達"と呼び、強制的に流動させられている場合の熱伝達を"強制対流熱伝達"と呼ぶ。これらの現象は、例えば室内の空気調和や油タンク内の油加熱装置の設計などに関係する。

c) 放射熱伝達（Heat radiation）

物質はその相には関係なく電磁波の形で熱エネルギーを放出でき、また吸収することができる。この様態の伝熱現象を"熱放射"といい、この現象による伝熱を"放射熱伝達"という。

例えばラジエータ表面からの熱放射が、ほとんど中間の空気を加熱することなく、放射面に相対する物体を加熱する現象である。

以上述べた3種類の伝熱様態は基本型であって、現実にはこれらは常に組み合わされて同時に存在している。たとえば、高温流体と低温流体が固体壁によって隔てられている場合には、

　　　［高温流体（対流熱伝達）］—（熱放射）→［固体壁面（熱伝導）］
　　　　　　　　　　　　　　　　— （熱放射）→［低温流体（対流熱伝達）］

の形で伝熱が行なわれる。このような壁体を通した伝熱現象は特に"熱貫流"と呼ばれている。

(2) 定常熱伝導

定常熱伝導は、固体内やほとんど動かない流体（例、狭い間隙の中の液体）などにおいて、時間の経過に関係なく同じ状態の熱伝導が起きる現象である。艤装設計では、僅かな時間変化は無視することが一般的であり、定常熱伝導として計算することが多い。

(a) Fourier の法則

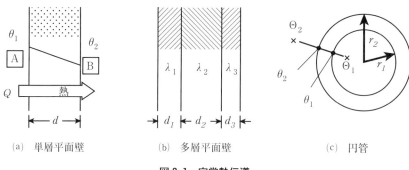

(a) 単層平面壁　　(b) 多層平面壁　　(c) 円管

図 2.1　定常熱伝導

均質な材料でできた厚さ d の平面壁（平板）の場合（図 2.1(a) 参照）、A→B を通して流れる熱伝導量 Q（J≡Ws）は次の"Fourier の法則"で表される。

$$Q = \lambda \cdot \frac{\theta_1 - \theta_2}{d} \cdot A \cdot t \tag{2.11}$$

ここに、θ_1, θ_2 は両側表面の温度であり、$(\theta_1 - \theta_2)/d$ は平均温度勾配(K/m)を表わし、A は伝熱面積（m²）、t は経過時間（s、実用的には h）である。また、λ は熱伝導において単位時間に単位面積を通過する熱エネルギーを温度勾配で割った物理量であり、"熱伝導率"(W/mK) といい、伝熱媒体の材料で決まる。その逆数を"熱伝導抵抗"といい、d/λ は熱伝導に対する抵抗の大きさを意味する。

一般的な材料の室温付近での熱伝導率（単位: W/mK）は、銅（Cu）398、アルミニウム（Al）236、シリコン（Si）168、真鍮 106、鉄（Fe）84、ガラス 1、水（H₂O）0.6、エポキシ樹脂 0.21、シリコン（Q ゴム）0.16、羊毛 0.05、発泡ポリスチレン（Styrofoam）0.03 程度である。

不均質な材料の場合には、平均温度勾配の代わりに各点の温度勾配（微係数）を用いて表す。

$$dQ = q\,dA \cdot t, \quad q \equiv -\lambda \frac{d\theta}{dx} \tag{2.12}$$

ここに、q は熱流束（heat flux）であり、単位時間、単位面積当り通過する熱流量 (W/m²) である。

(b) 多層平板の場合

構造材を防熱材で覆う場合のように、図2.1(b)に示すような多層の平板が重なった構造の熱伝導は、各層の熱伝導抵抗 d_i/λ_i を加算して温度勾配を求め、次式で算出できる。

$$Q = \frac{\theta_1 - \theta_2}{\sum_i d_i/\lambda_i} A \cdot t \tag{2.13}$$

ここに、d_i/λ_i は各層の熱伝導抵抗 (m^2K/W) である。(電気回路では電気抵抗に相当する)

(c) 円管の場合

平板の場合には一次元的に熱が伝わるために、(2.11)、(2.13)のような伝熱式となるが、円管のように中心から離れるに従って対数的に伝熱域が拡がる場合(図2.1(c)参照)には、次式で熱流束が表される。

$$[単層の場合]\ q = 2\pi \frac{\lambda(\theta_1 - \theta_2)}{\log_e(r_2/r_1)}、\quad [複層の場合]\ q = 2\pi \frac{\theta_1 - \theta_2}{\sum_i \frac{1}{\lambda_i} \log_e(r_{i+1}/r_i)} \tag{2.14}$$

ここに、r_1, r_2 および r_i, r_{i+1} は対象円管の内半径と外半径であり、λ(単層)または λ_i(複層)は熱伝導率である。

(3) 非定常熱伝導

固体内などにおいて、時間とともに熱伝導状態が変化する場合には、構成する各伝熱要素内における熱の不均衡により要素の熱容量に応じて温度変化する。

(a) 熱伝導方程式

(1) 1次元的な熱の流れ

壁体(平板)において、厚さ方向に座標 x をとり、非定常熱伝導の状態について考えてみる。その微小要素 $[x \sim x+dx]$(体積 $dA \times dx$)の熱収支は以下のようになる。(図2.2を参照)

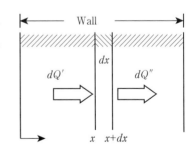

図2.2 非定常熱伝導の熱収支

[x 点より流入する熱量]: $dQ' = -\lambda \frac{\partial \theta}{\partial x} dA dt$

[$x+dx$ 点より流出する熱量]:

$$dQ'' = -\{\lambda \frac{\partial \theta}{\partial x} + \frac{\partial}{\partial x}(\lambda \frac{\partial \theta}{\partial x}) dx\} dA dt$$

要素 dx 間に増加した熱量 dQ は次式となる。

$$dQ = dQ' - dQ'' \qquad [1]$$

体積（$dA \times dx$）の物体の温度変化は $\partial\theta/\partial t$ と表わされ、dt 間の熱量の変化は次のようになる。

$$dQ = c\rho \frac{\partial\theta}{\partial t} dx dA \cdot dt \qquad [2]$$

ここに、c は物体の比熱（J/kgK）、ρ は物体の単位体積当りの密度（kg/m^3）である。

要素内の熱の不均衡量[1]は要素の熱容量に比例した温度変化のための熱量[2]と等しい。

$$\frac{\partial\theta}{\partial t} = \frac{1}{c\rho} \frac{\partial}{\partial x}\left(\lambda \frac{\partial\theta}{\partial x}\right) \qquad (2.15)$$

これが非定常熱伝導状態の伝熱方程式である。艤装工学では伝熱問題の対象となるのは、均質材の場合が多いが、その場合には物性値が定値なので、$a = \lambda/c\rho$ を"熱拡散率"（m^2/s、実用的には m^2/h）として、伝熱方程式は次のように表される。

$$\frac{\partial\theta}{\partial t} = a\frac{\partial^2\theta}{\partial x^2} \qquad (2.16)$$

熱拡散率（thermal diffusivity）は"温度伝播率"ともいわれ、後述の対流熱伝達における熱拡散係数（thermal diffusion coefficient）と異なった物理現象を表す量である。

なお、定常状態の単層壁では、上式左辺は 0（ゼロ）であり、均質材での解は $\theta = Ax + B$ の形になって、内部の温度分布が直線的であることが分かる。

(2) 3次元的な場合

3次元的な伝熱方程式は、非等方性または非均質の場合には各軸方向の熱伝導率（$\lambda_x, \lambda_y, \lambda_z$）を用いて、次のように表される。

$$\frac{\partial\theta}{\partial t} = \frac{1}{c\rho}\left[\frac{\partial}{\partial x}\left(\lambda_x \frac{\partial\theta}{\partial x}\right) + \frac{\partial}{\partial y}\left(\lambda_y \frac{\partial\theta}{\partial y}\right) + \frac{\partial}{\partial z}\left(\lambda_z \frac{\partial\theta}{\partial z}\right)\right] \qquad (2.17)$$

また均質材の場合には次のようになる。

$$\frac{\partial\theta}{\partial t} = \frac{\lambda}{c\rho}\left(\frac{\partial^2\theta}{\partial x^2} + \frac{\partial^2\theta}{\partial y^2} + \frac{\partial^2\theta}{\partial z^2}\right) \qquad (2.18)$$

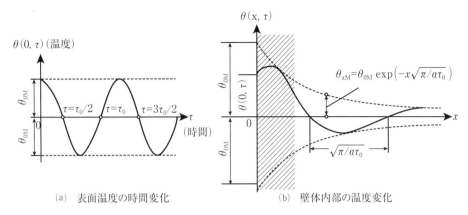

(a) 表面温度の時間変化　　(b) 壁体内部の温度変化

図2.3　表面温度の周期的変化による壁体内温度の変化

(b)（例）物体の表面温度が周期的に変る場合

非定常熱伝導の例として、厚い壁などの熱伝導を取扱うときによく使われる半無限固体の表面温度が周期的に変る場合、その内部の温度変化を知る1次元的な熱伝導について述べる。

いま、固体の表面温度 $\theta(0,\tau)$ が図2.3(a)のように余弦曲線的に変るものとする。壁表面および深さ x の位置での温度 $\theta(x,\tau)$（(2.16)式によって算出）は次の式で表わされる。

$$\theta(0,\tau) = \theta_{0M}\cos\left(2\pi\frac{\tau}{\tau_0}\right) \tag{2.19}$$

$$\theta(x,\tau) = \theta_{0M} e^{-x\sqrt{\frac{\pi}{a\tau_0}}} \cos\left(2\pi\frac{\tau}{\tau_0} - x\sqrt{\frac{\pi}{a\tau_0}}\right) \tag{2.20}$$

ここに、θ_{0M} は表面温度の最大振幅（℃）、π は円周率、τ は時間（s）、τ_0 は周期（s）、x は表面からの深さ（m）、a は温度拡散率（m²/s）である。(2.20)式を使って壁体内部などの温度分布や温度変化の時間的遅れなどを求めることができる。

例えば、時間を止めた場合、$\tau=0$ について考えれば、壁表面からの深さ x に応じた温度分布が求まる。表面から x の距離にある部分の温度 $\theta(x,0)$ は次式のようになる。

$$\theta(x,0) = \theta_{0M} e^{-x\sqrt{\frac{\pi}{a\tau_0}}} \cos\left(x\sqrt{\frac{\pi}{a\tau_0}}\right) \tag{2.21}$$

この温度振幅 θ_{xM} はこの余弦曲線の極大値と極小値であるから、次式で表わされる。

$$\theta_{xM} = \theta_{0M} e^{-x\sqrt{\frac{\pi}{a\tau_0}}} \tag{2.22}$$

また、壁体内部の温度変化は、図2.3(b)に示すように、xの増加につれて指数関数的に小さくなっていくことが分かる。

(4) 対流熱伝達

対流熱伝達は流体中の伝熱現象であり、流体粒子の移動（移流）と熱伝導によって起こる熱伝達である。特殊な場合を除いて前者の寄与が大きく、流れの状態により伝熱量が決まる。

(a) 空間における対流熱伝達
(1) 1次元的な熱の流れ

流体の流れ方向に座標xをとり、微小要素$[x \sim x+dx]$（体積$dA \times dx$）が速度uで移動している場合の熱収支を考えてみる。ここに、流体の熱伝導率をλ_f(W/mK)とする。

$$[x \text{より流入する熱量}]: dQ' = -\lambda_f \frac{\partial \theta}{\partial x} dA dt$$

$$[x+dx \text{より流出する熱量}]: dQ'' = -\left\{\lambda_f \frac{\partial \theta}{\partial x} + \frac{\partial}{\partial x}\left(\lambda_f \frac{\partial \theta}{\partial x}\right)dx\right\} dA dt$$

$$[dx \text{間に増加した熱量}]: dQ = dQ' - dQ'' = \frac{\partial}{\partial x}\left(\lambda_f \frac{\partial \theta}{\partial x}\right) dx dA \cdot dt \qquad [1]$$

体積($dA \times dx$)の物体の温度変化は$D\theta/Dt$と表され、dt間の熱量の変化は次のようになる。

$$dQ = c\rho \frac{D\theta}{Dt} dx dA \cdot dt \qquad [2]$$

ここに、cは物体の比熱（J/kgK）、ρは物体の密度（kg/m^3）である。なお、$D\theta/Dt$は、流体の移動速度uの考慮した、時間による物質微分であり、$D/Dt = \partial/\partial t + u\partial/\partial x$となる。この第2項が非定常熱伝導の場合と異なる。

要素内の熱の不均衡量[1]は熱量の変化[2]に等しいことより、次の対流熱伝達方程式が得られる。

$$\frac{\partial \theta}{\partial t} + u\frac{\partial \theta}{\partial x} = \frac{\partial}{\partial x}\left(\kappa \frac{\partial \theta}{\partial x}\right) \qquad (2.23)$$

ここに、$\kappa = \lambda_f/c\rho$は熱拡散係数（thermal diffusion coefficient）(m^2/s)であり、熱伝導の熱拡散率（thermal diffusivity）とは同種であるが、異なった物理現象を表す量である。なお、流れが乱流状態の場合にはκは乱流熱拡散係数を用いる。

(2) 3次元的な場合（x, y, z方向の流速をu, v, wとする）
a）流体が等方性の場合

$$\frac{\partial \theta}{\partial t}+u\frac{\partial \theta}{\partial x}+v\frac{\partial \theta}{\partial y}+w\frac{\partial \theta}{\partial z}=\kappa\left(\frac{\partial^2 \theta}{\partial x^2}+\frac{\partial^2 \theta}{\partial y^2}+\frac{\partial^2 \theta}{\partial z^2}\right) \tag{2.24}$$

b) 非等方性の場合（x, y, z 方向の熱拡散係数を $\kappa_x, \kappa_y, \kappa_z$ とする）

$$\frac{\partial \theta}{\partial t}+u\frac{\partial \theta}{\partial x}+v\frac{\partial \theta}{\partial y}+w\frac{\partial \theta}{\partial z}=\frac{\partial}{\partial x}\left(\kappa_x\frac{\partial \theta}{\partial x}\right)+\frac{\partial}{\partial y}\left(\kappa_y\frac{\partial \theta}{\partial y}\right)+\frac{\partial}{\partial z}\left(\kappa_z\frac{\partial \theta}{\partial z}\right) \tag{2.25}$$

ここに、x, y, z 方向の流速 u, v, w は"2.3 流体の流れ"において説明する連続の式と Navier-Stokes の方程式を解いて求めることになる。

(b) 固体表面における熱伝達

室内空気と周壁間の伝熱のように、固体と流体との間の熱移動では、熱伝導と流体の移動による熱伝達が起こる。この熱伝達は、固体近傍の流体が固体表面での摩擦により動きが制約される、いわゆる"境界層（boundary layer）"内で起る現象である。（図2.4(a)参照）

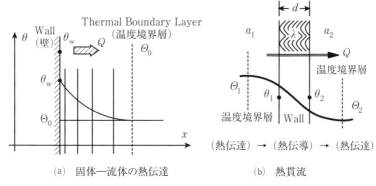

(a) 固体—流体の熱伝達　　(b) 熱貫流

図2.4　固体表面の熱伝達と熱貫流

(1) ニュートンの法則

固体表面の温度を θ_w、固体表面の影響が及ばない周囲流体の温度を Θ_0 とすると、固体の表面積 A（m²）を通して経過時間 t（s、実用的には h）内に固体から流体へ流れる熱量 Q（J≡Ws）は、"Newton の法則（Newton's Law）"と呼ばれる次の式により表わされる。

$$Q=\alpha(\theta_w-\Theta_0)\cdot A\cdot t \tag{2.26}$$

ここに、α は熱伝達率（W/m²K）であり、熱伝導の (λ/δ) に相当し、$1/\alpha$ は熱伝達抵抗（m²K/W）である。例えば、固体→空気間では $\alpha=9.3$（W/m²K）程度の値を設計では用いている。

(2) 熱伝達率

熱伝達率は、ⅰ）固体表面の粗滑、ⅱ）伝熱面の上、下、水平の向き、ⅲ）接する流体の動き

(流体の密度 ρ、粘性 μ、速度 v、比熱 c、流動状態などに依存する) によって大きく変わってくる。

広義には、熱伝達率は、対流熱伝達、沸騰熱伝達、凝縮熱伝達など、流体と物体間の熱移動を扱うための係数である。一般に、熱伝達率は物体表面で一様ではなく、流れの様相により時間的にも一定ではないが、平均値として熱の移動を扱うことが多い工学的な係数である。

(c) Nusselt 数と相似則

固体表面における熱流束は、固体側(温度 θ、表面温度 θ_w、熱伝導率 λ)の熱伝導量と流体側(境界層の外側温度 Θ_0)の熱伝達量が等しいと置けるので、固体表面の垂直方向を y とすると、次式で表わされる。

$$q = -\lambda \left(\frac{\partial \theta}{\partial y}\right)_{y=0} = \alpha(\theta_w - \Theta_0) \tag{2.27}$$

ここで、温度、長さ、速度の代表値として Θ, l, U を用いると、各状態量は $\theta = T'\Theta, \Theta_0 = T'_0\Theta, \theta_w = T'_w\Theta, y = y'l, u = u'U$ と無次元量(′を付している)によって表わすことができる。

$$\text{これより、} \quad \frac{\alpha l}{\lambda} = -\frac{1}{T'_w - T'_0}\left(\frac{\partial T'}{\partial y'}\right)_{y'=0} \tag{2.28}$$

上式の右辺は無次元量であり、従って左辺 $\alpha l/\lambda$ も無次元量となる。もし、2 つの温度の場において、この量が同一であれば温度の場が相似であることになり、この量 $N_u = \alpha l/\lambda$ を "Nusselt(ヌッセルト)数" という。これは、$\alpha = N_u(\lambda/l)$ と書き改めると、ヌッセルト数は静止している流体との熱伝導の比率を意味する。

2 つの系(例えば、実験モデルと実機)の熱伝達が相似であるためには、温度の場だけでなく、速度の場も相似である必要があり、その条件は熱エネルギーの収支方程式と運動方程式から次元解析によって導かれる。当然、強制対流か自然対流かによって用いる運動方程式が異なるために、両者の相似則も異なる。

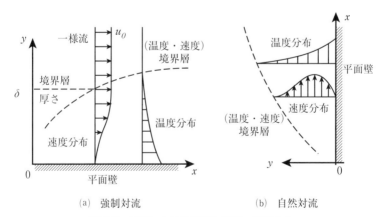

(a) 強制対流　　(b) 自然対流

図 2.5　対流による熱伝達と温度・速度分布

(1) 強制対流　　（概念図を図 2.5(a) に示す）

幾何学的に相似な 2 つの系において熱伝達が相似である条件として、熱エネルギーの収支方程式および一様流の境界層内における運動方程式を次元解析することにより、次の相似則が求まる。

$$R_e = \frac{Ul}{\nu}、\quad P_r = \frac{\nu}{a} \tag{2.29}$$

ここに、ν は流体の動粘性係数、a は固体の熱拡散率である。なお、これらの相似則 R_e は"Reynolds 数"、P_r は "Prandtl 数" といわれる。

強制対流の場合、速度場、温度場が相似になる条件は 2 つの系に対して R_e, P_r が等しいことから、ヌッセルト数は次の形に表現できる。

$$N_u = f_1(R_e, P_r) = C_1 \cdot R_e^m \cdot P_r^n \tag{2.30}$$

このような形にヌッセルト数を表わす式を理論や実験、実測などにより導いておくと、幾何学的に相似な実機などに対して適用できる。

(2) 自然対流　　（概念図を図 2.5(b) に示す）

熱エネルギーの収支方程式および温度差による浮力に基く運動方程式の次元解析により、次の相似則が求まり、これらの値が 2 つの系で等しければ熱伝達が相似である。

$$P_r = \frac{\nu}{a}, \quad R_e = \frac{Ul}{\nu}, \quad A_r = \frac{g\beta \cdot \triangle T \cdot l}{U^2} \tag{2.31}$$

ここに、$\triangle T$ は温度境界層内の温度差、β は流体の体積膨張率、g は重力の加速度である。また、A_r は "Archimedes 数" と呼ばれる。

ただし、自然対流は温度差により起ることから U を代表値として取れない。このために、R_e と A_r から U を消去して求めた次の相似則を用いる。

$$G_r = \frac{g\beta l^3 \triangle T}{\nu^2} \quad \text{(Grashof 数)} \tag{2.32}$$

自然対流の場合、速度場、温度場が相似になる条件は 2 つの系に対して G_r, P_r が等しいことである。このことから、ヌッセルト数は次の形に表現できる。

$$N_u = f_2(G_r \cdot P_r) = C_2 \cdot G_r^{m'} \cdot P_r^{n'} \tag{2.33}$$

(d) Nusselt 数の実用式

ヌッセルト数は無次元化された熱伝達率である。強制対流の場合には、無次元流速を意味する

(1) 多層平面壁の場合 （図 2.1(b)を参照）

$$K = \frac{1}{\dfrac{1}{\alpha_1} + \sum_{i=1}^{n} \dfrac{d_i}{\lambda_i} + \dfrac{1}{\alpha_2}} \tag{2.35}$$

ここに、α_1, α_2 は壁の両測（空気層）の熱伝達率 （W/m²K）、d_i は壁を構成している各材料の厚さ(m)、λ_i は各壁材料の熱伝導率（W/mK）である。

(2) 円管の場合

図 2.1(c)に示すような円管（内半径 r_1、外半径 r_2）では、[内側流体]―[円管]―[外側流体]の熱流束は等しく、次のように書くことができる。

$$q = 2\pi r_1 \alpha_1 (\Theta_1 - \theta_1) = \frac{2\pi(\theta_1 - \theta_2)}{\dfrac{1}{\lambda}\log_e(r_2/r_1)} = 2\pi r_2 \alpha_2 (\theta_2 - \Theta_2) \tag{2.36}$$

これより、円管の熱貫流束は次のように表わされる。

$$q = \frac{2\pi(\Theta_1 - \Theta_2)}{\dfrac{1}{\alpha_1 r_1} + \dfrac{1}{\lambda}\log_e(r_2/r_1) + \dfrac{1}{\alpha_2 r_2}} \tag{2.37}$$

管の厚さ δ が平均半径 r_m に比べて小さな円管では、その熱貫流率は平板と同じ形になる。

$$\frac{1}{K} = \frac{1}{2\pi r_m}\left(\frac{1}{\alpha_1} + \frac{\delta}{\lambda} + \frac{1}{\alpha_2}\right) \tag{2.38}$$

(5) 放射熱伝達

(a) 熱放射の概要

熱せられた物体表面から熱エネルギーが電磁波（横波）の形で他の物体に伝える現象が"熱放射（thermal radiation）"であり、熱が伝わる物体が互いに接触している必要がない。なお、熱線の波長は $\lambda = 0.8 \sim 400$（μm）（cf. 可視光線 $0.38 \sim 0.78$（μm））であり、真空中の進行速度は 2.9985×10^5（km/s）である。

ある物体に放射波が当ると、その一部は吸収され、他は反射または透過する。従って、これらの比率を次のように定義する。

　　吸収率：$A =$ [吸収エネルギー量] ÷ [放射エネルギー量]
　　反射率：$R =$ [物体表面で反射されるエネルギー量] ÷ [放射エネルギー量]
　　透過率：$T =$ [物体を透過するエネルギー量] ÷ [放射エネルギー量]

これらには、$A + R + T = 1$ の関係が成り立つが、不透明物質では $A + R = 1$ となる。

ここに、$A=1$ は "完全黒体（perfectly black body）" と呼ばれる理想体であり、$R=1$ は "完全な白（absolute white）" という。現実の物体はその中間であり、"灰色体（gray body）" といっている。

ある温度の完全黒体の放射能（熱放射発散度：物体のある波長について、放射される単位表面積、単位時間当たりのエネルギー量）を e_B、同温の一般物体からの放射能を e_i とすると、その比 $\varepsilon_i = e_i/e_B$ をその物体の "放射率（emissivity）" という。

(b) 熱放射に関する法則

(1) キルヒホッフの法則

図 2.8 のように、閉じた物体 II の中に物体 I がある場合の熱放射について考える。

ⅰ) 物体 I、II が同温の黒体の場合には、熱の移動はない。

ⅱ) 物体 II のみ黒体であり、I が一般物体で同温の場合にも系は閉じているので熱の移動はない。

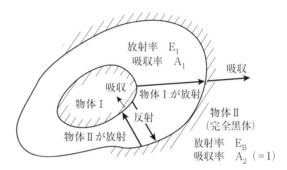

図 2.8 キルヒホッフの法則の概念

　　物体 I → II へ移る熱エネルギー：$[E_1 を放射] + [を受けて反射 E_B(1-A_1)]$

　　物体 II → I へ移る熱エネルギー：$[E_B を放射]$

　　熱の移動がないので両者は等しい：$E_B = E_1 + E_B(1-A_1)$

これより、$E_B = E_1/A_1$ となる。このことは、一般物体の放射率と吸収率の比は同じ温度では一定であり、黒体の放射率に等しいことを表わしている。また言い換えると、よく熱を吸収する物体はよく熱を放射するということで、これを "キルヒホッフの法則（Kirchhoff's Law）" という。

(2) プランクの法則

完全黒体からの熱などの放射を "黒体放射（輻射）" といい、ある温度の黒体から放射される電磁波のスペクトルは一定である。温度 $T(\mathrm{K})$ において、波長 $\lambda(\mathrm{m})$ の電磁波の黒体放射強度 $e_B(\lambda)$ は次式で表され、これを "Planck（プランク）の法則（Planck's Law）" といい、図 2.9 のように分布する。

$$e_B(\lambda) = \frac{2hC^2}{\lambda^5} \cdot \frac{1}{e^{hc/\lambda\kappa T}-1} \tag{2.39}$$

ここに、T は絶対温度 (K)、h はプランク定数 (6.624×10^{-34} J/Hz)、κ はボルツマン定数 (1.380×10^{-16} J/K)、C は熱エネルギーの進行速度 (2.9985×10^5 km/s) である。

一般物質の放射強度 $e_i(\lambda)$ は $e_B(\lambda)$ にその物質の放射率を乗じた $\varepsilon_i e_B$ より求められる。これを微

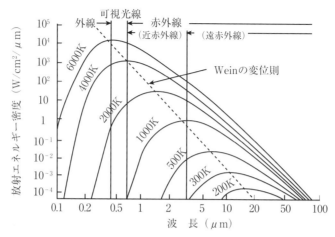

図 2.9 Planck の法則 （黒体からの温度と放射量の関係）

分して $e_i(\lambda)$ が極大となる λ を求めることで、放射強度最大の波長が T に反比例するという"Wein（ヴィーン、ウィーンともいう）の変位則"を得る。

いわゆる地球温暖化問題は、このプランクの法則が起因となる。表面温度が 6780K の太陽からの熱線は波長が短い電磁波が主体であり、地球を取り巻く温室効果ガスを透過し易い。一方、地球表面は 300K 前後であり、地球側から放出される熱線は波長が長い電磁波が主体となる。一般に、長波長であるほど分子間の通過が困難（散乱理論）となるために、地球側からの熱線は温室効果ガスを通過し難く、温室効果が生じる。従って、温室効果ガスの量が大気圏内の温度を決めることになり、地球温暖化を避けるためには、船舶では他の交通機関と同様に主機の排気ガスなどが問題となる。

(3) ステファン・ボルツマンの法則

プランクの法則で表わされる放射エネルギー $e_B(\lambda)$ を全波長について積分すると全放射エネルギー E_B が次の形に得られ、これを"ステファン・ボルツマンの法則（Stefan-Boltzmann's Law）"という。

$$E_B = \sigma T^4 \quad (\text{W/m}^2) \tag{2.40}$$

ここに、$\sigma = 2\kappa^4\pi^4/15h^3C$ はステファン・ボルツマン係数であり、その大きさは 5.6687×10^{-8} (W/m²K⁴) である。

実用的には、黒体の熱放射量（発散度）は $E_B = C_B T^4$(W/m²) と表わされる。ここに $C_B = 5.6687\times10^{-8}$(W/m²K⁴) は黒体の放射定数を意味する。

従って、一般物質の熱放射量は、キルヒホッフの法則によって、次のように表わされる。

$$E_i = C_i T^4 = C_B A_i T^4 \quad (\text{W/m}^2) \tag{2.41}$$

(c) 放射熱伝達の様相

(1) 平行平面の間における熱放射

十分な広さをもった二つの平面ⅠおよびⅡが図2.10のように互いに平行に向き合っている場合、それぞれの表面の絶対温度を T_1、T_2 ($T_1 > T_2$) とし、また放射率、吸収率を E_1、E_2 および A_1、A_2 とする。この場合には熱放射は互いに向き合っている方向にだけ行われるので、平面Ⅰから平面Ⅱに放射される熱エネルギー E_1 はステファン・ボルツマンの法則により次式で表わされる。

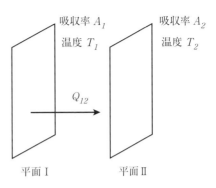

図 2.10 平行な平面板

$$E_1 = C_1 T_1^4 = C_B A_1 T_1^4 \tag{2.42}$$
$$E_2 = C_2 T_2^4 = C_B A_2 T_2^4 \tag{2.43}$$

ただし C_1、C_2、C_B はそれぞれ平面Ⅰ、Ⅱおよび完全黒体の放射定数である。一般物体の放射定数は表2.1に示すような値である。

表 2.1 各種固体表面の放射定数

物 質	放射定数	温度範囲 (℃)・摘要
アルミニウム研磨面	0.20	23
同　　酸化皮膜	0.55〜0.94	200〜600 (600℃加熱後)
真ちゅう研磨面	0.48	38〜315
同　　酸化皮膜	3.03〜2.93	200〜600 (600℃加熱後)
鋼　研　磨　面	1.14	116
同　　酸化皮膜	2.83	200〜600 (600℃加熱後)
鉄および鋼研磨面	0.69〜1.88	427〜4,027
同酸化面　圧延鋼板	3.27	21
同　　酸化鋳鋼	3.97	199〜600 (600℃加熱後)
亜 鉛 酸 化 面	0.55	400 (400℃加熱後)
ア ス ベ ス ト	4.71	常温　0〜400
耐火材料 (40種平均)		
不良放射体	3.47	600〜1,000
良放射体	4.22	600〜1,000
一般ペンキ (白も含む)	4.46	
アルミニウムペンキ	1.49〜2.48	アルミ量多いとき放射率小
平 滑 ガ ラ ス	4.66	22
砂　　　　　土	2.98	常温

平面Ⅰから平面Ⅱに向う全放射エネルギーの収支 (q_{12}) は次式で表わされる。

$$q_{12} = C_{eff}(T_1^4 - T_2^4) \tag{2.44}$$

ここに、$C_{eff}=1/(\dfrac{1}{C_1}+\dfrac{1}{C_2}-\dfrac{1}{C_B})$、これを"有効放射定数"と呼ぶ。

(2) 一般面間の熱放射

放射率 ε_i の物体が絶対温度 $T_i(\mathrm{K})$ の状態にある場合、熱放射発散度 $e_i(\mathrm{W/m^2})$ はステファン・ボルツマンの法則により次式で表わされる。

$$e_i = \varepsilon_i C_B T_i^4 \tag{2.45}$$

表面温度が T_1 と T_2 の2物体間での直接放射による熱流の収支 $q_{12}(\mathrm{W/m^2})$ は、キルヒホッフの法則より物体の吸収率と放射率は同じ大きさであることを考慮すると次のようになる。

$$q_{12} = \varepsilon_1 \varepsilon_2 C_B \varphi_{12}(T_1^4 - T_2^4) \tag{2.46}$$

ここに、φ_{12} は互いの物体をのぞむ立体角からなる全形態係数(一方の点から他の面をのぞむ立体角が点・面形態係数であり、それを一方の面について積分した面・面形態係数で表わす)である。

例えば、糧食冷蔵倉などの閉鎖空間では6面以上の周壁(天井、床を含む)に囲まれている。今、周壁の面数を n とする。直接放射と第1回反射による間接放射を加えた i 面の放射による熱収支量 $q_i(\mathrm{W/m^2})$ は次式で表わされる[2.2]。

$$q_i = e_i \sum_{j=1(i\neq j)}^{n}(\varphi_{ij}+\beta_{ij})F_j\varepsilon_j - F_i\varepsilon_i\sum_{j=1(i\neq j)}^{n}e_j(\varphi_{ji}+\beta_{ji}) \tag{2.47}$$

ここに、(2.47)式において β_{ij} を含む項は間接放射によるものである。

$$\beta_{ij}=(\alpha_{ii}-\varphi_{ji})\varphi_{ij}(1-\varepsilon_i)F_i+\alpha_{ij} \quad (i\neq j) \tag{2.48}$$

ただし、

$$\alpha_{ik}=\sum_{j=1(i\neq j)}^{n}\varphi_{ij}(1-\varepsilon_j)F_j\varphi_{jk} \tag{2.49}$$

$e_k(k=1,2,\cdots,n)$ は (2.45) 式に基づく k 面の放射発散度であり、F_k は k 面の表面積である。また、φ_{ij} は全形態係数であり、次式で定義される面点形態係数 φ_{ij}' の面 j 上の積

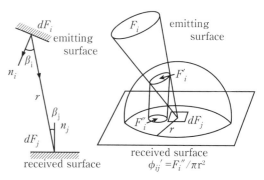

図2.11 一般面間の熱放射と形態係数

分平均値である(記号は図2.11を参照のこと)。

$$\varphi_{ij}' = \frac{F_i''}{\pi r^2} = \int_{F_i} \frac{\cos\beta_i \cdot \cos\beta_j}{\pi r^2} dF_i, \quad \varphi_{ij} = \frac{1}{F_j} \int_{F_i} \varphi_{ij}' dF_j \qquad (2.50)$$

2.3 流体の流れ

(1) 流体に関する基本事項

(a) 流体の種類

一般に、流体の粘性の度合いは流れ(x方向)のズレ速度の勾配$\partial u_x/\partial y$よって表される。ニュートン流体(Newtonian fluid)では、そのせん断応力τ_{xy}は、ニュートンの粘性法則により流れの速度勾配$\partial u_x/\partial y$と粘性係数μに正比例して、$\tau_{xy}=\mu\partial u_x/\partial y$と表される。なお、船体艤装で扱う流体のほとんどはニュートン流体と考えてよいが、時には特殊な粘性の液体が出現することがある。

非ニュートン流体については、図2.12に流体の種類とせん断特性を示している。また、ニュートンの粘性法則に当てはまらない非ニュートン流体の分類は次式により表わせる。

$$\tau_{xy} = \tau_0 + \eta(\partial u_x/\partial y)^n \qquad (2.51)$$

ここで、τ_{xy}はせん断応力、τ_0は降伏強度、ηは非ニュートン粘性、nは指数である。

非ニュートン流体の性質は次の3種類に大別されるが、特殊貨物などに時々見られる。

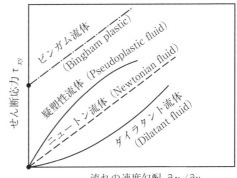

図2.12 流体の種類とせん断特性

1) 疑塑性流体(Pseudoplastic fluid):[$\tau_o=0$、n<1]
   流れが強くなるほど流動し易くなる流体である。
   (例) 塗料、糖蜜、濃縮ジュース、マヨネーズ、懸濁液、エマルジョンなど
2) ビンガム流体(Bingham plastic):[$\tau_o>0$、n=1]
   ある程度の力を加えない(一定のせん断応力に達しない)と流動しない流体である。
   (例) ペースト、印刷インキ、粘土、ケチャップ、塗料など
3) ダイラタント流体(Dilatant fluid):[$\tau_o=0$、n>1]
   速度勾配が大きい程せん断応力が増加し、ポンプ移送にとって厄介な流体である。
   (例) 一部の高流動点油(ミナス原油、大慶原油など)、スラリー、高懸濁液(波打ち際の砂)など

(b) 流体の性質

(1) 密度・比重量

密度は物理量としては、単位体積あたりの質量と定義され、物質のつまり具合の程度を意味している。単位としては（kg/m^3）を使用することが多い。特に液体の場合には、その様態が純粋液体、希釈液、混合液と様々なものがあり、その性質を密度で表すと便利な場合が多い。

単位体積あたりの重量は"比重量"といい、単位としてはSI単位（N/m^3）が用いられ、実用的には（kgf/m^3）も使われる。ただし、1kgf＝9.807N である。

なお、比重とは、ある物質の密度（単位体積あたり質量）と基準となる標準物質の密度との比であり、質量同士の比であるので無次元量となる。通常、固体および液体については水（温度を指定しない場合は4℃）、気体については、同温度、同圧力での空気を基準とする。

(2) 粘度

粘度は、流体の粘りの度合であり、"粘性率"、"粘性係数"とも呼ぶ。その大きさは、厚さ h の液体を間にはさんだ面積 A の2枚の平板が、相対速度 u で運動する時、液体と板の間に発生する（せん断）力が $F=\mu A u/h$ であるとき、μ を"（絶対）粘度"という。なお、粘度 μ が一定の流体を"ニュートン流体"と呼ぶ。SI単位は Pa·s（パスカル秒）である。CGS単位では P（ポアズ）が用いられる。

粘度は、毛管粘度計などの細い管のなかを自重で通過する速度（時間）によって比較できる。このため、絶対粘度を密度で割った $\nu=\mu/\rho$ を"動粘度"（"動粘性係数"ともいう）が指標として用いられる。単位としては、SI単位では（m^2/s）であるが、ストークス（Stokes）St（＝10^{-4} m^2/s）も使われ、工業的にはセイボルト（Saybolt）秒、レッドウッド（Redwood）なども使われる。

液体の粘度は、温度が上昇すると体積の熱膨張のために、低下する。一方、気体の粘度は、温度が上がり、分子運動が激しくなると速度の不均一さをならそうとする効果が大きくなるために、温度が上がると上昇する。

(3) 圧縮率

圧縮率は物体における、物体にかかる圧力とその体積の関係を表す物理量の一つである。圧力は一様（等方的）で、温度が一定として圧縮率は次式で定義される。

$$\kappa=-(\partial V/\partial p)_T/V \tag{2.52}$$

ここに、V は物体の体積、p は圧力、上式右辺の括弧の添え字 T は、温度一定を意味する。温度一定なので、この時の圧縮率を特に"等温圧縮率"ともいう。なお、圧縮率の逆数 $K=1/\kappa$ を"体積弾性率"という。

水の圧縮率は $\kappa=4.78\times10^{-5}$（cm^3/kg）であり、常温、常圧の水の体積を1％縮めるのに210気圧必要である。従って、液体は一般に非圧縮性流体として取り扱われる。

(4) 拡散と対流

拡散とは、粒子、熱、運動量などが自発的に散らばり広がる物理現象である。この現象は着色した水を無色の水に滴下したときや、煙が空気中に広がるときなど、日常よく見られる。これら

は、化学反応や外力ではなく、流体の乱雑な運動の結果として起こるものである。

一方、対流とは、流体において温度や表面張力などの原因により不均質性が生ずるため、その内部で重力によって流動が生ずる現象である。

例えば、液体にさまざまな溶質が溶け込む過程は濃度の不均一さが失われ均一になっていく過程であり、広い意味での拡散過程と見ることができる。通常の溶液中の拡散過程は、たとえば棒でかき混ぜるような液体の巨視的な流れによる拡散（対流・分散）と、分子の運動による微視的なレベルでの拡散（狭い意味での拡散）とに大まかに分けることができる。

(2) 流体の運動

(a) 流れの場の解析

流れの場の解析には、次の連続の式と Navier-Stokes の方程式を解く必要がある。ここでは、場の座標を $x_i(i=1,2,3)$ とし、流速を $u_i(i=1,2,3)$、圧力を p とする。なお、以降の式において、$i=1,2,3$ については総和をとるものとする（アインシュタインの総和規約、注 2-1 参照。）。

1) 連続の式

$$\frac{\partial u_i}{\partial x_i}=0 \tag{2.53}$$

2) Navier-Stokes の運動方程式

$$\frac{\partial u_i}{\partial t}+u_j\frac{\partial u_i}{\partial x_j}=-\frac{1}{\rho}\frac{\partial p}{\partial x_i}+\frac{\partial}{\partial x_j}(\nu_j\frac{\partial u_i}{\partial x_j}) \tag{2.54}$$

ここに、t は時間、ρ は空気の密度、ν_j は j 方向の動粘性係数である。ν_j は層流では等方性の分子動粘性係数であるが、乱流では渦動粘性係数であってマクロ的に異方性であることが多い。なお、非等温の重力場においては、浮力の影響により水平方向と鉛直方向の渦動粘性係数の値が異なる。

(b) 状態量の連成：（例）対流熱伝達の状態方程式

艤装設計において解析の対象となる現象は状態量が連成した複合現象が多い。例えば、対流熱伝達状態では流速と温度が連成するので、その解析には流速の計算だけでなく、熱拡散方程式も合わせて解く必要がある。

そこで、場の座標を $x_i(i=1,2,3)$（1、2 は水平方向、3 は鉛直方向）として、u_i を流速（時間平均）$(i=1,2,3)$、p を圧力（時間平均）、θ を温度（時間平均）とすると、以下のような連立方程式を解くことになる。実際には、乱流場における拡散解析を行なうことが多いので、例として非等温乱流場の式を示している。なお、$u_1'(i=1,2,3)$ は流速の変動成分、θ' は温度の変動成分を意味している。

1) 気流速

$$\text{連続の式} \quad \frac{\partial u_i}{\partial x_i}=0 \qquad (2.55)$$

2) 温度差による浮力の影響を考慮した Navier-Stokes の方程式

$$\frac{\partial u_i}{\partial t}+u_j\frac{\partial u_i}{\partial x_j}=-\frac{1}{\rho}\frac{\partial p}{\partial x_i}+\frac{\partial}{\partial x_j}\left(\nu\frac{\partial u_i}{\partial x_j}-\overline{u_i'u_j'}\right)+\beta g(\theta-\theta_0)\delta_{i3} \qquad (2.56)$$

ここに、ν は動粘性係数、β は空気膨張率、ρ は空気の密度、g は重力の加速度、θ_0 は対象区画内の平均温度である。δ_{ij} はクロネッカーのデルタ（$1(i=j), 0(i\neq j)$）である。また、$\overline{u_i'u_j'}$ は流速の変動成分のアンサンブル平均[注2-4]を意味し、"レイノルズ応力"[注2-6]という。

3) 熱拡散方程式

$$\frac{\partial \theta}{\partial t}+u_j\frac{\partial \theta}{\partial x_j}=\frac{\partial}{\partial x_j}\left(\kappa\frac{\partial \theta}{\partial x_j}-\overline{u_j'\theta'}\right) \qquad (2.57)$$

ここに、κ は熱拡散係数である。また、$\overline{u_j'\theta'}$ は流速の変動成分のアンサンブル平均であり、"乱流熱流束"という。

(c) 乱流の場合の解析

乱流場での熱・ガス拡散現象の有効な解析法としては、1) アンサンブル平均操作[注2-4]によるレイノルズ平均モデルの一種の渦粘性（$k-\varepsilon$）モデル[2.3]または、2) 空間フィルターをかけた格子平均モデル[2.4]が考えられる。種々の特性をもつ乱流拡散現象を解くには、以下の特徴を踏まえてモデルを選択する必要がある。

1) 渦粘性モデル： 壁関数[注2-5]の利用（壁法則）によって粗い格子メッシュで計算が可能であり、計算領域が比較的単純な場合に向いている。乱流の統計平均的な特性の把握や低周波数応答の予測に有効である[2.3]。
2) 格子平均モデル： 壁関数の利用が困難な複雑な形状と境界をもち、流れが時間的にも空間的にも急激な変化がある乱流の解析に適する。ただし、格子解像度の制限が厳しいためにメッシュを細かくする必要があり、計算量が極めて多くなる[2.4]。

注2-4 アンサンブル平均操作：乱れがある物理量の平均を出すためには積分時間を無限に長くする必要があって実用的ではない。そこで、物理量の乱れ成分として一群のデータ集団を考え、これをデータの集団（アンサンブル）として処理する方法である。定常乱流のアンサンブル平均では時間平均と一致する。

注2-5 壁関数：壁近傍の流れの状態を関数表現したもので、一般に用いられている壁関数は、流れに平行な平面上の乱流境界層に関する多くの実験をもとに成立が確かめられており、高レイノルズ数の十分に発達した壁面乱流では粘性底層の上部の速度分布は対数関数で十分に表現される。しかし、流場が複雑な場合には、剥離流れ、遷移域に近い低レイノルズ数流れ、遠心力を伴う流れなどが混在して一種類の壁関数では表現が難しく、さらに3次元の複雑な流れでは対数関数の適用に無理がある。

例えば、標準的な渦粘性モデルでは、レイノルズ応力$\overline{u_i'u_j'}$[注2-6]と乱流熱流束$\overline{u_j'\theta'}$[注2-7]は次の式で表される。

$$\overline{u_i'u_j'} = \frac{2}{3}k\delta_{ij} - \nu_t\left(\frac{\partial u_i}{\partial x_j} + \frac{\partial u_j}{\partial x_i}\right) \quad (2.58)$$

$$\overline{u_j'\theta'} = -\kappa_t\left(\frac{\partial \theta}{\partial x_j}\right) \quad (2.59)$$

ここに、kは乱流エネルギー（$k=\overline{u_i'u_j'}/2$）、ν_tは運動量の乱流拡散係数（渦動粘性係数）、κ_tは熱の乱流拡散係数である。

速度場における渦動粘性係数ν_tは乱流エネルギーkとその散逸率εにより次式で求められる。そのためには、kとεに関する輸送方程式を別途解く必要がある。

$$\nu_t = C_\mu \frac{k^2}{\varepsilon} \quad (2.60)$$

ここに、$C_\mu = 0.09$である。

温度場に対しては、乱流熱拡散係数は$\kappa_t = \nu_t/\mathrm{Pr}_t$により計算する。ここに、$\mathrm{Pr}_t$は乱流プラントル数であり、一般には壁乱流に対しては0.9の値をとる。

2.4 ガス（物質）の拡散

(1) ガス体に関する基本事項

(a) 気体とは

気体（gas）は、液体とともに流体であるが、液体の状態と比べて分子の熱運動が分子間力を上回っており、より自由に原子または分子が動ける状態である。気体の粒子間距離は固体、液体よりはるかに大きいのが普通で、そのために密度は最も小さくなり、圧力や温度による体積の変化が激しく、構成粒子間でのやりとりが少ないので、熱の伝導は低い。

気体の状態では、原子、分子は自由かつランダムに動く熱運動をしており、気体の種類を問わず同一体積中に含まれる分子数は一定（アボガドロの法則）である。

(b) ガス体の性質

(1) 気体定数と状態方程式

標準状態（0℃、1.013×10^5Pa）での1（mol）の気体が示す体積は22.4×10^{-3}（m³）であ

注2-6 レイノルズ応力：流速の乱れ成分のアンサンブル平均$\overline{u_i'u_j'}$は応力テンソルの一種であり、レイノルズ応力と呼ばれる。渦粘性モデルでは、レイノルズ応力の非等方成分が平均流のひずみ速度の非等方成分に比例する。

注2-7 乱流熱流束：流速の乱れ成分と温度の乱れ成分とのアンサンブル平均$\overline{u_j'\theta'}$であり、乱流熱流束ベクトルと呼ぶ。平均流では、対象軸方向の平均温度勾配に比例するものと仮定することが多い。

る。これを"一定温度下では一定量の気体の体積は絶対圧力に反比例する"という、ボイル・シャルル（Boyle-Charles）の法則に代入し、Pを圧力（Pa）、Vを体積（m³）、Tを絶対温度（K）とすると、次のようになる。

$$\frac{PV}{T} = \frac{1.013 \times 10^5 \times 22.4}{0+273} = 8.134 \quad (\text{m}^3\text{Pa/mol} \times \text{K}) \text{ or } (\text{J/mol} \times \text{K}) \tag{2.61}$$

この値は、気体1（mol）について、種類、圧力、体積、温度に関係なく一定であり、（理想）気体定数 R という。また、アボガドロの法則より、同温・同圧で気体の体積はモル数に比例するので、モル数（mol）を n とすると、$PV=nRT$ となる。これを気体の"状態方程式"という。

(2) 理想気体と実在気体

ボイル・シャルルの法則や状態方程式に完全に従う仮想的な気体を"理想気体"という。これに対して、実際に存在する気体を"実在気体"という。気体を理想気体として考えるためには次の2つが条件となる。

（条件1） 理想気体では、圧力を高くすると、体積は限りなく0に近づくが、実在気体では0にはならない。実在気体では、分子自身に体積があり、いくら高圧にしても、絶対に体積は0にはならない。

（条件2） 理想気体では、いくら温度が下がっても、気体分子が凝縮することはない。ところが、実在気体では低温にすると凝縮が起こる。実在気体では、低温にすると、分子間力の影響が大きくなるからである。

理想気体では、常に状態方程式が完全に成り立つので、$PV/nRT=1$ となる。そこで、実在気体の理想気体からのズレを知るために、例として CO_2 と H_2 について、圧力 P を横軸、PV/nRT を縦軸、にしたグラフを作ると図2.13のようになる。

艤装工学では気体を扱うことが多い割には、あまり実在気体を意識することは無い。ただし、高圧または低温状態の気体が対象の場合には、状態方程式とは差異があることを念頭におく必要がある。

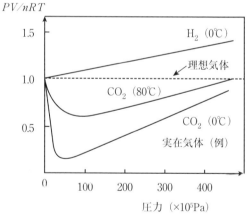

図2.13　理想気体と実在気体の違い

(3) 気体の拡散

気体分子は絶対零度にならない限りたえず乱雑な運動しており、これによって分子は"拡散"する。例えば、2種類の気体が存在する区画において、場所によって濃度差があっても、時間が経つに従って拡散によりその差はなくなり濃度は均一になる。

現実には、他分子が多数存在するために隣接する他分子と衝突しながら拡散していく（Fickの法則）が、その拡散の度合いは圧力や温度に依存し、2成分系、3成分系でも異なり、周りのガス種によっても変化する。他分子の数は1 cm³中に、0℃、1気圧の場合であると 2.692 ×

10^{19} 個にもなる。なお、気体分子に比較して液体分子の場合は、さらに隣接する他分子の数が多いので、拡散の速度は大幅に小さく（1万分の1程度）なる。

(2) ガス（物質）の拡散解析

(a) ガス（物質）の輸送方程式

物質の輸送方程式（ガス拡散方程式）は、(2.10)で述べたように、熱や運動量などの状態量の輸送方程式と同じ形に表わされる。

$$\frac{\partial m}{\partial t} + u_j \frac{\partial m}{\partial x_j} = \frac{\partial}{\partial x_j}\left(D_j \frac{\partial m}{\partial x_j}\right) \tag{2.62}$$

ここに、m はガス濃度、$u_j(j=1,2,3)$ は流速であり、D_j は j 方向の物質拡散率である。

ただし、気体の拡散は隣接する他分子と衝突しながら行なわれ、圧力や温度に依存するために、対象とする気体によっては、圧力や温度の影響を考慮した状態方程式を解く必要がある。例として、空気中に含まれる水蒸気の場合（要するに湿度分布の問題）には、次の水分移動方程式と熱拡散方程式を同時に解く必要がある。

$$\frac{\partial m}{\partial t} + u_j \frac{\partial m}{\partial x_j} = \frac{\partial}{\partial x_j}\left(D_j \frac{\partial m}{\partial x_j}\right) - \frac{\partial}{\partial x_j}\left(\frac{\omega}{T} \frac{\partial \theta}{\partial x_j}\right) \tag{2.63}$$

ここに、θ は場の温度、D_j は j 方向の物質拡散率、ω は分子湿度拡散率、T は絶対温度である。

(b) 気相流としての粒子濃度拡散方程式

艤装工学では、ガス体のみの拡散問題も多く出現するが、粉体輸送の場合など、気体に微粒子が混じった混相流も解析することがある。ただし、比較的大きな微粒子（10μm 以上）の場合には、正確には周囲気体の気相流および固相としての微粒子の Lagrange 型の粒子運動方程式と相互干渉項を合わせて解かねばならない。実際には、現在の計算能力では厳密に解くことは不可能に近く、何らかの近似が必要である。

例えば、溶接ヒュームの流動問題では、その流動・拡散は低濃度の固気混相流であるが、その主体は極微細粒子であり、粒子は空気流により輸送されるので、空気の密度と浮力が変化する2流体モデルとして取り扱うことができる。

2流体モデルとしては、粒子の質量濃度 c を定義して、これと粒子の重力沈降速度により粒子濃度における重力沈降力を算出して拡散方程式に加えることになる。ここに、粒子の重力沈降速度 w_g は粒子の物性値により次のように表される。

$$w_g = \frac{\rho_p d_p^2 g}{18\mu} \tag{2.64}$$

ただし、d_p は粒子の平均直径、ρ_p は粒子の密度、μ は空気の粘性係数である。

従って、粒子濃度（平均）$\bar{c}$ に関する拡散方程式は、重力沈降速度を考慮して、次のようになる。

$$\frac{\partial(\rho\bar{c})}{\partial t}+\bar{u}_j\frac{\partial(\rho\bar{c})}{\partial x_j}=\frac{\partial}{\partial x_j}\left(\lambda\frac{\partial\bar{c}}{\partial x_j}-\overline{\rho u_j'c'}\right)+\frac{q_c}{c_0}-\frac{\partial}{\partial x_3}(\rho W_g\bar{c})\delta_{i3} \qquad (2.65)$$

ここに、$\lambda=\mu/Sc$ は物質濃度の拡散係数（Sc は Schmit 数）、δ_{ij} はクロネッカーのデルタであり、$\delta_{i3}=[1(i=3), 0(i\neq 3)]$ である。なお、q_c は粒子の発生速度であり、右辺第3項は粒子の重力沈降による拡散を意味している。また、ρ は空気の密度、$\overline{u_j'c'}$ は流速と粒子濃度の変動成分のアンサンブル平均[注2-4]からなる乱流の物質流束である。

乱流物質流束 $\overline{\rho u_j'c'}$ は渦拡散モデルでは次のようになる。

$$\overline{\rho u_j'c'}=-\lambda_t\frac{\partial\bar{c}}{\partial x_j} \qquad (2.66)$$

ただし、λ_t は濃度拡散係数であり、$\lambda_t=\mu_t/Sc_t$ により計算する。なお、μ_t は渦粘性係数、Sc_t は乱流 Schmit 数である。

解析では、以上の粒子濃度拡散方程式と境界条件を、乱流・熱拡散方程式と境界条件とを合わせて、連成して計算することになる。

第3章 管艤装

3.1 給排水およびポンピング（液体の流れ）

(1) 配管に関する基本事項

(a) 液体の性質

(1) 飽和蒸気圧（Saturated vapor pressure）

物質は任意の温度に対して、その物質の気体、液体あるいは固体の相状態と平衡になる圧力があり、その温度での"飽和蒸気圧"と呼ばれる。ある物質の液体の周囲で、その物質の分圧が液体の飽和蒸気圧に等しいとき、その液体は"気液平衡状態"にあるという。温度を下げると蒸気は液体に凝結し、逆に温度を上げると液体は蒸発する。なお、物質の"沸点"とは、その物質の液体状態での蒸気圧が外圧に等しくなる温度である。

例えば、水の飽和蒸気圧は（0℃）6hPa、（10℃）12hPa、（20℃）23hPa、（40℃）74hPa、（80℃）475hPa、（100℃）1013hPaである。

艤装に係わる問題としては、ポンピングの際にポンプの回転数が高くてインペラ（羽根車）における相対周速度が速過ぎると動圧が大きくなって、静圧が液体の飽和蒸気圧以下に下がり、インペラ付近に気泡が発生するCavitation現象がある。これはプロペラ推進器でも同じことが起きる。

(2) 水頭（Water head or Hydraulic head）

ベルヌーイの定理は粘性のない流体（完全流体）を対象に定常流のみ適用でき、ある高さzの点において、圧力をp（Pa[=N/m^2]）、流速をv（m/s）としたとき、次式で表わされる。なお、gは重力の加速度（9.8m/s^2）であり、γは液体の比重量（N/m^3）である。なお、圧力pの単位が（kgf/m^2）による表示の場合には比重量γの単位は（kgf/m^3）である

$$\frac{p}{\gamma}+\frac{v^2}{2g}+z=const. \quad (\text{m}) \tag{3.1}$$

第1項を"圧力水頭（pressure head）"、第2項を"速度水頭（velocity head）"、第3項を"位置水頭（potential head）"といい、すべて単位がm(=[mAq]または[mH$_2$O])であり、水柱高さを意味している。図3.1は、2点においてベルヌーイの定理を適用した例である。ベルヌーイの定理が水頭(m)で表されている利点は、図のようにベルヌーイの定理の各項が

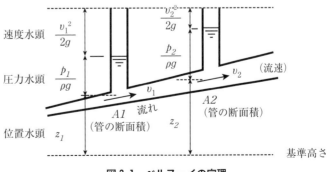

図3.1 ベルヌーイの定理

その高さで表わされることである。ただし、この定理を利用する上では、完全流体と見なせる流体が対象のために、粘性摩擦による圧力損失などのエネルギーの損失が全く考慮されていないことを注意しなくてはならない。

(3) 粘度 (Viscosity)（高粘度油、高流動点油）

艤装設計の中では、原油タンカーのタンクヒーティングにおける温度と油の動粘度の関係が問題となることが多い。特に、常温で粘度が高い"高粘度油"や常温では凝固状態であるが、加熱により溶融すると低粘度になる"高流動点油"がその対象となる。なお、高流動点油の粘度性状は蝋分を含むためのものが多い。

油の粘度は温度依存性が比較的高く、これが対流の能動性に大きく影響する。図3.2に4種類の原油について動粘度と温度との関係を示す[3.1]。

3種類の原油を次のVogelの式に従って動粘性係数 ν (cSt) を表わすと、次のようになる。

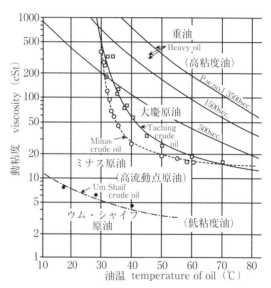

図3.2 油の温度と粘度

$$\nu = A \cdot \exp(B/(\theta - \theta_m)) \tag{3.2}$$

	A	B	θ_m
大慶原油（中国）	6.02	45.5	19.4
ミナス原油（インドネシア）	11.4	11.6	26.9
ウム・シャイフ原油（アブダビ）	0.77	129	−38.0

ここに、θ_m は凝固点（℃）に相当する。また、cSt は 10^{-6} (m²/s) である。

なお、ウム・シャイフ原油は低粘度油である。大慶およびミナス原油は高流動点原油の典型的な例であり、高粘度の重油とは異なり40℃以下では急激な粘度変化を示す。

(b) 配管系の構成品[3.2]

(1) 管材

配管系を構成する管材は、流れる流体の温度、圧力だけでなく、流体の種類や配管場所などによって種々の制限がある。管材メーカーは、素材の化学成分、機械的性質の試験方法、寸法などが定められた、JISなどの規格に従って製造している。なお、管材のサイズは実径でなく、便利のために、管の内径の端数を丸めた"呼び径"で表されているので注意を要する。

船舶で多く用いられる管材は、1) 鋼管、2) 鋳鋼管、3) ステンレス鋼管、4) 銅管および銅合

金管などである。特に、鋼管が大部分を占め、JIS 規格ではその用途に応じて、1) 一般的な配管用炭素鋼鋼管（JIS の SGP）、2) 圧力配管用炭素鋼鋼管（JIS の STPG）、3) 配管用アーク溶接炭素鋼鋼管（JIS の STPY）および 4) その他に耐食鋼管などがある。

(2) 管の継手

管には他の管や弁などを継いで配管系としての機能を持たせることになるが、その接続する金物を"管継手"といい、以下のような種類がある。なお、代表的な継ぎ手の種類を図 3.3 に示している。

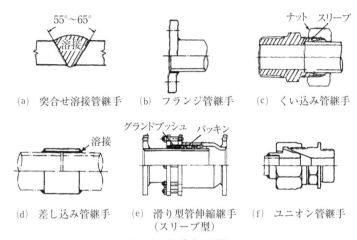

(a) 突合せ溶接管継手　(b) フランジ管継手　(c) くい込み管継手

(d) 差し込み管継手　(e) 滑り型管伸縮継手（スリーブ型）　(f) ユニオン管継手

図 3.3　継ぎ手の種類

ⅰ) 溶接管継手：最も一般的な管継手の一つで、突合せ溶接管継手と差し込み溶接継手の 2 種類がある。前者は小径から大径の管まで広く用いられ、重要な管では管端を開先加工する。

ⅱ) フランジ管継手：管端にフランジを溶接し、他の管のフランジとネジ止めする。

ⅲ) 簡易管継手：ねじ込み管継手、くい込み管継手、ユニオン管継手などがある。

ⅳ) 伸縮管継手：管の伸縮に応じて継手が伸び縮みして管系の破損を避ける構造になっている。これには、ベローズ型管伸縮継手、滑り型管伸縮継手などがある。また、伸縮については配管の曲げによる逃がしで対処する方法もあり、"オフセットベンド"と呼ばれている。

(3) 弁類

管系に挿入して流体の流れの発停とその量の調整する機器を"弁"、"コック"という。弁には主に以下のような種類がある（図 3.4 参照）。

　　ⅰ) 仕切弁（gate valve または sluice valve）、ⅱ) 逆止弁（non-return valve）、

　　ⅲ) 玉型弁（glove valve）、ⅳ) アングル弁（angle valve）、

　　ⅴ) バタフライ弁（butterfly valve）、ⅵ) コック（cock）とボール弁（ball valve）

弁を材料別で分類すると、鋳鉄、鋳鋼、鍛鋼、青銅などの銅系非鉄金属製、ステンレス、特殊鋼およびプラスチックなどの非金属製がある。船舶には鋳鉄製の弁が最も一般的であるが、シーバルブなど直接外板に取り付けられる部分には鋳鋼製の弁が用いられている。

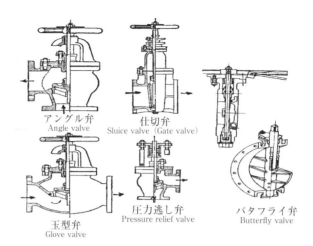

図 3.4　弁の種類

(2) 配管艤装設計

(a) 配管系の設計順序[3.3][3.4][3.5]

配管系統は、温水、冷水、冷却水、油類、冷媒、蒸気と凝縮水などの流れが対象となり、それらの設計手順は以下のように行われる。

［1］配管方式を決定する。
［2］配管ダイヤグラム（系統図）を作成する。
［3］使用量、冷却量、加熱量などの負荷に応じた流量を算出する。
［4］流量、圧力損失とポンプ能力との関係などから管径を決定する。
［5］ポンプの仕様（形式、定格流量と水頭）を決定する。

配管径は、管内の摩擦抵抗および機器抵抗による圧力損失、さらに流れによる腐食や振動から決まる流速制限から決定される。

弁は流量の調整、管路の開閉、逆流防止などのために利用されるが、材質、形状、耐圧により区分されている。

(b) 圧力損失の計算

管路を流れる液体の圧力損失 P_{Loss} は、1）管内面における摩擦損失 P_F、および、2）配管の曲がり、枝わかれ（分岐）などの流動抵抗や弁類、ストレーナーなどの各種機器からなる機器抵抗 P_M から生じる。

$$P_{Loss} = P_F + P_M \tag{3.3}$$

以下、摩擦損失 P_F および機器抵抗 P_M について説明する。なお、圧力は SI 単位では Pa（パスカル）で表わされるが、ポンピング計算では実際には、水または比重が水に近い液体の上げ下げが対象となることから、水頭（water head）で検討することが多い。

ここでは、圧力の単位として Pa および mAq（水柱メートル、mH_2O とも書く）で併記（前者が SI 単位、後者がメートル法）する。なお、1 mAq=10^3 kgf/m^2=9.807 kPa である。

(1) 摩擦損失

管内を流れる液体（水や油）の摩擦損失 P_F（Pa または mAq）は、流れの動圧と摩擦長さ l（m）に比例し、管径 d（m）に反比例する。

$$P_F = \lambda \frac{l}{d}\left(\frac{\gamma v^2}{2g}\right) \tag{3.4}$$

ここに、v は管内平均流速（m/s）、γ は液体の比重量（N/m^3 または kgf/m^3、なお、1 kgf=9.807N）、g は重力の加速度（9.8m/s^2）であり、λ は摩擦抵抗係数（無次元）である。なお、流速 v（m/s）は流量 Q（m^3/h）と管内径 d（m）から決まり、$Q=3600(\pi d^2/4)v$ の関係がある。

摩擦抵抗係数 λ は次の Colebrook-Moody の式（管内面がやや粗い場合）または図 3.5 に示す線図などにより算出する[3.6]。

$$\frac{1}{\sqrt{\lambda}} = -2\log_{10}\left(\frac{2.51}{\mathrm{Re}\sqrt{\lambda}} + \frac{\varepsilon}{3.7d}\right) \tag{3.5}$$

ここに、Re はレイノルズ（Reynolds）数であり、Re $=vd/\nu$（ν は液体の動粘性係数（m^2/s））より求める。また、ε は管内表面の粗度[注3-1]であり、引き抜き鋼管の場合には $\varepsilon=0.0015$mm、鋼管では $\varepsilon=0.05$mm、亜鉛鍍鋼管では $\varepsilon=0.15$mm、鍛鉄管、鋳鉄管では $\varepsilon=0.26$mm、を用いる[3.7]。

実用計算では、$\lambda=0.03$ とする Depuit（ドピュイ）の仮定が用いられることもある。

(2) 機器抵抗

管系流路の流動抵抗や各種の機器からなる機器抵抗 P_M（Pa または mAq）は流れの動圧に比例する。その比例係数である各種の抵抗係数 ζ は該当部所における流れの様相によって決まる。

$$P_M = \zeta\left(\frac{\gamma v^2}{2g}\right) \tag{3.6}$$

管路内の各種機器の抵抗係数 ζ としては図 3.6 の値などが使われる[3.7]。

機器抵抗を摩擦抵抗と等価にするために、圧力損失を相当管長 $l_e=\zeta(d/\lambda)$ として扱うこともできる。これは管の単位長さ当たりの抵抗を一定とした設計を行なう場合などに便利である。

注3-1 粗度：管の表面状態は 1) 大きな波のうねり、2) 細かい凹凸と複合粒子加工によって形成させた物からなる。表面粗度は 2) を対象として JIS よって規定されており、全ての粗さパラメータがフィルター処理後の粗さ曲線に基づいて算出される様に定められている。

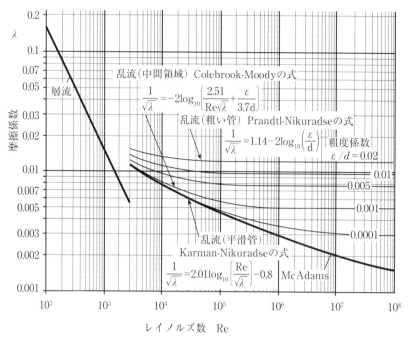

図 3.5　円管の摩擦係数（Colebrook-Moody の線図）

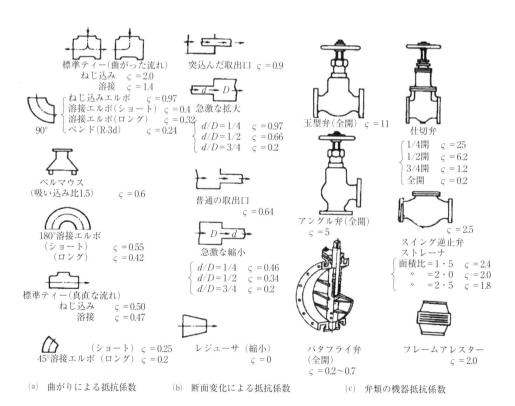

(a) 曲がりによる抵抗係数　　(b) 断面変化による抵抗係数　　(c) 弁類の機器抵抗係数

図 3.6　管内機器抵抗係数

(c) ポンプ類[3.2][3.3]

液体の吸引・吐出にはポンプとエダクタがあり、用途に応じて使い分けされる。（ポンプの種類と作動原理については図3.7を参照のこと）

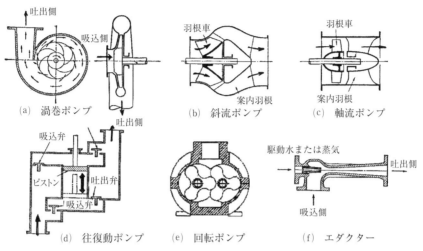

図3.7 各種ポンプと作動原理

(1) ポンプ（Pump）

ポンプの容量は普通、吐出量×全揚程で表され、例えば1000（m^3/h）× 100（mAq）などと表示される。また全揚程（total head）とは、ポンプの吸込揚程（suction head）と吐出揚程（delivery head）との合計をいう。

ポンプを大別すると次のように分類され、用途に応じて使い分けられる。

a) 非容積式ポンプ （主に、遠心ポンプである）

　i) 渦巻ポンプ：渦巻型遠心ポンプはインペラ（羽根車）とケーシング（胴体）から構成され、液体を満たしたケーシングの中でインペラを回転させると中央部の圧力が低下して外部より液体を吸入し、ケーシング側の液体は遠心力によって圧力が上昇して吐出管から送り出される。

　　遠心ポンプは大容量の吐出が可能であり、脈動現象が少なく、また小型で効率も高く、多段になると高揚程の能力をもつので、舶用、機器プラント用などのポンプとして多く用いられる。特に、バラストポンプやタンカーの主貨油ポンプには遠心ポンプがよく用いられている。

　ii) 斜流ポンプ：斜め方向に液体を吐き出し、遠心ポンプと軸流ポンプの特性を併せ持つ。

　iii) 軸流ポンプ：軸方向に液体を吐き出し、大流量・低揚程の場合に適する。一般に少流量・高揚程での運転は不可である。安価であるが、吸込性能が他形式のポンプに比べると悪く、ポンプ効率も低い。

b) 容積式ポンプ

　i) 往復動ポンプ：往復動ポンプは単純に竹筒の水鉄砲と同じ原理であり、吐出容量は往復動数に直接比例して決まる。なお、往復動ポンプは弁を持っているのが特徴であり、吸込弁と

吐出弁の相互作用によって、液を間欠的に排出する。ポンプの駆動方式は、蒸気駆動とモーター駆動クランク式の2通りがある。

ⅱ）回転ポンプ：回転ポンプの構造は、ケーシング内のロータ（回転体）の回転によって、連続的に液を送る機構になっている。構造が簡単で複雑な弁などがなく、高速回転により比較的高圧力の発生が可能であり、呼び水が不要な自吸式なのが特徴である。一般には、中容量・中圧の揚水（液）に適している。

(2) エダクタ（Eductor）[3.8]

圧力のある流体をノズルから内部のスロットル部に噴出させ、内部を低圧にして流体を吸引するもの（霧吹きの原理と同じ）で、液体用をエダクタ（eductor）、気体用をエジェクタ（ejector）という。

エダクタの特徴は、ⅰ）本体内にノズルを内装しただけで構造が簡単であり、かつ堅牢で可動部がないこと、ⅱ）スロットル部を通過できる大きさがあれば多少の固形物が混入されていても一緒に吸引できること、ⅲ）液体吸引中に気体を吸入しても作動上特に支障ないことなどである。これらの利点のために、船舶・海洋構造では船倉内のビルジ吸引用として、また貨物油や海水バラストなどのストリッピング（浚え）用に常用される。

エダクタは、大気圧との関係で吸込揚程が通常最大4～5mなので、できるだけ低い位置に取付け、さらに吸込側と吐出側の配管も極力曲りなどを避けるなどして管内圧力損失の減少を図ることが必要である。また駆動水圧および水量は吸水量に大きく影響するので、必要吸水量に適合した量と圧力を確保しなければならない。

(3) 大容量のポンピング計算

大容量のポンピングでは一般に渦巻型の遠心ポンプが用いられる。その遠心ポンプの特性曲線としては、図3.8に示すようなQ（流量）～H（水頭）曲線およびNPSHreq（必要吸込揚程）曲線が、工場試験により得られており、これを用いてポンピングの際の流量を算出する。なお、ポンピングの計算の対象とする管系およびポンピングの概念を図3.9に示す[3.8]。また、前述のように、ポンピング計算では水頭で検討することが多いので、ここでは圧力に関する単位としては水頭（mAq）を用いる。

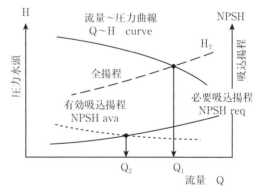

図3.8　ポンプの特性曲線

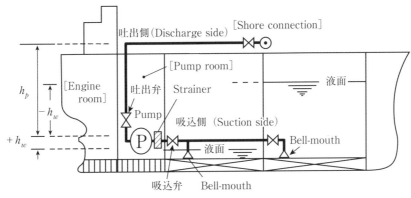

図 3.9 ポンピングの概念図

(a) タンクの液位が比較的高い場合

タンクの液位が高い場合には吸込揚程が小さいために、ポンプの能力一杯吸引することができる。従って、次式によって全揚程 H_T（mAq）を計算し、Q～H曲線から流量 Q（m³/h）を求めればよい。

$$H_T = H_{Loss} + h_P \pm h_W \tag{3.7}$$

ここに、h_P はポンプから吐出口までの位置水頭（mAq）であり、h_W は吸込液面からポンプまでの位置水頭（mAq）である。また、H_{Loss} は吸込口から吐出口までの圧力損失（mAq）であり、吸込側および吐出側のラインを対象に次式により計算する。

$$H_{Loss} = \sum_{i}^{all} \lambda_i \frac{l_i}{d_i} \left(\frac{\gamma v_i^2}{2g} \right) + \sum_{i}^{all} \zeta_i \left(\frac{\gamma v_i^2}{2g} \right) \tag{3.8}$$

ただし、v_i, d_i, l_i はライン内各管の流速（m/s）、管内径（m）、長さ（m）、γ は液体の比重量（kgf/m³）、g は重力の加速度（9.8m/s²）であり、λ_i は各管の摩擦抵抗係数、ζ_i は各機器の抵抗係数である。なお、管内径が d（m）であれば、流速 v（m/s）と流量 Q（m³/h）の関係は $Q = 3600(\pi d^2/4)v$ である。

(b) タンクの液位が低い場合

タンクの液位が低い場合には吸込に要する負圧が大きくなるために、ポンプの能力一杯で吸引するとキャビテーション（Cavitation）が起きるので、流量（吐出量）を減らす必要がある。なお、キャビテーションとは、ポンプの回転数が高くてインペラ（羽根車）における相対周速度が速過ぎる時に、静圧が液体の飽和蒸気圧以下にまで下がり、インペラ付近に気泡が発生し、それが崩壊するときの衝撃でインペラを損傷させ、また同時に騒音を発し、ポンプの吸引能力も低下する現象である。

吐出量を減らすには、以下の方法がある。
1) ポンプの回転数を下げる： 全揚程 H_T は回転数の2乗に比例するので、回転数が減ると揚程は急激に低下する。ただし、ポンプが作動のために必要とする圧力（必要吸込揚程）以下にならないように注意する。
2) 吐出弁を絞って流路抵抗を増す： 吐出側の弁を絞ると次第に揚程（吐出圧）が増すが、エネルギーは熱となって消費され、ポンプが熱を帯びてくるので、エネルギー的には不利である。

実際には、ポンプの吐出量を減らすときには、ポンプの回転数の低下と吐出弁制御とを併用する。

設計における他の対策としては、ⅰ) ポンプの据付位置を吸入液面に対して出来るだけ低くする、ⅱ) 吸入側配管はなるべく短くする、ⅲ) エルボーなどの付属物を出来るだけ減らす、などにより吸込側の損失水頭を小さくすることが必要である。

遠心ポンプがキャビテーションを生じないための条件は、有効な吸込揚程 $NPSHava$（mAq）がポンプが必要とする吸込揚程 $NPSHreq$（mAq）を超えていることである。なお、吸込揚程 $NPSH$ は Net Positive Suction Head の略である。

$$NPSHava > NPSHreq \qquad (3.9)$$

ここに、$NPSHreq$ はポンプの構造により決まるが、$NPSHava$ は吸込口からポンプまでの吸込に有効な圧力であり、次式で求まる。

$$NPSHava = \frac{10}{\gamma}(P_{air} + P_{\text{int}} - P_{vap}) - H_{Loss(s)} - h_W \quad \text{(mAq)} \qquad (3.10)$$

ただし、P_{air} は大気圧（1.033kgf/cm^2=10.33mAq）であり、P_{int} はタンク内圧（kgf/cm^2）で、空気管が通じていれば内圧は0（ゼロ）とする。また P_{vap} は液体の飽和蒸気圧（kgf/cm^2）であり、h_W は吸込液面からポンプまでの位置水頭（mAq）を用いる。さらに、$H_{Loss(s)}$ は吸込口からポンプまで（吸込側）の圧力損失（mAq）である。なお（3.10）の係数10は単位（kgf/cm^2）から単位（mAq）への換算率である。

実際にポンピングの計算において流量を求める際に、(a)のケースか、または(b)のケースか分からないときには、両ケースの計算を行って流量を求め、数値の小さい方を選べばよい。

3.2 配管システムと管装置

(1) 船舶のバラストおよびビルジ[3.2][3.8]

(a) バラスト管装置（Ballast water piping system）

船舶は積荷の重量によって姿勢が変化する。特に空荷の場合には船の喫水が浅くなって船の復

原力が小さくなるために、船内に海水を積み込んで重心を下げる。この海水を"バラスト水（ballasting water）"といい、バラストタンクへ海水（バラスト水）を注排水をする管を"バラスト管"という。

一般的な貨物船では、バラストタンクとしては前後部のピークタンクおよび二重底タンクが使用される。その注排水用ポンプは機関室（タンカーはポンプ室）内に設置されるので、バラスト管は通常二重底内に導設する。

バラ積貨物船では、ピークタンクおよび二重底タンクの他に、船倉上部のトップサイドタンクもバラストタンクとして利用される。このタンクは二重底タンクとパイプまたはトランクで繋がっており、注排水は二重底タンクを通して行なわれることが多い。また、荒天時には復原性を高めるためにホールド（船倉）にもバラスト（gale ballast）を張ることがある。

(1) バラスト配管と注排水

バラスト配管システムには次のような方式がある。

a) 独立配管方式（Independent system）

各バラストタンクに対し1本ずつ機関室の前部マニホールドから分岐して配管し、タンク内には弁を設けず、機関室内でバラスト関係の弁を全てコントロールして注排水する。この方式は、バラスト水が比較的小容量でバラスト弁を手動操作する場合には便利なので、一般貨物船や小型バラ積貨物船などに適用される。

b) 主管・枝管方式（Main branch system）

ⅰ）シングルメイン方式（Single main system）

船体前後に主管を一本通し、これより各タンクに向けて枝管をとり（図3.10(a)を参照)、

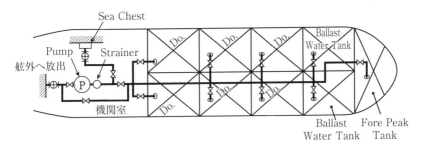

(a) シングルメイン方式

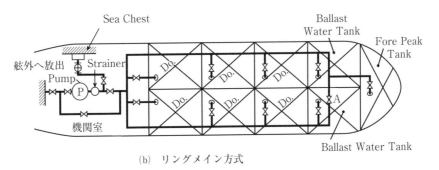

(b) リングメイン方式

図3.10 バラスト管系統ダイアグラム

弁はスピンドルによって上甲板から操作するか、または油圧駆動弁にして上甲板上や制御室から遠隔操作する。また、二重底内にパイプを導設し、主管と支管の弁を納めるトランク区画（パイプダクト）を設けることもある。この方式はバラ積貨物船や鉱石専用船などに適用される。

ⅱ）リングメイン方式（Ring main system）

図 3.10(b)のように主管をリング状に配管する方式であり、バラ積貨物船、鉱石運搬船などのようにバラストタンクの容量が大きく、かつタンク数が多い場合に適用される。タンク群を左右2系統に分割できるようにするためには、主管の前方に分離弁（Isolating valve）A を挿入する。

ⅲ）重力による排水方式（Gravity deballsting system）

バラスト満載時にはタンク内の液面が喫水線より上方にあるサイドタンクやトップサイドタンクから、重力排水を行なう方式であり、舷外に排水する場合と連通管を通して二重底タンクへ送り込む場合がある。

バラスト管系は割り当て時間内にバラストタンクへ注水（ballasting）または船外に排水（deballasting）できることが必須要件である。従って、バラスト管設計では、ⅰ）バラストタンクの容積と配置、ⅱ）注排水の割り当て時間、ⅲ）バラストポンプの容量と台数、の3項目が基本的な要因である。

この内、注排水時間は建造船の就航予定港の荷役能力に基く荷役時間、岸壁の制限喫水などから決定される。特に、排水時間にはバラストポンプの容量が最も関係するが、ポンプ特性にも依存し、タンク内部の構造部材の配置に影響を受ける集水状態を含むストリッピングにかなりの時間を要することを考慮してポンピング要目を決定する必要がある。

(2) バラスト水の生態系への影響と管理

バラスト水は揚荷港で積み込まれ、積荷港で排出されるために、バラスト水に含まれる水生生物が多国間を行き来し、地球規模で生態系が撹乱されるなどの問題が生じている。さらに、最近における船舶の高速化と多量輸送に伴ってバラスト水の移動量も急増し、バラスト水が浮遊性生物（ヒトデなどの幼生を含む、プランクトン類）や細菌などを大量に移動させ、問題が大きくなっている。

この問題に対する取り組みとして、当面は IMO（国際海事機関）の決議に基づき沿岸から 200 海里以上離れた深海上でバラスト水を交換することを対策としていた。しかし、2004 年 IMO 会議でバラスト水を積載するすべての船舶（400 総トン以上）を規制するバラスト水管理条約が採択され、2017 年に発効して、バラスト水処理装置の搭載が今後義務化された。

(b) ビルジ管装置（Bilge piping system）

船体構造の壁面や積荷の表面に発生した露および漏水、その他の様々な原因で船内に自然発生的に溜まる汚水を"ビルジ（bilge）"という。このビルジを排出する管を"ビルジ管"といい、船内に海水が浸入するなどの非常時における排水管の役目も兼ねているので、船舶の安全性に重要な役割を持っている。

ビルジの吸引には、1）機関室内のビルジポンプ（一般に電動往復動ポンプ）、または 2）エダクタによる方法がある。なお、ビルジ管に連結されたバラストポンプ、雑用水ポンプなどはビル

ジポンプと見なすことができる。

ビルジ管装置の設置対象とされる主たる区画は、船倉、ビルジタンク、コッファーダム、錨鎖庫、ホッパースペース、パイプダクト、ボースンストア、ポンプ室、非常用ポンプ室、舵機室、測深器スペースなどである。

バラ積貨物船、コンテナ船などの船倉ビルジ管は通常二重底内を通すが、管の肉厚を厚くし、かつ逆流防止のためにビルジウェル側の管端に逆止弁を設ける。ビルジの船外排出に当っては、海水汚濁の見地から油分を含む水は排出できないので、機関室内に溜まったビルジはいったん油水分離器にかけ、油分濃度を15ppm以下にして排出する。なおタンカーなどのポンプ室内ビルジは排出せずにスロップタンクに留められる。またビルジポンプの台数、能力およびビルジ吸引管径は各船級協会[注3-2]の規則で規定されている。

(c) 空気抜管（Air escape pipe）または空気管（Air pipe）

液体を注排水するタンクには、注排水管の合計断面積の1.25倍以上の合計断面積を有する空気抜管（空気管ともいう）を設ける。また、ガス発生のおそれのある空所（cofferdam）、軸路（shaft tunnel）、パイプトランクなどの時々人が出入りする個所に換気のために設ける空気管もある。

液体を注排水するタンクの頂部の形状が不規則な場合には局部的に空気が滞留しないように空気抜管の数を増し、また船体が傾斜しても空気抜管の途中に液体が滞留しないように空気抜管は適当な傾斜をつけて導設し、絶対にU字部を作ってはいけない（図3.11）。さらに、空気抜管は船尾トリム（前高後低の状態）を考慮してなるべくタンクの前部に設けるが、特に前後に長大な

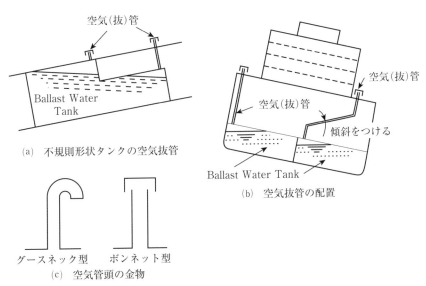

図3.11 空気抜管の配置

注3-2 船級協会：船舶と設備の技術上の基準を定め、設計がこの基準に従っていることを確認し、船舶と設備を建造から就役の過程で検査し、さらに就役後も繰り返し検査し続けて、基準に沿っていることを保証・認定する機関。

タンクでは後部にも設け、もしタンクが横方向に広い場合は横傾斜（ヒール）も考慮して左右に設けることがある。

空気抜管の開口位置は、浸水などのリスクを考慮した上で機関室内に設けてもよいが、通常は暴露甲板上まで導いて開口部を設ける。特に燃料油など油タンクの空気抜管の開口部は、臭気のあるタンク内の空気が居住区に送り込まれないように配置に注意する。空気抜管の開口部には、荒天時に海水が流入しないようにグースネック型やボンネット型の頭部金物を設けるが、国際満載喫水線条約[注3-3]では開口部は甲板からある一定高さ（乾舷甲板、低船尾楼甲板上で760mm 以上、船楼甲板上は450mm 以上）離すことが定められている。

(2) 小径配管

(a) 測深管装置（Sounding pipe）

水タンク、燃料タンク、ビルジウェル、コファダムなどの液量を調べるために、容易に近寄れる所からタンクへ管を導き、測深ロッドなどを用いて液位置を計測する。測深管は本船の船尾トリムを考慮して、一般にタンク後部に設けられる。

(b) 燃料油移送管（Fuel oil transfer pipe）

燃料の積込口は左右いずれの舷からも積込めるように両舷に設け、両者を連結管で結ぶのが一般的である。燃料油は一般に粘度が高いので、移送管内では層流となって流れて摩擦抵抗が大きく、管内圧力損失の計算には注意が必要である。さらに、燃料費の節減のために高粘度の重質粗悪油を使用することが多いが、粘度が380cSt 以上になると、燃料吸引中に凝固する恐れがあるので、燃料移送管および燃料油タンクに加熱装置を付帯させなければならない場合もある。

(c) 油圧管システム（Hydraulic oil system）

油圧管システムは、油圧ポンプによって作動油を加圧し、その圧力エネルギーを駆動源として弁開閉や係船機の遠隔操作、ハッチカバーのジャッキアップなど、各種の油圧装置を動かすシステムである。すなわち油圧ポンプから送られる作動油は各種制御機器（電磁弁、流量調整弁、送止弁等）を通して、ウインチなどの油圧モータや油圧シリンダーを作動させる。

油圧ポンプは低中圧では歯車ポンプ（gear pump）やベーンポンプ（vane pump）、高圧ではピストンポンプ（piston pump）が主に使用されており、作動油としては一般に石油系の油が用いられている。最近では、甲板機械やハッチカバー駆動用などの大きな動力を必要とする機器では、配管径を小さくでき、装置もコンパクトにするために高圧化する傾向にある。

一般に、1) 弁遠隔制御装置、2) 係船装置（ウィンドラス、ムアリングウィンチ）、3) ハッチカバー駆動装置、4) 操舵機装置、5) デッキクレーン類は独立した油圧システムとすることが多い。

油圧管としては、腐食が起き易い暴露部やタンク内の配管に対してはステンレス管やアルミブ

注3-3　国際満載喫水線条約：1920年代には外航海運業界は過当競争状態にあり、このため過載に起因する事故が頻発した。これに対処するため1930年ロンドンにおいて満載喫水線に関する船舶の安全性確保のための国際条約（International Convention on Load Line, ICLL）が採択された。現在も漸次改定されている。

ラス管を使用することが多い。また管内に異物（錆、砂、鉄粉、その他のゴミ）が残留すると、油圧装置の故障の原因となるので取付けおよびフラッシング[注3-4]には細心の注意が必要である。なお、使用する油圧管の材料、肉厚、配管の耐圧試験などについては船級協会規則で規定されている。

(3) 海水の利用

船舶や海洋構造物では、海水を淡水化して清水として利用したり、海水のまま雑用水として用いて、清水の不足分を補うことがある。

(a) 雑用海水管（Sea water pipe）[3.2]

居住区用のサービスに供給される海水を流す管を"雑用海水管"といい、空調コンデンサの冷却、プールなどのために給水される。

空調コンデンサ冷却用、エアウォッシャー洗浄用とプール張水用は使用水量が多いので消防兼雑用ポンプ（機関室内設置）から給水することが多い。その他の用途がある場合には、小容量 5～10 （m^3/h）の海水サービスポンプ（機関室内装置、2台）により給水する。

(b) 海水淡水化[3.10]

船舶や海洋構造物などにおいて、海水の塩分（約 3.5％）の濃度を少なくとも 0.05％ 以下に低下させる処理（海水淡水化）を行なって、飲料用などの淡水（真水）を作って利用することが行われている。この海水淡水化プロセスは基本的には海水からの脱塩処理であり、主に次の2方式が用いられている。

(1) 多段フラッシュ

海水を熱して蒸発（flash）させ、再び冷やして真水にする方式であり、これには熱効率をよくするため減圧蒸留している。実用プラントでは多数の減圧室を組み合わせているので、"多段フラッシュ方式（multi stage flash distillation）"と呼ばれている。なお、船舶では単段のフラッシュ方式が多い。

この方式は、海水の品質をあまり問題とせずに大量の淡水を作り出すのに用いられ、生成清水の塩分濃度は 5ppm 未満程度まで低下できるが、熱効率が悪いので多量のエネルギーが必要である。

(2) 逆浸透法

海水に圧力をかけて"逆浸透膜（RO 膜、Reverse Osmosis membrane）"と呼ばれる濾過膜の一種に通し、海水の塩分を濃縮して捨て、淡水を濾し出す方式である。フラッシュ法よりエネルギー効率に優れている反面、RO 膜が海水中の微生物や析出物で目詰まりしないよう入念に前処理や逆洗を行う必要があること、および整備にコストがかかるなどの難点がある。生成する清水

注3-4 フラッシング：作動油の劣化、著しい汚染および水分混入などの場合や配管内部に異物や水分などが残留する場合には、油圧システムのトラブルを引き起こす。これを未然に防止するため、タンク内にフラッシング油を充填後、正規の油圧ポンプを駆動して、使用油の置換または系統内配管、タンクなどの汚染物を除去する。

の塩分濃度は蒸留を行うフラッシュ法に比較して若干高く100〜200ppm程度であり、大型客船などではこの方式が採用されている。

外洋航路の船舶には、フラッシュ法や逆浸透法を利用した小型の海水淡水化設備が搭載されている。フラッシュ法では船舶のエンジンやボイラーの余熱を有効利用するものが増えている。ただし、ボイラーの蒸気の源を海水とする場合には、フラッシュ法で得た淡水を更に逆浸透膜（またはイオン交換樹脂）で処理することが多い。また、原子力潜水艦、原子力空母や大型艦艇は、原子炉をエネルギー源として海水から酸素と飲料水を造り出して需要に当てている。

3.3 タンカーの配管システム

油タンカーは液体積荷の性格上、一般貨物船とは違ったタンカー固有の配管システムを装備することになる[3.2]。なお、航海に関する管装置や居住区の管装置などは一般貨物船と同じである。

(1) 貨油関係の配管システム

(a) 貨油管システム（Cargo oil piping system）

タンカーにおいて、液状貨物を荷役するために上甲板、貨物油タンク内、ポンプ室を結ぶ配管系を"貨油管システム"という。その管系は図3.12に例を示すような系統図となる。

一般に、貨油タンクの大きさと配置は、貨油の積み付けが2〜3種類の異種油を同時に積み分けることが可能なように決め、貨油管システムもその目的を満たすように装備する。なお、貨油管システムはタンカーでは重要な装置であるから、各船級協会としても細部にわたって規定して

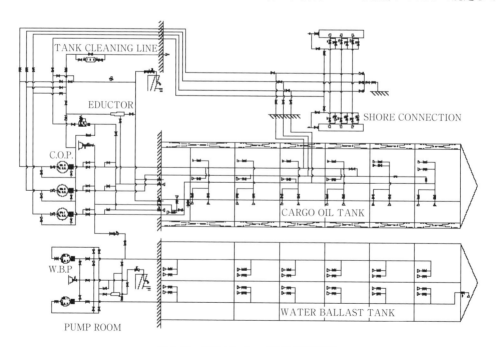

図3.12 原油タンカーの貨油管系統図

いる。

貨油のポンピングのために、船の大きさ、積み付け貨油の種類に応じてポンプ室に2～4台のポンプを設ける。大型船では、一般に貨油ポンプは蒸気タービン駆動のものが使用され、小型船では主機直結駆動のことが多い。

貨油管システムは主に以下のような管系と仕様により構成されている。

1) 貨油主管とストリッピング管

貨油の積込は、陸側のポンプにより送油される貨油をポンプルームを経由せず直接タンクへ落とし込むことにより行なわれる。貨油の揚荷は自船の貨油ポンプを使って陸揚げする。このため積込時間より長くかかるので、ポンピング能力は揚荷により決まることになる。一般に、大型タンカーの揚荷時間は20～24時間となるよう計画する。

揚荷にはポンピング時間の短縮および引き残り油を少なくすることが大切であり、これらの要件はストリッピング（浚え）能力に依存する。貨油ポンピングは"貨油主管"および"ストリッピング管"を用いて行なうが、ストリッピング専用管は有効であるがコストアップとなるため設けることは少なく、貨油ポンプに自動浚油装置を設けることが多い。揚荷の最終段階ではタンク内残油を最少にするために、揚荷専用のストリッピングライン（主管の10%以下）を通して陸揚げする。

2) ローディング・ステーション（Loading station）

自船からの揚荷および陸からの積込みのために、船体中央部の両舷に設けられる陸側と接続する場所を"ローディング・ステーション"といい、ここに陸側と自船の貨油管を接続するためのカーゴマニフォールド（cargo manifold）を設ける。一般に貨油ポンプの台数と同じ数のマニフォールドを設けることが多い。揚荷はタンクから貨油ポンプを使ってマニフォールドを経由して陸揚げされ、積み込みはマニフォールドを通してタンク下部まで導設している積込管（direct filling line）により各タンクへ送られる。

3) タンク内とポンプ室の配管

タンク内の貨油管は、大型タンカーでは3～4台ある貨油ポンプ毎にグループ化した配管系を構成し、各グループ間にはセグリゲーション（segregation、分離）バルブを設けるグループメイン方式（group main system）（図3.12参照のこと）が多く用いられる。この方式は異種貨油の積分けの点で自由度が高い。なお、セグリゲーションバルブは通常は閉鎖しておくが、貨油ポンプ故障時などには他のポンプで吸引できるように設計する。

ポンプ室内には、ⅰ）ポンプ類（貨油ポンプ、バラストポンプ、ストリッピングポンプなど）、ⅱ）海水バラストの吸引・吐出用のシーチェスト（sea chest）、ⅲ）エダクタ（eductor）、ⅳ）ストレイナー（strainer、濾過器）、ⅴ）弁類などを配置する。なお、ポンプの据付位置は出来るだけ低くして、有効な吸込揚程 $NPSHava$ を少しでも大きく確保することが望ましい。

(b) 貨油ポンプ能力

貨油管径とポンプ容量を決めるには、荷役能力、特に計画揚荷時間を満足することが第一の目標となる。その揚荷時間はポンプ、配管および油の性状（特に粘度）から決まる貨物油管系の流動抵抗が問題となる。その外に、1) 運航計画、2) 陸上設備の荷役能力、3) 荷役時間の限界な

どが必要な条件である。

ポンプの全揚程は大型船では120～150mAq程度になるが、揚地によってはマニホールドにおける吐出圧力が指定されることがあり、その場合にはそれに従うことになる。

(c) 貨油ポンプの制御

ポンプを制御するためには、ポンプに1) 速度制御、2) 運転状況監視、3) 発停制御の機能を備えなければならない。

貨油ポンプは一般に遠心ポンプが用いられ、その吐出量の制御は回転数と弁の制御によって行なわれる。ポンプの運転状況監視のために、吸込圧、吐出圧、回転数、タービン蒸気圧などを監視盤上に表示したり、または防爆型のセンサーにより遠隔指示する。

(d) 自動浚油装置（Automatic stripping device）

揚荷時のストリッピングを自動的に行なうための機器として自動浚油装置がある。これは貨油タンクの液面が下がって貨油と共にガスを吸入した場合でも、ポンプの手前に設けたガス分離器内で分離し、上部のガスをバキュームポンプで吸引してスロップタンクに戻す仕組みとなっている。なお、主吐出弁はガス分離器内の液面状態に応じて、自動的に開度が調整され、常にポンプが貨油のみを吸引できるような仕組みになっている

(2) 管系の遠隔指示と制御

船舶の省力化、省人化を目的として、管装置の遠隔指示と集中制御が広く行われている。特にタンカーの荷役作業では弁の開閉頻度が多く、ポンプの自動発停を含めて弁の遠隔集中制御は荷役自動化システムの中核である。

(a) 荷役遠隔制御システム

荷役遠隔制御システムは、1) 油圧パワーユニット、2) タンク液位遠隔指示装置、3) 弁遠隔制御装置、4) ポンプ回転数遠隔制御装置、5) 自動浚油装置などから構成されている。これらの諸装置を集中制御するため居住区画に"荷役制御室（cargo control room）"を設け、内部に制御盤（control console）を配置する。

以下に荷役遠隔制御システムの主要要素について説明する。

1) 油圧パワーユニット（Hydraulic power unit）

油圧パワーユニットは油圧ポンプ、電動モータ、油タンク、警報装置などにより構成される。油圧はベーンポンプ、ピストンポンプまたはギヤポンプにより発生させることが多く、機器内部の漏洩などによる圧力低下を防ぐために、アキュムレータユニットを持つ場合もある。

2) 弁の遠隔制御装置

油圧駆動弁は駆動装置（actuator）として、油圧シリンダーのピストンの往復運動をリンク機構で回転運動に変えて、弁の開閉を行うタイプが多い。

弁の遠隔操作方式には配管方法としては、ⅰ）独立配管方式（各駆動弁について独立に配管）、ⅱ）主管枝管方式（各駆動弁の操作は、主管より分岐した枝管の途中に切換弁を設けて行う）が

ある。なお、弁の開度を制御室で知るために操作盤上に遠隔の開閉指示計（position indicator）を設ける。

(b) 液面の遠隔指示装置

タンク液面計には、以下の方式がある。
1) エアーパージ式：液面高さにより空気の押し込み圧が変化するのを測る
2) フロート式：液面に浮かせた浮体までの距離をロープ長さで測る
3) 電磁フロート式：液面高さを電気抵抗値に置き換える
4) メトリテープ式：タンク壁面に取り付けられた金メッキニクロム抵抗線巻きのベース板の液圧による電気抵抗変化を測る
5) 電波（レーダ）式：電波の反射時間により計測する
6) 直圧式：タンク底面の圧力計測による

液面指示機能は、局所指示のみと遠隔指示があり、遠隔指示には伝達方式によって空気圧、電気などが利用される。

(3) その他の諸管装置

(a) バラスト管装置（Ballast water piping system）

タンカーでは、船首タンクおよび貨油タンク区画のバラストはポンプ室のバラストポンプで注排水を行ない、機関室および後方のバラストタンクについては機関室のバラストポンプで処理しなければならず、接続は認められない。

バラストの注排水時間は、荷役時間、岸壁の喫水制限などを考慮して決定するが、ポンプの容量だけでなくストリッピング能力も時間に大きく影響するので注意が必要である。

(b) ベント管装置（Vent line）

タンクの内圧は、1) 積荷、揚荷に際してのタンク内の空間容積の変化、2) 荷役時に貨物油からの石油ガスの発生、3) 航海中の貨物油の温度変化による貨物油からのガス発生、などによって変化が起こる。ベント管装置は、この内圧変化により船体構造に損傷が及ぶことを防止するための圧力調整装置であり、図3.13にその概念図を示す。ベント管の管径は積込レートの1.25倍以上のガス発生量を目安として決定する。

タンクから排出されたガスがデッキ上に滞留するのを防ぐため、ガスが30m/s以上で噴出する高速排気管頭の場合はデッキ上2m、それ以下の速度ではデッキ上6mの高さが必要である。6mのベントポストを設ける場合は、ガス発散を押さえるためにブリザー（呼吸）弁を設ける。また、負圧対策として真空弁も設けなければならない。

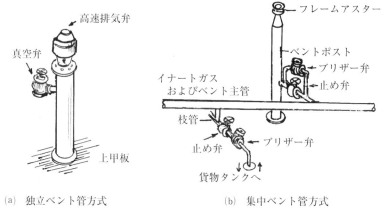

(a) 独立ベント管方式　　　(b) 集中ベント管方式

図3.13　独立ベントと集中ベント方式

(c) イナートガス管装置 (Inert gas line)

イナートガス装置は、引火点の低い貨物油から発生するガスによる爆発を防止するために、対象区画にイナートガスを封入することにより、タンク内の酸素濃度をガス爆発下限以下に下げる装置である。この装置を使用する場所は、原油タンカー、プロダクトキャリアなどの貨油タンクおよびスロップタンクである。その装置の概念を図3.14に示す。また、貨物油タンクに隣接するバラストタンクには、貨物油のリーク対策としてイナートガスが供給できなければならない。

この装置で用いるイナートガスとは、化学的な不活性ガスでなくて、一般のタンカーではボイラーの排気ガスをスクラバー（排ガス洗浄装置、scrubber）で冷却し、脱硫および除塵したガスである。

イナートガス供給管は集中ベント方式を採用する船ではベント主管と兼用することになる。また、誤操作により過大な圧力が貨油タンクに加わった場合および負圧の対策として、P/Vブレーカ（過負圧遮断器、pressure and vaccum breaker）を主管に設ける。

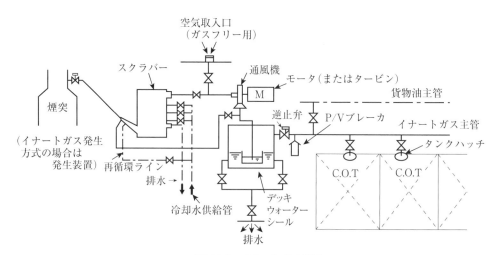

図3.14　イナートガス装置

(d) タンク洗浄管装置（Tank cleaning line）

貨油タンクをもつ船では、貨油タンクの壁面や補強材に付着した油、スラッジなどを洗い流すために、その管の先端に図3.15に示すような洗浄ノズルを取り付け、これを回転して広範囲に洗浄するタンク洗浄管装置を装備する。タンク洗浄には原油による洗浄と海水による洗浄がある。

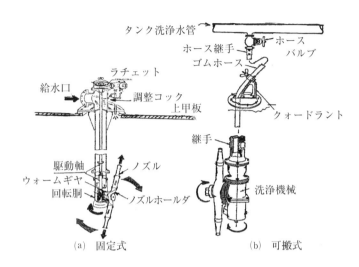

図3.15　タンク洗浄装置[3.11]

1) 原油洗浄（Crude oil washing）

揚荷中に積荷の原油の一部を、貨油ポンプと洗浄機によって貨油タンクの壁面に高圧力で噴射し、壁面に付着した粘着油やスラッジを洗い落とす洗浄方式である。原油にはスラッジ類を溶かす性質があるので、原油洗浄を行うと貨油タンクに溜まるスラッジ類が大幅に減少する。

原油洗浄は海洋油濁防止の上で優れており、DW20,000ton以上の原油タンカーに取り付けが義務付けられている。（MARPOL[注3-5]1978）

2) 海水洗浄（Sea water washing）

海水洗浄は、1) 荒天時に海水バラストを貨油タンクに増張りする場合、2) 入渠またはタンク内の修理点検をする場合に、貨油タンクの洗浄用として使用される。油を大量に含んだ海水は船外に放出できないので、海水洗浄には海水を循環して使用する、いわゆるクローズド方式が採用されている。

入渠前には、洗浄作業後にイナートガスを封入して置換し、その後に人が貨油タンクの中に入れるようにガスフリーを行う。

(e) タンク加熱管装置（Tank heating piping line）

高粘度の油を揚荷する際のポンピングのためには油を加熱して粘度を下げる必要があり、高粘度油を積む船では各貨油タンクに加熱管を設ける必要がある。油の加熱には蒸気を用いることが

注3-5　MARPOL条約：船舶の航行や事故による海洋汚染を防止することを目的として、規制物質の投棄・排出の禁止、通報義務、その手続き等について規定するための国際条約

多く、またスロップタンクには油水分離を効果的に行う目的で加熱管装置を設けている。

甲板上の蒸気管は通常の鋼管では腐食し易いため、鋼管に溶融アルミニウムメッキを施す（アルマー加工）などの対策が必要である。また、タンク内の加熱管には腐食防止のために、アルミニウム・ブラス管を用いることが多い。

3.4 居住区の給排水・衛生装置

(1) 給水・給湯設備[3.3][3.4][3.5][3.9]

船舶や海洋構造物の居住区に関する水系は構造内で閉じているために、陸上とは異なる給水システムを用い、その給排水設備は乗組員や船客の生活と密接な関係にある。特に、英国のDOT規則[注3-6]やアメリカ公衆衛生局のPublic Health Service規則では詳細な規制があり、これらの規則の適用が要求されている場合には別途十分な検討を行う必要がある。

(a) 給排水設備の設計

居住区の給排水量（水負荷）の予測を行なう方法は種々あるが、給排水に係わる器具の給水器具単位（fixture unit value）を用いる方法（"ハンター法"ともいう）がよく使われる。給水器具単位とは、個人用の洗面器の流量（管径1/2インチ（13mm）、標準流量17L/min）を1単位として、対象器具とその用途に応じた流量から単位を定めたもので、表3.1のように与えられている。また管径均等表の利用も便利である。

表 3.1 器具の給水単位

衛生器具	管径	給水単位 [個人用]	給水単位 [公共用]
洗面器	1/2	1	2
厨房流し	3/4	2	4
洗濯流し、掃除流し	3/4	3	3
大便器（シスタン）	1/2	3	5
大便器（フラッシユ）	1	6	10
小便器（シスタン）	1/2	—	3
小便器（フラッシユ）	3/4	—	5
浴槽	3/4	2	4
シャワー	3/4	2	4

(1) 給水器具単位法

給水器具単位法は次の順序で流量・管径を決める。

[1] 各器具水栓の給水単位を決める。

[2] 配管系の各部における給水器具単位の累計を算出する。

[3] 累計に係わった器具数から同時使用率（表3.2を使用）を決め、給水器具単位の累計に乗じて同時に使用する水量を計算する。

表 3.2 同時使用率

器具数	2	3	4	5	10	15	20	30	50	100
同時使用率（%）	100	80	75	70	53	48	44	40	36	33

注3-6 DOT規則：英国のDepartment of Tradeから発行されているThe Merchant Shipping Rules

[4] 各部の合計流量を求め、これに見合う管径を決める。

(2) 管径均等表

管径均等表は、水圧や摩擦抵抗が同一の場合には流量が管内径の 5/2 乗に正比例することより、大径管 D の管は小径管 d の管 n 本に相当すると見なすと次の関係がある。

$$n=(D/d)^{5/2} \tag{3.11}$$

これを表に示したものが表 3.3 である。なお、立上がり管の算出には向かないが、各階の横枝管や給水以外の配管の概略な管径を求める場合にも用いられる。

表 3.3 管径均等表

径 mm	10	13	16	20	25	30	40	50	65	75	100	150
10	1.00											
13	1.92	1.00										
16	3.23	1.68	1.00									
20	5.65	2.89	1.74	1.00								
25	9.88	5.10	3.03	1.74	1.00							
30	15.58	8.20	4.81	2.75	1.57	1.00						
40	32.00	15.59	9.65	5.65	3.23	2.05	1.00					
50	55.90	29.00	17.26	9.80	5.65	3.58	1.75	1.00				
65	107.71	55.90	33.31	19.03	10.96	6.90	3.36	1.92	1.00			
75	154.96	79.97	47.56	27.23	15.59	9.88	4.80	2.75	1.43	1.00		
100	316.22	164.5	97.65	55.90	32.00	20.28	7.89	5.65	2.94	2.05	1.00	
150	871.42	452.0	269.10	164.00	88.18	56.16	27.27	15.58	8.09	5.65	2.75	1.00

〔注〕管長・水圧および摩擦係数が同一のときの大径管 D に相当する小径管の本数を示す。

均等表により、次の順序で管径を求める。

[1] 各器具の管径を均等表により基準管径（最小の管）の本数に換算する。
[2] 配管各部の合計本数を求める。
[3] これに器具数により同時使用率（表 3.2 を使用）を乗じる。
[4] 得られた基準管径の本数を均等表により再び管径へ換算し直す。

(b) 清水管（Fresh water line）

居住区の洗面器、調理室の各種機器、洗濯用水など、飲料用水を除く居住区域で使用する各種用途の清水管を総称して"雑用清水管"という。これらのうち、一部は船によっては海水で代用することもあるが、可能なら耐蝕性の点から清水系とする方式（清水サニタリ方式）が望ましい。

使用量がほぼ一定している器具に対しては管径もほぼ一定であり、例えば和式浴槽、大便器、業務用洗濯機、操舵室窓洗浄用などの各枝管は 25mmφ、その他の機器用枝管は 15mmφ とすることが多い。また主管は分岐する枝管の数によって定まるが、乗組員 30 人前後の一般貨物船やタンカーでは 25mmφ〜40mmφ 程度である。

雑用清水の給水方式には、1) 重力タンク方式、2) コンスタント・ランニング方式、3) 圧力

タンク方式がある。重力タンク方式ではタンク設置場所の確保が難しく、使用量が大きくなると不経済であり、またコンスタント・ランニング方式ではポンプが連続運転となるため消耗が激しいなどの問題がある。このため、最近では圧力タンク方式を採用する場合が多い。

(c) 温水管（Hot water line）

居室の洗面器、浴室、調理室などに給湯するために温清水系統を備える。温水管は主管と枝管より構成され、主管内は常時加熱された温水をポンプで循環するようにする。なお、加熱器（カロリーファイヤ）の熱源は1）蒸気式、2）電気式および3）蒸気と電気の兼用式の3方式がある。

(d) 飲料水管（Drinking water line）

飲料水管系統には、1）飲料水専用タンクから給水する方式、2）一般の清水タンクから給水する方式の2方式がある。いずれの場合にも殺菌装置を通して給水するが、殺菌装置には、1）塩素式殺菌装置、2）紫外線式殺菌装置の2種類がある。殺菌装置とその取り付け法は種々あるが、図3.16に最も代表的な方式を示す。なお、飲料水ポンプの容量は乗組員20〜30人の一般商船では2〜4m^3/h程度である。

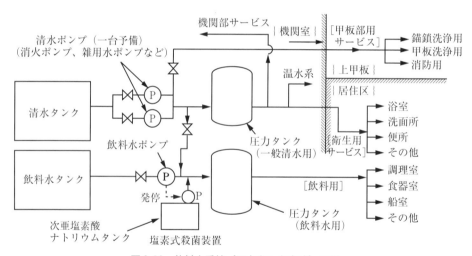

図3.16 飲料水系統（圧力タンク方式）の例

(2) 排水と衛生設備[3.2][3.3][3.4][3.5]

(a) 船舶の排水管装置[3.8][3.9]

船舶の居住区に関する水系は構造内で閉じているために、以下のような排水システムを用いることになる。また、排水・汚水に関しては海洋汚染防止の面から種々の法規制がある。

(1) 居住区排水管（Drainage pipe）と汚水管（Sewage pipe）

居住区内で排水管が必要なのは、ⅰ）水を扱う機器類からの排水、ⅱ）調理室、浴室、便所など水を扱う部屋の床面、ⅲ）倉庫、冷蔵庫などの時々水洗する床面などである。しかし、それ以外の一般居室、公室、事務室の床面には排水管は設けない。操舵室は外部との出入りの頻度が高

く、雨水の浸入なども多いので、出入口（外側）にウェル付き排水管を設ける場合もある。また下層部の居住区内通路の床面にも必要に応じて排水管を設備する。その例として、排水管の管系統を図3.17に示す。

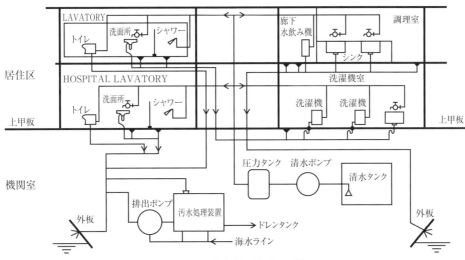

図3.17 排水管の管系統の例

排水は基本的に舷外に放出するが、このことは海洋汚染防止の面から問題視すべきであり、また国際条約MARPOL73/78（後述）に基づく法規制がある。さらに、MARPOL附属書Ⅳ（汚水による汚染防止）の改正が2005年に発効し、ふん尿等による海洋汚染を防止するために、汚水処理プラントなどの設置義務および船外への汚水排出が制約されている。今後は、さらに調理室や浴室からの生活排水が規制の対象になるものと予測されている。

居住区内の排水管は数が多く、個々の舷側排出では開口部が多くなるので、居住区内の排水、便所、浴室の汚水などのグループ毎に管を集合させて排出する。管が集合する部分を"コレクティングヘッダー（collecting header）"といい、計画満載喫水線より300mm以上上方で近寄りやすい場所（例えば、機関室内）に設ける。なお、病室系統、調理室、配膳室、冷蔵庫、糧食庫などの排水系統およびガーベージシュートの排水は別扱いとする。

船は常に動揺するうえにトリムやヒールも生じやすいので、それらによる傾斜も配管で対処する必要がある。これらを考慮して、船幅方向に導設する管は約1°以上、船長方向に流れる管は約2.5°以上、特にコレクティングヘッダに導かれる管は5°以上の傾斜とする。

(2) 汚水処理装置

現在、船舶で実用化されている汚水処理装置は、代表的なものとして以下の2方式がある。

ⅰ) 曝気式：形物を粉砕して水とよく混ぜ、気泡を送って好気性菌の作用で分解し、かつ固形物と水分を分離したのち、水分を殺菌して放出する。

ⅱ) 循環式：屎尿から固形分を分離し、水分は一応清浄化した後に便器に送り、汚物の流し水として再利用する。なお、循環式汚水処理装置は規制水域で一切汚水を排出しないので、いかなる規制も満足するが、装置が複雑で、かつ高価である。

(3) 海洋汚染防止のための汚水排出の法規制

海洋汚染防止のために国際条約 MARPOL73/78 に基づき、航行する海域に応じて、排出規制の対象船舶、規制される汚水、排出海域および排出方法が規定されている。

ⅰ) 排出規制の対象船舶：国際航海に従事する船舶であって、総トン数 400GT 以上の船舶および最大搭載人員 16 人以上の船舶である。これ以外は別に定める。

ⅱ) 規制される汚水ならびに排出海域と排出方法
- 船舶から排出されるふん尿（排出防止設備により処理されたものを除く）または船舶内の診療室やその他の医療設備内において生ずる汚水については、すべての国の領海基線から 12 海里を超える海域において、海面下かつ航行中に排出することとする。
- 船舶から排出されるふん尿または汚水については、すべての国の領海基線から 3 海里を超える海域において、海面下かつ航行中に排出することとする。

(b) 衛生設備[3.3][3.4][3.5]

給水管や排水管の端末には衛生器具が設置され、それには黄銅、銅、鋳鉄などの金属やプラスチック、陶器などの材料が使われる。その材質として必要な条件は、ⅰ) 平滑な表面をもって美的であり、吸水性が少なく、常に清潔を保つことができること、ⅱ) 耐食・耐磨耗性があり、耐久性に優れていること、ⅲ) 人体に有害な成分が溶出しないこと、などがある。

衛生器具は次の 3 種類に分類される。

1) 給水器具：給水栓、シャワー、洗浄弁、ボールタップなど、水や湯を使用するときに直接操作する器具であり、逆流防止機能をもっている必要がある。
2) 水受け容器：便器、洗面器、流し類、浴槽などの水や湯を貯めたり、使用後に排水したりするための器具である。
3) 排水器具：排水金具、水封トラップ[注3-7]、床排水口などの排水に関わる器具である。排水具は水受け容器と排水管を接続するものである。

注3-7 水封トラップ・封水：排水設備の配管の途中に設けられ排水管の悪臭やガスが屋内へ浸入するのを防ぐ器具や装置をいう。なおトラップ内の溜り水は"封水"という。

第4章　甲板艤装・鉄艤装

　船舶艤装の設備・装置は、一般に建築、機械、プラントなどから船舶向けに発展してきたものが多い。一方、甲板艤装・鉄艤装に関する装備品はほとんどが舶用専用として開発されたものであり、その大きさや形状、機能は船舶固有のものである。また、その製作には舶用専門の機器メーカーに依存することが多い。特に、係船装置や荷役装置は大きな負荷に耐える必要があり、その材料は鋼鉄、鉄鋳物や鍛鋼であり、"鉄艤装"と呼ばれている[4.1][4.2][4.3]。

4.1　係船装置

　船は停泊中においても潮流、風、うねりなど海象、気象による外力を受けるが、これに対して船を所定の位置に保持し停止させる装置が係船装置である[4.1][4.3][4.4]。

(1) 係船装置の計画

(a) 係船力の算定基準

　係船装置の設計には、設計対象の船舶が遭遇する自然環境と運用状態を予測し計画する必要がある。一般に、船舶は風速や潮流が弱いうちは岸壁やバース注4-1に係船され、ある限界以上になると港外や沖出しされる。船舶の係船装置は、この限界まで係船可能である能力をもつことが望ましい。

　係船限界の基準は各港湾施設が独自に設定しており、寄港地が限定される船舶であれば係船装置をその港湾の基準や係船設備に合せて設計すればよい。または、船舶の運航者側からの明確な要求がある場合には、その要求を満たすように設計することになる。特にタンカーの場合は、OCIMF（石油会社国際海事評議会）注4-2の運用基準を適用する場合が多く、さらにシェル（Royal Dutch Shell）やエクソン（Exxon Mobil）などの大手石油資本は自社が用船する船舶について独自の係留基準を持っている。

　一般には、船舶の寄港地を限定することは難しいので、以下のように係船力を算定する。

　(1) 風速

　港湾荷役では、離岸可能な風速を超えない内は作業を行い、超えると港湾外へ避難することになる。船舶運航者および港湾管理者は、全船型に対して、係船限界風速を15m/s、接岸作業限界風速を10m/s程度と考えている。ただし、大型船の場合では、突風率のばらつきを見込んだ風速の時間変化が船体運動に与える影響およびタグボートの補助を考慮して、係船限界に関する設計風速を20m/sとすることが適当とされている。なお、ここでの風速とは平均風速であり、一般には10分間平均風速を意味している。

　従って係船装置としては、i) 係船可能限界風速まで係留できること、およびii) 接岸作業可能限界風速において接岸できることが要求される。係船時に係船機のドラムから索取りすること

注4-1　バース：船が荷役などのために着岸する岸壁、または船舶の停泊する場所
注4-2　OCIMF：Oil Companies International Marine Forum（石油会社国際海事評議会）

が多いが、上記の条件から係船機ドラムのブレーキ力が定まることになる。一方、接岸時にタグボートによるプッシングがある場合には、巻き上げ力は接岸作業可能な風速における自力接岸の能力までは要求されていない。

(2) 潮流と波浪

係船力算定基準となる潮流の流速も各港湾あるいはバースの事情をもとに設定する。しかし、一般に寄港地を限定するのは難しいので、2knot（1.03m/s）程度とすることが多い。なお、波浪も係船、荷役作業の可能性を判断する材料の一つである。

(b) 係船方法

沖合あるいは広い港湾において錨のみで停泊する"錨泊"があるが、荷役を伴う代表的な係船方法としては、以下のものがある。（図4.1を参照のこと）

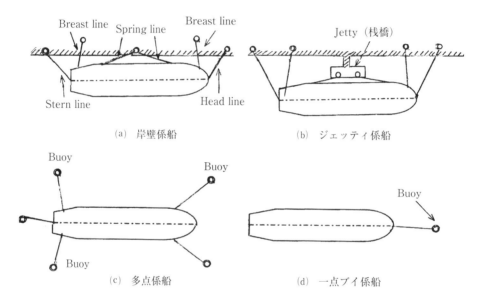

図4.1 代表的な係船方式

1) 岸壁係船：船体と岸壁の間にフェンダーを挟み、船上あるいは陸上の係船機を利用して係留索を引っ張り、船体を岸壁に固縛する最も一般的な係船方法である。各係船索は荷重配分がなるべく均等になるように、通常ミッドシップに関して対称となるように索取りされる。なお、ブレストラインは船横方向の荷重を、スプリングラインは船前後方向の荷重を受け持つ。
2) ジェッティ係船：基本的には岸壁係船と同じであるが、風、潮流の影響が増える。
3) 多点係船：タンカーのシーバースに用いられる係船法の一つであり、船の移動が拘束されるので、波・うねりによる索張力の変動が大きい。
4) 一点ブイ係船：船型の大型化に伴い、風浪の影響の大きい泊地を選ばざるを得ない場合の係船法であり、船が風浪に向首して外力の影響をできるだけ小さく保つ。

(2) 艤装数と錨、錨鎖、係船索

(a) 艤装数 (Equipment number)

船に備える係船装置の能力は係船中に受ける力の大きさにより決まるために、外力の程度を表す指標として、各船級協会は共通の"艤装数" N_{eq} を規定している。艤装数は次式により計算され、これを基にして、係船装置の要目が決められる。

$$N_{eq} = \Delta^{2/3} + 2BH + A/10 \tag{4.1}$$

ここに、Δ は満載排水量(ton)、B は船幅(m)、A は満載喫水線上の側面積(m^2)（ただし、幅がB/4を超え、かつ高さが1.5mを超えるもののみ算入）である。また、$H = f + h$ であり、f は midship における乾舷高さ(m)、h は B/4 を超える甲板室の合計高さ(m)である。ただし、長さ B、f、h に関しては型(mould)をとる。

艤装数を算定すると、規則により、錨の重量と数、錨鎖の種類、径および合計長さ、曳索、係船索の数、長さおよび切断荷重が決る。

(b) 錨 (Anchor)

錨は海洋交流文化に伴い発達したので種々の形状がある。その代表的なものを図4.2に示すが、この外に、ストークス型、プール型などの錨が開発されている。国内では、JIS 型高把駐力型ストックレスアンカーが多く使用され、他には AC-14 型、ストークス型、ダンフォース型などのアンカーの採用が一般的である。

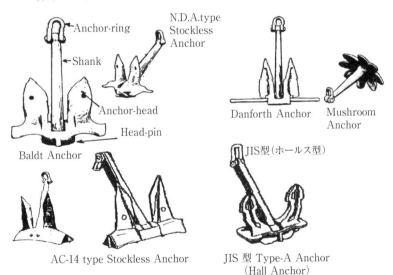

図 4.2 アンカーの種類

錨の把駐力はその爪が海底に食い込むこと（図4.3を参照）により生じるが、そのため海底の地質によって種々変化する。錨と錨鎖との両者による把駐力 F_H (N)は次式のように表される。

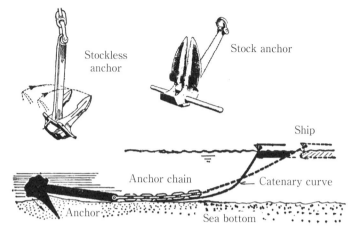

図 4.3 アンカーの把駐状態

$$F_H = \kappa_a W_a + \kappa_c l_c w_c \tag{4.2}$$

ここに、W_a は錨の海水中の重量（空気中の重量 × 0.869）（N）、w_c は錨鎖の 1m 当たりの海水中重量（空気中の重量 × 0.869）（N/m）、l_c は錨鎖の把持（着底）部の長さ(m)である。また、κ_a、κ_c はそれぞれ錨と錨鎖の把駐力係数であり、その値は表 4.1 に示すように海底地質により異なる。

表 4.1　錨と錨鎖の把駐力係数

	底質	軟泥または粘土	硬泥	砂泥	砂	砂礫
錨	κ_a	2	2	2	3〜4	3〜4
錨鎖	κ_c	0.6	0.6	—	0.75	0.75

（注）　JIS ストックレスアンカーの場合

(c)　錨鎖（Anchor chain）

(1) アンカーチェーン

錨鎖はアンカーを繰り出したり、巻き上げるだけでなく、長く繰り出して海底に横たえた部分は把持力を生じ、アンカーの把駐力の補助の役割を果たす。そのことは把駐力 F_H の式(4.2)に反映されている。

例として、代表的なアンカーチェーン（JIS）の形状を図 4.4 に示すが、普通リンク(common link)や拡大リンク(enlarged link)などから成る長さ 27.5m を一連(shackle length)として、連結用シャックル(joining shackle、Kenter shackle)などで隣の連と繋がる。なお、錨鎖には一般に鋳造、または電気溶接のものが使われる。

4.1 係船装置

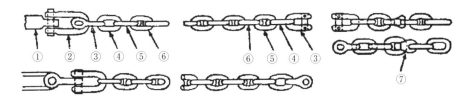

① Anchor 錨　② Anchor shackle 錨シャックル　③ Kenter shackle 連結用シャックル
④ End link 端末環　⑤ Enlarged link 拡大環
⑥ Common link 普通環　⑦ Swivel スイベル回転環

図 4.4　アンカーチェーン

(2) 錨鎖庫（Chain locker）

錨鎖庫は錨鎖を格納する場所であり、船体中心線を境に左右に二区分し、一般に船首隔壁の前部に設けられている。また、低部に溜まる泥土を適当に掃除する方法と排水管が詰まらぬ対策が必要である。

(3) 錨鎖管（Chain pipe）

揚錨機の鎖車から、錨鎖庫に錨鎖を誘導するための管である。普通鋼板製で、上部は甲板に溶接され、下端には半円材が取付けられて、錨鎖の損傷を防ぐようになっている。

錨鎖管の上部は、できるだけ鎖車に近く、下端は錨鎖庫の天井のほぼ中央になるようにし、上下端は錨鎖の動きに無理がないようにラッパ型にするなど形状を考慮しなければならない。

(d) 係船索（Mooring rope）

係船索には 1) 鋼索（wire rope）と 2) 繊維索（fiber rope）がある。

鋼索は素線（n 本）を撚ってストランド（strand）とし、これを心縄（core）の周りに m 本撚り合せわた（m×n）構成となっており、係船用としては（6×24）、（6×37）が多く使われる。当然、係船索は素線の数が多いほど素線が細いので、柔軟で取り扱いが容易であるが、腐食に対して弱くなる。なお、係船力の計算では鋼索の安全率は 2.5 とする。

一方、繊維索は一般に合成繊維索（synthetic rope）であり、多く用いられるナイロンは引張り強度が大きいが、伸びも大きく、摩擦に弱い面がある。また、ポリプロピレンは軽く取り扱いが容易であるが、強度はナイロンより劣る。合成繊維索の安全率は 3.8 程度とすることが多い。

(3) 投・揚錨機

投・揚錨装置は主として沖がかりの際に使用されるが、桟橋または岸壁に係留する場合にも使用されることもある。船舶を風波・潮流から守って係留するためには、船の大きさや形に適合した投・揚錨装置を設けなければならない。一般に船舶が最微速で移動中に投錨するので、揚錨機だけでなく、それに関係する一連の装置が適切なものでなければならない。投・揚錨装置は、図 4.5 に示すような一連の装置から成り立っている。

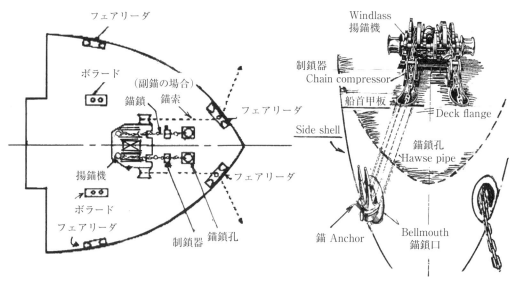

図 4.5　投揚錨装置の概念と配置

(a) 揚錨機（ウインドラス Windlass）

　主錨に対する揚錨は揚錨機（ウインドラス、Windlass）（図 4.6）が用いられ、主錨の鎖は、錨鎖孔（ホースパイプ）から揚錨機の鎖車を通り、これに巻かれて甲板開口から、錨鎖庫に入る。錨鎖の末端は錨鎖庫の根止め金物に係止される。錨鎖孔と鎖車との中間に制鎖器(チェーン・コンプレッサー、Chain compressor)を設ける。

1. 電動機
2. スリッピングクラッチ
3. 中間歯車　4. 中間軸　5. 小歯車
6. 大歯車　7. 鎖車　8. ブレーキ車
9. ブレーキハンドル　10. 綱巻胴

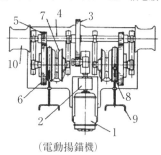
（電動揚錨機）

図 4.6　大型船のウインドラス

　揚錨機は、一般には電動機、油圧ポンプ、油圧モータを組み合わせた電動油圧の揚錨機が用いられ、連続的に速度変化ができる特長がある。最近では効率がよく、運転が円滑で制御し易い上に、油圧配管が不要な電動揚錨機が増えてきている。

　揚錨機の巻き上げには、風力、潮流、錨と錨鎖の重量および錨鎖とホースパイプとの摩擦から

成る次の荷重 F_A (N)を超える力を必要とする。

$$F_A = (1+\mu)(R_a + R_W + w_c H) \tag{4.3}$$

ここに、R_a は船体の風圧抵抗(N)、R_W は潮流抵抗(N)であり、(4)(a)(1)において説明する。また、μ は錨鎖のホースパイプにおける摩擦損失係数（一般に0.3を用いる）、w_c は錨鎖の1m当たりの海水中重量（空気中の重量×0.869）(N/m)および H は錨地の水深(m)である。

ただし、実際の揚錨機の巻き上げ荷重は錨鎖の耐力に対応する必要があり、船級協会では錨鎖の呼び径(mm)の二乗に比例する定格荷重を規定している。

揚錨機は、荷重の変化が激しく、衝撃を受ける場合が多く、また錨鎖とホースパイプとの摩擦などの不規則性を考慮してその力量を決定しなければならない。その有効馬力 EHP (PS)は次式により算定する。

$$EHP = \frac{F_W \cdot V}{75 \times 60} \tag{4.4}$$

ここに、F_W は定格荷重(kgf)であり、ISO（国際標準化機構）およびJISにより錨鎖の径 d (mm)を基に決められている。また V は巻上速度(m/min)であり、定格荷重にて9m/minとする。なお、巻上速度は錨鎖3連とアンカーが海底に着いていない状態から2連を巻上げる平均速度である。なお、1kgf=9.807Nである。

(b) 錨鎖孔（ホースパイプ Hawse pipe）

錨鎖孔の位置は船首前方両舷、なるべく水線より高く設置するのが普通であるが、アンカー、錨鎖の繰り出し、巻上げがスムーズに行えることを前提に、揚錨機、制鎖器、フェアリーダーなどの位置を考慮して定める必要がある。また、収錨時にアンカーが外板にしっかり固定されること、および投錨時にアンカーチェーンの躍りを起こさないことが、ホースパイプの計画に際して注意すべき点である。

(c) 制鎖器（Chain compressor）と制鎖止（Chain stopper）

制鎖器は、揚錨機と錨鎖孔との中間に設けてあって、錨を格納した時の錨鎖の固定装置であると同時に、投錨時の錨鎖の誘導および調整に使用する。制鎖器は鋳鋼製が一般的で、その中央部に錨鎖がはまり込むような凹みをもっている。また錨鎖を抑止する閂（かんぬき）を有していて、大きな衝撃にも耐えるよう強固な構造である。

(4) 係船機と係船金物

(a) 係船機（ムアリングウインチ Mooring winch）

係船索の巻き取り・繰り出しには係船機（ムアリングウインチ、mooring winch）（図4.7(a)）やキャプスタン（capstan）を用いる。なお、キャプスタンは、甲板上において係船索を陸側または他船から受け取る機械である。

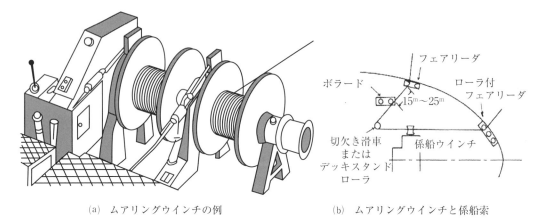

(a) ムアリングウインチの例　　　　(b) ムアリングウインチと係船索

図 4.7　ムアリングウインチ

(1) 係船時の船体が受ける外力

係船機の要目決定には、係船時に風や潮流などによって船体が受ける外力を算定することが必要である。

ⅰ) 風圧抵抗：係船索には船体横方向の風が大きく影響する。船体全体が受ける風圧抵抗 R_a(N)は次式で算出する。

$$R_a = 0.5 K_a \rho_a A_a V_a^2 \tag{4.5}$$

ここに、K_a は抵抗係数で船体横方向 1.0、縦方向 0.8 である。また ρ_a は空気の密度 (1.2 kg/m^3 程度)、A_a は満載喫水線上の風方向投影面積(m^2)、V_a は相対風速(m/s)である。

ⅱ) 潮流抵抗：一般に港湾内での潮流は小さくてもかなりの抵抗となり、船の移動速度も含めて、次式で潮流抵抗 R_W(N)を計算する。

$$R_W = 0.5 K_W \rho_W L d V_W^2 \tag{4.6}$$

ここに、K_W は抵抗係数で 0.9（横方向潮流 90°）、0.05（縦方向潮流 180°）であり ρ_W 海水の密度(1025 kg/m^3)、L は船の垂線間長(m)、d は喫水(m)、V_W は潮流速度(m/s)である。

この外に、特別な場合には形状抵抗やプロペラ抵抗を考慮することがあり、港によっては波浪やうねりによる外力も算定の対象となる。

(2) 係船索とムアリングウインチの力量

係船に必要な全力が求まれば、これを各係船ライン（スターンライン、ブレストライン、ヘッドラインなど）に分担させることになる。一般には、風は船体真横から受けるものとし、係船作業時 10m/s、係船中の増索、沖出しへの移行を 15m/s として風力を算出する。潮流速度は 1.03m/s（2ノット）程度を考えることが多いが、港湾の実状に合わせて計算を行なう。

係船ラインは複数の索で構成することが多く、各係船ラインに掛かる係船力が決まれば、次式より各係船ラインの索の本数 N_{rope} を決めることことができる。

$$N_{rope}=s(R_L/\cos\theta)/P_B \tag{4.7}$$

ここに、R_L は各係船ラインに掛かる係船力(kN)であり、P_B は索一本当たりの破断荷重(kN)、θ は岸壁に垂直な方向と係船ラインのなす角度、s は索の安全率である。ただし、索はあまり太いと取り扱い難く、鋼索38〜42mm、繊維索75〜80mmを限度として、索の本数 N_{rope} を決めることになる。

次に、索の本数に基づき、接岸移動時に索一本当たりの張力がムアリングウインチの定格能力を超えないよう、ウインチの使用台数および力量を算定する。その後、係船金物の配置を決めることになる。

(b) 係船金物

(1) 係船金物の種類

係船金物は種々あり、代表的な金物とその役目について以降説明するが、金物形状は図4.8を参照されたい。なお、一般に係船金物の設計荷重は係船索の破断荷重の1.25倍が索に掛かるものとして設計を行なう。

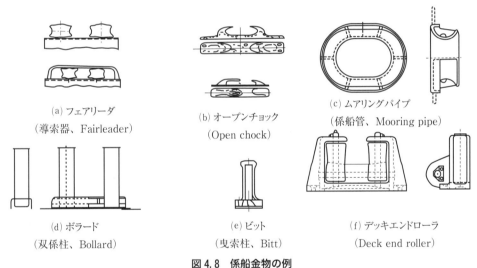

(a) フェアリーダ (導索器、Fairleader)
(b) オープンチョック (Open chock)
(c) ムアリングパイプ (係船管、Mooring pipe)
(d) ボラード (双係柱、Bollard)
(e) ビット (曳索柱、Bitt)
(f) デッキエンドローラ (Deck end roller)

図4.8 係船金物の例

ⅰ) フェアリーダ (Fairleader)：係船索を船内から岸壁側に送り、船を引き寄せたり、係留しておく際に索を通すもので、索の水平方向の移動に対して損傷防止のためにローラーが設けられている。オープン型フェアリーダが多く用いられる。

ⅱ) ユニバーサルフェアリーダ (Universal fairleader)：フェアリーダにさらに上下のローラーを追加したもので、索の上下左右方向の動きに対して損傷防止の効果がある。

ⅲ) チョック (Chock)：係船索を通すものであるが、フェアリーダのようなローラーはない。上方が開放されたものをオープンチョック (Open chock) といい、四周が閉鎖されているものをクローズドチョック (Closed chock) という。パナマ運河ではクローズドチョックを用いる。

iv) ムアリングパイプ（Mooring pipe）：クローズドチョックの一種で、とくにブルワークを貫通するところに設ける。金物や取り付け部は通常のクローズドチョックより強い力や摩擦に耐える必要がある。

v) ビット（Bitt）：索を一時的に固縛するもので、外形は円筒形または十字形である。

vi) ボラード（Bollard）：索を固縛して船を係船するために使用するもので、2本の柱が直立しているものが多く使われている。

(2) 係船金物の装備数と配置

艤装数を計算して、その値に対応する係船索の本数と強度を求めて相当する索の径を決めれば、それに見合う金物の大きさが決まる。

索本数に見合う金物の配置を決めるには、自船の係船索数だけでなく、陸からの増し索についても考慮する必要がある。これらの金物位置は船の係船性能を左右するので、索取りを十分に検討したうえで決定しなければならない。参考として金物の配置例を図4.9に示す。なお、パナマ運河ではチョックの配置について規定がある。

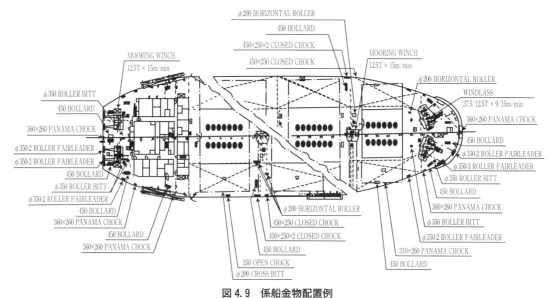

図4.9　係船金物配置例

4.2　荷役装置

荷役装置としては、積載する貨物の種類や荷姿に応じて、1) デリック装置、2) ジブ型デッキクレーン、3) ガントリー型デッキクレーン、4) コンベヤ装置、5) ポンプ装置、6) ランプドア装置[注4-3]、7) コンテナ荷役装置などの種々な方式が用いられる。いずれもその貨物の性質および港湾の荷揚積方式によって選択することになる。ここでは、現在では荷役装置の主力となっているデッキクレーンおよびコンテナ荷役装置について説明する[4.1][4.3]。

注4-3　ランプドア：車両が乗降りできるよう水平から垂直まで開閉する可動橋で、閉じると船体の一部をなす。

(1) デッキクレーン (Deck crane)

かつてはデリック装置が多用されたが、その索取りや準備作業が複雑であり、操作が難しいなどの欠点があった。そのため、省力化・省人化の趨勢に伴い、荷役能率が優れたデッキクレーンの使用が一般化されるようになった。なお、現在では、デリック装置は重量物の取り扱いなど特別の場合のみに採用されている。

(a) ジブ型デッキクレーン (Jib-type deck crane)

荷役には一般に巻き上げ／巻き下し、俯仰、旋回の動作が必要であるが、ジブ型デッキクレーンはこのうち2～3動作を同時に行うことが出来るので、荷役効率がよく、スポッティング能力にも優れている。この型の例を図4.10に示すが、ジブ、クレーンポスト、旋回・巻上・引込（俯仰）ウインチから構成されている。

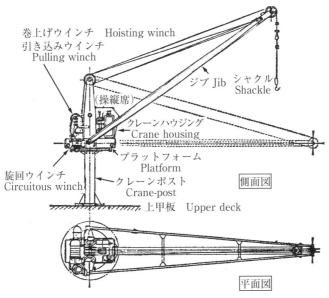

図4.10 ジブ型デッキクレーン

駆動方式としては電動式または電動油圧式があり、グラブバケット、リフティングマグネット、コンテナ吊り上げ用スプレッダー[注4-4]などの付帯設備により広範囲な荷役が可能である。このため、ジブ型デッキクレーンは入港する港が不定で、自船に荷役能力を必要とするDW60,000ton以下のバラ積貨物船、セミコンテナ船、一般貨物船などに多く搭載されている。また、コンテナを積み込む機会がある船種では25ton以上のものが多く用いられている。

デッキクレーンでは制限半径(最大旋回半径)および制限荷重が指定されている。その重要部分の破壊強度に対する安全率は、旋回半径において指定の制限荷重をかけたときに、制限荷重10ton以下では5以上、10ton以上では4以上でなければならない。なお、1tonは9.807kN($=10^3$kgf)である。

荷重試験は、試験荷重をつり上げた後、最大限に旋回または移動させることにより行う。その

注4-4 スプレッダー：コンテナのように同じ形状の貨物をクレーンで吊るための金具のこと。

試験荷重は20ton未満では制限重量の1.25倍、20ton〜50tonでは制限重量に5tonを加えた荷重である。

(b) ガントリー型デッキクレーン (Gantry-type deck crane)

ガントリー型デッキクレーンは、図4.11に示すように、トロリーを載せた門形構造のクレーンが両舷の船側に設置されたレール上を移動するもので、岸壁と船内の荷役を円滑に進めることができる。

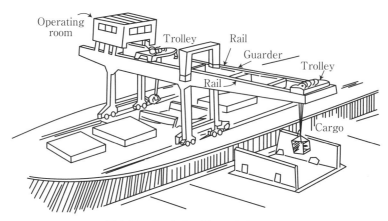

図4.11 ガントリー型デッキクレーン

ガントリー型デッキクレーンのうちコンテナや巻きパルプなどの荷役に利用されるものは、荷姿に合わせたスプレッダーという専用の荷掴み装置を備えている。例えば、コンテナ荷役では、上部の四隅についているコーナーキャスティング（穴）にロックピンを挿入して固定するスプレッダーにより、30トンもあるコンテナを迅速・確実に運搬できる。吊り具としては、スプレッダーのほか多点フック吊ビーム、バキュームクランプ、フォーク、グラブバケットなどを貨物の種類に応じて使用する。

ガントリー型デッキクレーンは一般に電動モータ駆動であり、U型（門型状）およびC型（オーバーハング型）があり、荷役の形態、積荷の種類に応じて型式が決定される。航海中は船橋前部に固定し、荷役時は所定位置までクレーンを移動させて稼動する。このクレーンは操縦室の視界が良いので貨物の動きを密に監視しながら荷役が可能であり、さらに貨物の軌跡を最短の直線状にできて荷役が高能率である。

この装置は重量が大きく、高価格という欠点はあるが、その能率の高さからバルクキャリアやフィーダーサービスのコンテナ船などに多く装備されている。

(2) コンテナ荷役装置 (Container handling system)

コンテナは輸送機関同士での積み替えが迅速化・簡便化できるため、時間と費用の両面で従来の運搬方法に比べて圧倒的に有利であり、従来の一般貨物船による輸送よりも格段に荷役効率が良い。また、丈夫な鋼鉄製の箱 (container) は長年使用可能であり、貨物の梱包が簡略化できるので梱包コストが削減でき、かつての一般貨物はコンテナ（図4.12参照）に置き換ってし

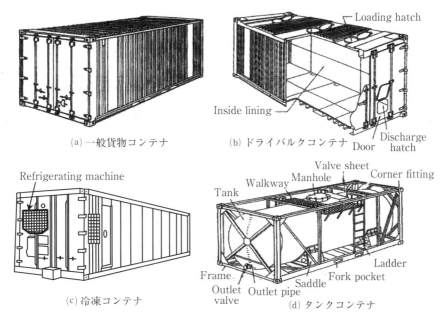

図 4.12　コンテナの種類

まった[4.1][4.5]。

(a) コンテナの概要

(1) コンテナ搭載の様態

ほとんどのフルコンテナ船や多くのセミコンテナ船では、船体動揺時のコンテナ保持と荷役作業の効率化のために、コンテナ四隅の位置に"セルガイド"と呼ばれる垂直レールを備えるセル (Cell) 構造（図 4.13 参照）をとっている。レールの最上部にはエントリー・ガイドと呼ばれる斜体が付いていて搭載時にコンテナの隅金具（corner casting）が容易にはめ込めるようになっている。

セル構造の有無にかかわらず、貨物コンテナと共に他の一般貨物を混載する混載貨物船には、コンテナ搭載の専用倉を持つ"分載型"、および一般貨物とコンテナを共用して搭載する"混載型"がある。また、多くのコンテナ船には冷凍コンテナへの給電設備が備わっており、一部の船では水冷の配管設備を船倉深部に備えている。

(2) コンテナの種類

コンテナ船の出現当初は一般雑貨が主体であったが、次第にコンテナ化される貨物の範囲が広がり、現在では種々の貨物に対してその形態や特質に適したコンテナが開発されている。代表的な種類としては以下のようなコンテナがある（図 4.12 参照のこと）。

ⅰ）ドライコンテナ（Dry container）：一般貨物用に使用される最も標準的なコンテナである。

ⅱ）冷凍コンテナ（Reefer container）：冷凍あるいは冷蔵貨物を運ぶためのコンテナであり、冷凍機を内蔵したものと、冷凍機は船内に別置（ダクトを通じて冷風をコンテナ内に送り込む形式）のものがある。後者は船内に専用の冷凍設備が必要なこと、陸上での輸送、保管にも専用

の冷凍設備が必要なことから、一般的には簡便な冷凍機内蔵型が多く使われている。

ⅲ）フラットラックコンテナ（Flat rack container）：天井、側壁のないコンテナで、前後左右、上方から貨物の積み下ろしができる。機械類、鋼材などの輸送に適している。

ⅳ）オープントップコンテナ（Open top container）：屋根を開放して上方からの荷役ができる。

ⅴ）タンクコンテナ（Tank container）：液体貨物専用のコンテナである。

ⅵ）バルクコンテナ（Bulk container）：飼料、肥料、化学薬品など粒状貨物のバラ積に適したコンテナである。

(3) コンテナの規格化

コンテナによる効率的な海と陸の一貫輸送システムを構築するためには、コンテナを統一することが必要である。このため、コンテナは国際的に規格化され、ISO でその構造寸法、強度などが定められている。例えば、ISO 規格の 1A は長さ 12,192mm、幅 2,438mm、高さ 2,438mm の 40 フィートコンテナであり、1C は長さが約半分の 6,058mm の 20 フィートコンテナである。また国内においても、ISO に準拠して JIS および NK（日本海事協会）の海上コンテナ規則において規格が定められている。なお、1 フィート（feet）は 0.3048m である。

コンテナの数量は TEU（Twenty-foot Equivalent Units）という単位で表現され、1TEU は標準となる 20 フィートコンテナの 1 個分に相当し、40 フィートコンテナ 1 個は 2 TEU になる。

コンテナが吊下げ、積重ね、輸送などによって受ける外力は、隅金具および隅金具同士を連結する骨組構造によって抗力する。特に、ⅰ）積重ね荷重、ⅱ）ラッキング荷重（racking force）（横方向の荷重による剪断変形を起こす荷重）については強度上の考慮が必要である。

(b) コンテナ船独自の設備

(1) セルガイド（Cell guide）

コンテナ専用船の船倉には、荷役時の積込み誘導および航海中の船体動揺による荷崩れ防止を目的として、セルガイドが取り付けられている。図 4.13 はセルガイドの概略形状である。コンテナの 4 隅を支持するセルガイドアングルと、その頂部に設けられたラッパ状のエントリーガイド（entry guide）により構成され、適当な間隔で設けられたブラケットにより船体に固定されている。また底部には、二重底面の水平面の調整と船殻の保護のために下部隅金具の当たる部分にダブリングプレートを取り付けている。

かつては、船倉を 20 フィート専用倉と 40 フィート専用倉とに区分することもあったが、近年 40 フィートコンテナの比率が増加していることや、航路変更や積み付けに対する自由度を増すなどの理由から、40 フィートコンテナ倉に 20 フィートコンテナを前後 2 列に積載する、いわゆる "2×20 フィート積み" が普及している。

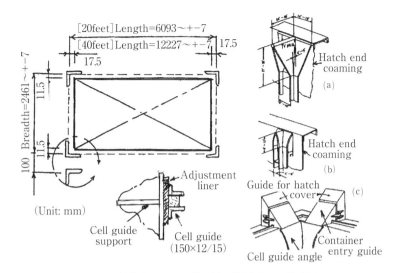

図 4.13 船倉内コンテナ積み付け装置（セルガイド）

(2) クレーン

比較的大きなコンテナ船では、場所や重量の節約のために船上にクレーンなどの荷役機器を備えず、コンテナの積み卸しは、埠頭に設置されているコンテナ専用のガントリークレーンで行う場合が多い。しかし、2,900 TEU 以下の比較的小さなコンテナ船では、揚荷施設の未整備な港での積み下ろしなどのために、自らクレーンを備える傾向がある。

(3) ハッチカバー

大型コンテナ船のハッチカバーは、旧型船では油圧駆動のヒンジ式等が使われていたが、現在はポンツーン型で岸壁のクレーンによって開閉するようになっている。鋼製のポンツーン型ハッチカバーも初期にはゴムガスケットによって水密性が保たれていたが、現在では、船首から $0.25L$ 後方（L は船の長さ）のハッチまたは乾舷が高い大型コンテナ船などでは全てのハッチにガスケットを付けないことが多い。

また、ハッチカバーの固定締め付けも、ラッシング・ブリッジを装備している箇所については、その上に積載されるコンテナ重量とコンテナの固縛により押さえられるためにほとんどの船で省かれている。

(4) ラッシング・ブリッジ（Lashing bridge）

コンテナの固縛作業やその解除を行なう専門作業チーム"ギャング(gang)"がラッシング作業を安全で迅速に行なえるように、上甲板上のコンテナ間に足場となる"ラッシング・ブリッジ"を持つ大型コンテナ船が登場している。また、ラッシングに加えて、従来船倉内だけだったセルガイドを上甲板上にまで伸ばしたセルガイド延長コンテナ船が現れている。このような設計では、ハッチカバーそのものが無いため、海水や雨水が直接船倉内に浸入するので、排水装置が必要になり、消火設備も特に備えなければならない。さらに、船尾甲板上の係留作業用デッキの上にまで固定セル構造を備えた船もある。

(c) コンテナの積付と固縛
(1) 暴露部

コンテナの甲板上搭載は、最近では7段、8段積で計画される場合も多く、甲板上のコンテナに対しては固縛（ラッシング、lashing）が必要である。なお、2段積まではツイストロック（twist rock）のみで十分固縛できるが、段積が3段以上になると、最下段コンテナに対するラッキング荷重（船体動揺による重力成分と慣性力成分からなる力および横風による風圧力）が許容値を超える恐れがあり、ラッシングが必要となる。

甲板積の場合には、図4.14に示すように、ロッドやターンバックルで締め付けるのが普通である。

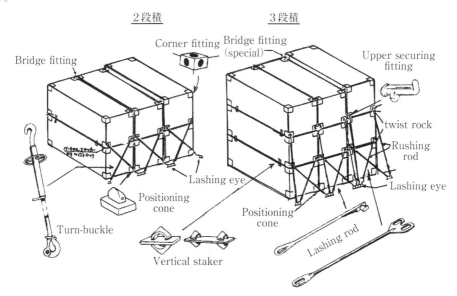

図4.14 暴露部コンテナの固縛装置

(2) 一般貨物船のコンテナ固縛

コンテナ以外にも種々の貨物を搭載する一般貨物船は、倉内セルガイドを設けないのが普通であり、二重底や中甲板にコンテナをはめこむポジショニングコーンを取り付け、これによる固定とラッシングによる固縛を行なう。なお、ポジショニングコーンは取り外し式または埋込型ソケットを採用することにより倉底をフラットにできる。

倉内積の場合、積段数が多くなるとラッシングのみではラッキング荷重が過大になる恐れがあるため、最上部のコンテナをブリッジフィッティングで連結し、船体構造との間に支持する方法を併用することが多い。

(3) コンテナ固縛の強度計算

コンテナの固縛要領を決めるには、外力により固縛金物に加わる力、およびコンテナ自身に加わるラッキング力などを計算する必要がある。その外力を求めるには船体の動揺周期、角度などを推定し、運動方程式により求めるのが一般的である。なお、LRS、ABS、GLなどの一部の船級協会では外力の計算式を規定しているので、それに従う必要がある。

外力が求まれば、想定した固縛要領のもとで力の釣合い方程式をつくり、コンテナに加わる

ラッキング力、固縛装置に加わる力などを求めればよい。

4.3 ハッチカバー

ハッチカバー(hatch cover)は船の種類、用途に応じて種々の仕様のものがあるが、現在では、操作が簡単で信頼性が高く、かつ耐久性に優れている鋼製ハッチカバーが採用されている[4.1][4.6]。

(1) ハッチカバーの機能・性能

(a) 用途と機能

甲板上に設けられる倉口には、航海中に波浪風雨の船倉内への流入防止や倉内貨物が船外への流出を防ぐために、蓋として鋼製ハッチカバーが設けられる。この目的のために、暴露甲板用のハッチカバーはICLL[注3-3]で規定された水頭荷重に耐える強度を要求される。

船種（木材運搬船やコンテナ船など）によっては積載量を増すために、ハッチカバーの上部に貨物を積載するので、それら荷重にも十分耐えるような強度を有することが不可欠である。また、甲板間倉口用のハッチカバーは、その上に積載する貨物重量の外に、フォークリフトが貨物を運搬する際に加わる集中荷重にも耐えることが必要である。さらに、ハッチカバーは、船倉内への貨物の積込み、船倉内からの貨物の積出しのための開放・閉鎖の機能をもたねばならない。

従って、全てのハッチカバー装置は、それぞれの目的を満足すべく、1) タイトネス（水密・油密、tightness）、2) 強度（strength）、3) 開閉機能（open/close）の3つの条件を備えねばならない。

なお、タイトネス機能とは、ハッチカバーを閉鎖状態にした時の密閉状態を意味し、ハッチカバーの設置場所、船倉の種類により、1) 風雨密（weather-tight）、2) 油密（oil-tight）、3) 気密（gas tight）、4) グレーン密（grain-tight）[注4-5]、5) 非密（non-tight）の5種類に分類される。

(b) 強度

ハッチカバーの強度は、1) 耐波浪強度、2) 貨物積付甲板部材としての強度に分類でき、貨物の積み付けにより、単一または両者の組み合わせた抗力を有している。例えば、暴露甲板上のハッチカバーは耐波浪強度を有し、中甲板上のハッチカバーは貨物積付甲板部材としての強度を有しており、コンテナ専用船は両方の強度を有しているといえる。

1) 耐波浪強度

暴露部に設けられるハッチカバーは、船舶の航行中、甲板上に打ち込む波浪に対して充分な強度を持たせる必要がある。波浪の打込みによりハッチカバーが破損した場合には、船の安全にかかわるので、ICLLは波浪による打込み力を船の乾舷の大きさ、ハッチカバーの船における前後、高低位置の関係より規定している。

2) 貨物積付甲板部材としての強度

注4-5　グレーン密：中甲板層にグレーン積みを行い、ハッチカバーを閉鎖してもグレーンがハッチカバー外に溢れ出ないような機能をもつ。

貨物船の中甲板に設けられるハッチカバーは、貨物積付甲板として貨物重量に充分耐える強度をもつ必要がある。また、特定の貨物専用船以外の一般貨物船では、種々の貨物を積載するので各船級協会とも、貨物の想定される平均重量を規定している。

(c) 開閉機能

ハッチカバーの開閉機能は、ハッチカバーの開閉操作とハッチカバーパネルの格納に分類できる。ハッチカバー装置の開放・閉鎖方法は、倉口の形状、大きさ、取付位置、パネルの格納場所の大きさによって異なってくるが、これについては船級協会の規定はなく、1）開閉操作が迅速容易である、2）経済的に安価、3）メンテナンスが容易であること、によって選定される。

(2) ハッチカバーの構造と艤装

(a) ハッチカバーの種類

(1) ポンツーン型（Pontoon type）

剛性を持たせるために、薄い箱型（ポンツーン型）とした簡単なハッチカバーであり、図4.15(a)のように、1ハッチ当たり1枚から数枚として、自船または陸上荷役設備により開閉・移動し、荷役時には荷役の邪魔にならない場所へ積み上げておく。

一般貨物船では、荷役装置の能力から制限されてカバー分割数が多くなるのでハンドリングや格納スペースの面で問題があり、一般的でない。一方、コンテナ船では陸上コンテナクレーンにより、陸上ターミナル内あるいは本船の他のハッチカバー上に積み上げておくことが容易に出来

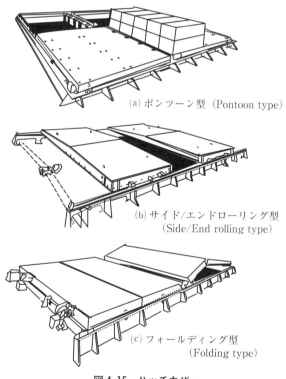

(a) ポンツーン型（Pontoon type）

(b) サイド/エンドローリング型（Side/End rolling type）

(c) フォールディング型（Folding type）

図4.15 ハッチカバー

(2) シングルプル型（Single pull type）

暴露甲板の水密倉口蓋として実績の多い型式であり、比較的自由度が大きいこと、機構がシンプルで開閉は自船のウインチとワイヤーだけでもでき、特殊な機構を要しない簡便さと信頼性がある。

その機構は、ハッチ格納用受台（ランプ、ramp）やコーミングの上に、何枚かに分割されたパネルの両側をチェーンまたはロットによって互いに連結している。ハッチの開放時には、ハッチカバーをワイヤーやチェーン駆動により引き込み、ハッチの端部に格納する。

個々のパネルの両側には、走行用のランニングホイールおよびランプ上でパネルが回転するときの支点となるサポートホイールが設けてある。

(3) サイド/エンドローリング型（Side/End rolling type）

パネルを水平状態のままハッチの外側まで移動して開閉する方式である（図4.15(b)を参照のこと）。船の幅方向に移動させて格納するタイプを"サイドローリング型"、また船の長さ方向に移動させるタイプを"エンドローリング型"という。その駆動方法にはワイヤー駆動、チェーン駆動、ラックピニオン駆動の3方式がある。

この種のハッチカバーは広い格納面積を必要とする欠点があるが、機構がシンプルなのが長所である。一般には、上甲板に余裕がある、鉱石運搬船、大型バラ積船などに用いられる。

(4) フォールディング型（Folding type）

フォールディング型は、図4.15(c)のように、ハッチコーミング上でパネルを引き起こし、ハッチ端部に格納する方式である。その開閉にはワイヤー引き、チェーン駆動、油圧シリンダー駆動などの方法がある。

この形式は、格納時のハッチ前後の見通しを犠牲にすれば、パネルを大きく出来る。これによりパネル枚数が少なくなって格納長さを小さくでき、また容易に部分開閉が出来るなどの点で中甲板用に最適である。

中小型のバラ積貨物船や一般貨物船では採用例が多い。

(5) その他のハッチカバー

以上の他にも、船の種類、用途、荷役形態などに応じて種々のハッチカバー形式がある。例えば、

ⅰ) ピギーバック型（Piggy back type）：ポンツーン型のハッチカバーを専用クレーンで吊り上げて甲板上の適当な位置まで運搬し、積み上げる。ただし、専用クレーンが高価である。

ⅱ) 巻取り型（Rolling type）：エルマンス（Ermans）型として知られており、折り曲げたパネルピースをヒンジ連結し、巻取り用ドラムを駆動して開閉する。

(b) ハッチカバーの駆動と締付

(1) 開閉装置

ハッチカバーの開閉機能はカバーの開閉操作とパネルの格納とに分かれる。このうち、パネルの格納位置としては、ハッチの前後、ハッチの舷側、他のハッチカバーパネルの上などがあり、ハッチカバーの型式により決まる。

カバーの開閉は、かつてはカーゴウインチや係船ウインチを利用して行なわれていたが、現在では開閉操作の迅速性と容易さから、主に以下のような方式が用いられている。

ⅰ) チェーンドライブ方式 （チェーンと油圧モータ駆動のスプロケットホイール[注4-6]によるもの）
ⅱ) 油圧シリンダーによる方式
ⅲ) 油圧モータ駆動のラックとピニオンによる方式

(2) 押し上げ（ジャッキアップ）装置

ハッチカバーのタイトネスは、一般にハッチコーミング側のシールバーとカバー側のパッキンを密着させて保つように構成されている。従って、カバーの開閉に際しては、コーミングに設けた走行輪の下部支えを上下させてカバー全体を上下させる必要がある。（図4.16を参照のこと）

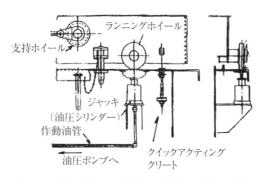

図4.16 ハッチカバーのジャッキアップ装置（例）

これには、油圧ラインを共通動力源とした油圧ジャッキにより一挙動に上下作動させることにより、カバー全体を上下させる方式が採用されている。

(3) 締め付け装置

ハッチカバーの閉鎖時におけるタイトネスを確保するためには、カバーの全周をコーミングから浮き上がらないように、カバー周辺に取り付けた多数の締め付け装置により固縛する必要がある。これには、通常クイックアクティング・クリートによる一挙動操作で行なわれている。（図4.17を参照のこと）

現在では、リンク機構とフックを用いて油圧により締め付ける方法、ウェッジ機構を油圧で作動させる方法などの各種の自動締め付け装置が開発されている。

注4-6　スプロケットホイール：チェーンを挟み込んで回転する鎖歯車で、ジプシィホイールともいう。

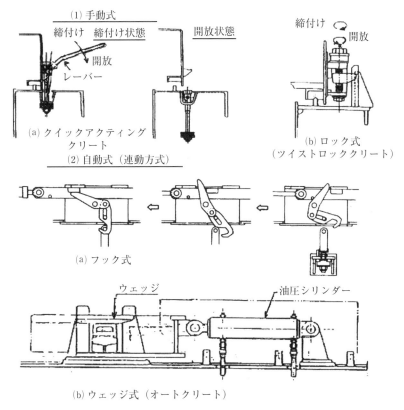

図 4.17 ハッチカバーの締付け装置

(4) パッキン

ハッチカバーのタイトネスを確保するために、パッキンが締め付け装置と共に併用される。そのパッキンの特性としては、ⅰ) 弾力性と機械的強度を保持すること、ⅱ) 圧縮永久歪が小さく、耐摩耗性がよいこと、ⅲ) 耐候性が優れていることなどが要求される。

パッキンは密閉度によって、その材質と構造は異なる。一般にはハッチコーミング側のシールバーとカバー側のパッキンを密着させることでタイトネスを保ち、スポンジ型、中空型、ソリッド型などがある。

4.4 操舵装置

操舵装置は、船舶の進行方向を自在に定めるための機構を持ち、この不作動により衝突や座礁などの重大事故を引き起こす恐れがある重要な装置であり、高い信頼性が求められる[4.1][4.3][4.7]。

(1) 操舵装置の要件

船舶の操船上最も重要な装置である操舵装置は、SOLAS 条約[注4-7]において設備要件が規定され、これをもとに各国の国内法や船級協会規則が定められている。

(a) 操舵装置に関する規則

全ての船舶には、"主操舵装置"と"補助操舵装置"を設けるか、主操舵装置と同等の装置2組以上を持つことがSOLASに規定されている。その主操舵装置と補助操舵装置に関する要件は以降に述べる通りであるが、その外にも次のような要件がある。

1) 舵頭材の径が230mm以上の船舶は、主動力源の故障時に45秒以内に自動的に動力供給が可能な代替動力を設置する必要がある。
2) 10,000GT以上のタンカー、ケミカルタンカー、ガスキャリアおよびDW70,000ton以上の貨物船は、動力装置または配管系の単一故障時における操舵能力の保持のために、動力装置を二重化しなければならない。
3) 10,000GT以上のタンカー、ケミカルキャリア、ガスキャリアでは、単一故障による能力喪失時において、45秒以内に操舵能力を回復できなければならない。

(b) 主操舵装置

主操舵装置(main steering apparatus)は、以下の要件を満たさねばならない。

1) 十分な強度と適当な保護方法を備えること
2) 最大航海喫水において最大航海速力で前進中に、舵を片舷35度から反対舷35度まで操作でき、片舷35度から反対舷30度まで28秒以内に操作できること
3) 舵柄との接合部の舵頭材の径が120mmを超える場合には、装置の駆動は動力によること

(c) 補助操舵装置

すべての船舶は、主操舵装置が故障をした場合に備えて、主操舵装置のほかに、以下の要件を満たす、独立した補助操舵装置(auxiliary steering apparatus)を備える必要がある。

1) 操舵機室がある船舶は、操舵機室で操作すること
2) 最大航海喫水において最大航海速力の1/2または7ノットのいずれか大きい方の速力で前進中に、舵を片舷15度から反対舷15度まで60秒以内に操作できること
3) 主操舵装置が故障した場合に、速やかに作動可能なこと
4) 舵柄との接合部の舵頭材の径が230mmを超える場合はその駆動は動力によること
5) 動力によるものは、その制御系統が、主操舵装置のそれと独立したものであること

(2) 操舵装置の構成と機能

(a) 操舵装置の構成

操舵装置は、制御機構の要であるオートパイロットと操舵機を主体とし、次の装置から構成される。

1) 舵柄(チラー、Tiller):舵軸(ラダーストック、rudder stock)を旋回するための腕に相当する。
2) オートパイロット(Autopilot):オートパイロットはジャイロコンパス(gyrocompass)と

注4-7 SOLAS条約:"海上における人命の安全のための国際条約"のことで、船舶の安全性確保のための規則を定める多国間条約である。

組み合せて、自動制御により、あらかじめ定められた針路に船を進めるように操舵する装置である。

進路を変更する場合には、ⅰ）操舵スタンドからの信号が制御ユニット（油圧ポンプとパワーシリンダーから成る）に伝えられ、ⅱ）制御ユニットのメカニカルな動作が舵角信号としてジャイロコンパスにフィードバックされ、ⅲ）操舵機駆動用パワーユニットを制御して操舵機を動かす。この場合、舵角指示器には舵柄からの信号が送られる。

オートパイロットの系統は規則により二重化が要求されており、このために制御ポンプユニットとパワーユニットを二重にもつ"デュープレックス方式オートパイロット（duplex autopilot）"が用いられており、その電動油圧操舵機との組み合わせによる操舵システムは図4.18のようになる[4-8]。

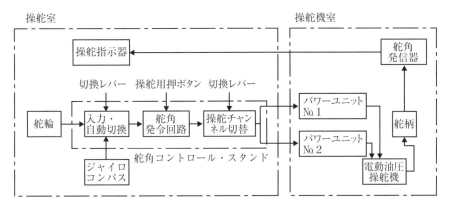

注）パワーユニットNo.1、No.2のいずれかを使う。その切換はコントロールユニットのところで操作できる。

図4.18 操舵システムの例
（デュープレックスオートパイロットと電動油圧操舵機の組合せ）

しかし、最近では省エネルギーの見地から多くの船に"シングルループ方式オートパイロット（single loop autopilot）"が採用されている。この方式は電気的制御によりトルクモータを介して操舵機用パワーユニットを制御し、舵角信号は舵柄の動きを直接ジャイロコンパスにフィードバックするものである。この方式は、操舵スタンドからの舵角指示に対して精度よく速やかに追従する。

3）操舵機（Steering engine, Sterring gear）：オートパイロットからの指示に応じて、実際に舵柄を通して舵を動かす機構を操舵機（または舵取機）といい、現在では全て電動油圧式である。

その油圧ポンプの故障は直ちに操舵不能を引き起こすため、貨物船では通常50％容量のポンプ2台または100％容量のポンプ2台としているが、大型船の操舵機では、50％容量のポンプ3台とすることもある。

電動油圧式操舵機は次の2方式がある。その舵取機の例とその原理図を図4.19に示す。

　ⅰ）ロータリーベーンタイプの操舵機：ロータの中に固定弁と可動弁があり、その弁間に作動油を注入してトルクを生じ、舵軸を直接回転させる。

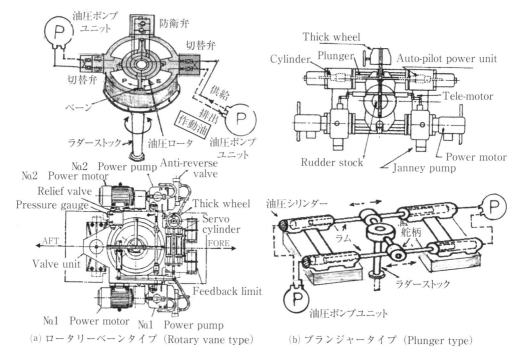

図 4.19 操舵機とその原理図

　ⅱ) プランジャータイプの操舵機：両側のシリンダー間を動くピストンの中間に舵柄を取り付け、片側のシリンダーに作動油を送って舵柄を動かす。
4) 操舵輪（スティアリング ホイール、Steering wheel）：これを回すと舵角が発令される。
5) その他の付属装置
　ⅰ) 緩衝装置：荒天中では舵が波にたたかれて、その逆の力で操舵装置を破損する恐れがあるので、舵取機に直接この衝撃力がかからないようにするために設けられる装置である。
　ⅱ) 舵角制限装置：舵は最大有効角度以上の回転は効果がないので、舵角制限装置をつける。
　ⅲ) 舵角指示装置：操舵輪の上部に、舵輪の回転を歯車装置で舵角にかえて指示する。

(b) 操舵機の力量

　舵取機の力量を算出するには、舵軸に働く最大トルク T_m を求めることになる。これには、一般に次の式を用いて計算する（図 4.20 参照）。なお、他に赤碕の式も用いられることがある。
1) Beaufoy の式による舵の直圧力 $P(\mathrm{N})$:

$$P = 153 A_R V_R^2 \sin\theta \tag{4.8}$$

　ただし、A_R は舵面積(m^2)、V_R は舵に当る相対流速(knot)、θ は舵角（度）である。
2) Jössel の式による舵前縁から舵圧中心までの距離 $X_P(\mathrm{m})$:

$$X_P = B(0.195 + 0.305 \sin \theta) \qquad (4.9)$$

最大軸トルク T_m(N・m)は $P(X_P - a)$ となる。実際の計算では、舵角を35°に取り、舵に対する水流の速度を試運転速力の1.15倍として値を決めることが多く、次式により算出する。

$$T_m = A_R \cdot B \cdot V_T^2 (4.36 - 11.8 \, a/B) \times 9.807 \qquad (4.10)$$

ここに、B は舵の幅(m)、V_T は試運転速力(knot)、a は舵前端から舵軸までの距離(m)である。

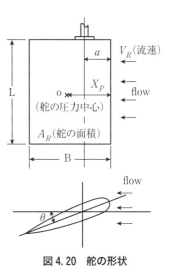

図4.20 舵の形状

実際には、船尾流れは複雑であり、舵トルクはこのように簡単には求められず、1.5～1.8程度の安全率を乗じている。舵の形状が特殊な場合には、さらに大きな安全率を乗じる。

最大軸トルク T_m(N・m)が求められると、次式により舵取機の所要馬力を計算する。

$$EHP = \frac{2\pi N_R T_m \times 10^{-3}}{0.075 \times 9.807} \qquad (4.11)$$

ここに、EHP は有効馬力(PS)である。さらに、N_R は毎秒舵取回転数であり、一般に取舵一杯から面舵一杯までの70°を30秒で舵取りするとして計算し、$N_R = (70/360)/30 = 0.00648$ をとる。

4.5 交通装置と閉鎖装置

船舶内の交通装置は実に多岐にわたっており、陸や海から船への昇降装置を始め、上甲板、貨物倉、貨油タンク、機関室、居住区などの諸区画には必ず何らかの交通装置が必要である[4.3][4.9]。

(1) 交通装置の必要性と要点

(a) 必要性

船内交通装置の目的は貨物船では、1) 艤装品の操作と保守、2) 船殻部材の点検と修理、3) 清掃およびペイント塗りなどの他に、安全や災害防止ための交通装置、および船倉内の荷役作業と積荷の点検、物の運搬などがある。一方、旅客船では、以上の他に、乗客の乗下船や船内移動および緊急時の避難行動などに重点を置いた交通装置の設計を行なう必要がある。さらに、内航の旅客船では後述の"交通バリアフリー法"[4.10]に準拠した装備が求められる。

交通装置の要否、規模、手段などを考える際には、人の移動速度、取付け、点検、修理、荷役の各作業および災害防止などの各機能は相互に関連性または差異があり、目的を十分に吟味して決める必要がある。例えば、艤装品の点検のためには、単に側に近づければ良いが、操作のため

には、その艤装品の近くで安定した姿勢で操作できるスペースが必要である。さらに修理を行なうためには、修理または取替えようとする艤装品本体または各部品、道具の搬出入が容易にできるように考慮が必要である。

(b) 交通バリアフリー法の適用

内航船に適用される交通バリアフリー法[4.10]（"高齢者、障害者等の移動等の円滑化の促進に関する法律"）（2006年制定）は、急速に増加している高齢者と身体障害者等が積極的に活動する社会生活が可能なように、容易な移動を確保するための環境整備を目的としたものである。そして、一般旅客定期航路に供する総トン数5トン以上の船舶には、旅客施設や船舶等における移動円滑化のために必要となる構造および設備に関する基準である"交通バリアフリー法技術基準"が適用される。

具体的には、以下の事項に対する基準が与えられている。

1) 乗降に関する基準：乗降用施設・舷門、舷門から甲板室出入口までの通路、水密コーミング、甲板室出入口からバリアフリー客席および車椅子スペースまでの通路、カーフェリー・乗船口・車両区域出入口から甲板室出入口までを高齢者、障害者等が単独で移動可能な構造であること
2) 船内旅客用設備利用に関する基準：バリアフリー客席および車椅子スペースから船内旅客用設備まで、バリアフリー便所、遊歩甲板、食堂、売店などを障害者などが単独で移動可能なこと
3) 通行部分の基準：戸、通路の手すり、階段、バリアフリーエレベータ、エスカレータ、その他の昇降機などのバリアフリー化
4) 客席等配置の基準：車椅子スペース、バリアフリー客席などの設置
5) 情報提供に関する基準：点状・線状ブロック、案内板、触知案内図、標識などの設置

旅客船のバリアフリーには次の問題点があり[4.11]、暫時解決を図らなければならない。

1) 海上航行における安全性の確保のための水密構造および防火構造とバリアフリーが現在のところ両立しない場合がある。例えば、扉下の水密コーミングは車椅子には障害となる。
2) 同じく、動揺、潮位差（ターミナルとのワーフラダーの傾斜）、塩害（障害者等の対応機器に影響）等の厳しい環境条件に曝されている。
3) 旅客船の形態が様々でバリアフリー設備およびその配置等を一概に決めることができない。
4) 安全性の確保と共に、快適性の考慮や健常者と同等のサービス（情報を含む）が要望されている。

(2) 代表的な交通装置

(a) 梯子

梯子には"傾斜梯子(inclined ladder)"と"垂直梯子(vertical ladder)"があり、使用場所、用途、使用頻度などにより使い分けられる。

(1) 甲板間の梯子

甲板間を繋ぐ梯子としては一般に傾斜梯子が用いられる。それが主要な通路である場合には幅600〜700mm、角度は水平面に対し55°のものが多く用いられが、ポンプ室、機関室などのスペース上の制約がある箇所では梯子は角度60°程度と急傾斜とすることもある。

SOLASでは、脱出設備として使用する階段および通路について、クリア幅700mm以上、傾斜を一般的に45°とし、50°を超えてはならないと規定している。

(2) タンク内の梯子

タンカーの貨油タンクは深い上に、タンク洗浄後の内検などで入る機会も比較的多いために、傾斜梯子が使用される。ただし、通路ほどの使用頻度はなく、梯子の幅を450mm程度とし、角度も60°程度とすることが多い（図4.21参照のこと）。また、垂直梯子は幅300mm、ステップ間隔340mmのものが一般に使用される。タンク内梯子では適当な間隔で踊り場を設ける必要があり、踊り場の垂直間隔は傾斜梯子で6m、垂直梯子で9m以下とする。

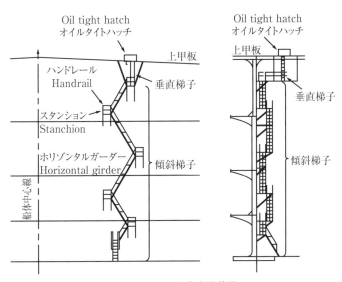

図4.21 タンク内交通装置

(3) 貨物倉内の梯子

一般貨物船の倉内梯子は垂直梯子が普通使用され、バラ積貨物船、鉱石船、コンテナ船などは9m以下の間隔で踊り場を設ける。また、バラ積貨物船や鉱石船ではグラブ荷役やブルドーザによる梯子の損傷を防ぐための対策が必要である。

(b) ハッチおよびマンホール

(1) 小型ハッチ（Small hatch）

交通や物の搬出入のための開口として小型ハッチが甲板に設けらている。このようなハッチは、縁材（コーミング）、開口蓋（ハッチカバー）と閉鎖装置で構成されているが、これらの最小板厚については規定があるので注意を要する。なお、暴露甲板に取り付けられるハッチは、風雨密とし、ICLLによってコーミングの最小高さが第1位置で600mm以上、第2位置で450mm

以上と規定されている。

ⅰ) アクセスハッチ：一般貨物船、バラ積貨物船、鉱石船などの貨物倉への交通用として設けるハッチであり、600mm 角程度のものがよく用いられる。ただし、オーストラリアのAMSA[注4-8]規則では開口のクリア寸法を規定している（形状は図4.22(a)参照のこと）。

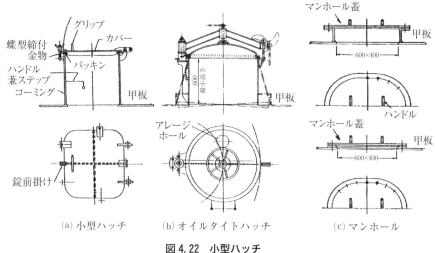

図4.22 小型ハッチ

ⅱ) オイルタイトハッチ：タンカーの貨油タンク内へ出入りするためのハッチであり、カバーの構造は、貨油タンク内の圧力変化にも耐えられる強度をもっており、ガス密、油密性を維持できる構造である（形状は図4.22(b)参照のこと）。

ⅲ) 糧食積込み用ハッチ：糧食の積込みのために糧食冷蔵庫前の直上甲板に設ける。

ⅳ) トリミングハッチカバー：船倉内に貨物をバラ積みにした場合に、荷繰りのために出入口として設ける閉鎖装置である。

ⅴ) ロープハッチカバー：甲板長倉庫の上部に、ロープ類の出し入れ、作業時の出入のために設ける蝶番付のハッチである。

(2) マンホール（Manhole）

船内の全てのタンクや空所には人が出入りするためのマンホール（人孔）が設けられるが、一般に長円形鋼板で、パッキンを入れて植込みボルト締めとした水密の閉鎖装置である（図4.22(c)参照）。また、マンホールは取付ける隔壁、甲板、囲壁の強度と、水密、気密、油密の性能に見合うものにしなければならない

タンカーやバラ積貨物船のタンク内点検に使用するマンホールの開口大きさは、水平壁には600mm × 600mm、垂直壁には 600mm × 800mm が必要である。また、バラ積貨物船、鉱石船の二重底頂板上にマンホールを設ける場合は、荷役装置による損傷防止のため埋込型とする。

(c) 扉（Door）

船内と暴露甲板間の出入り口に設ける扉のうち、乾舷甲板および一層上の船楼甲板上への出入り口扉は、隔壁と同等の強度を持ち風雨密（weather tight）を保つ構造の鋼製扉とするが、そ

注4-8 AMSA：Australian Maritime Safety Authority

れより上層の出入り口に対しては FRP などの材料が認められている。

(d) 乗船装置
(1) 舷梯（Accommodation ladder）
舷梯は乗下船のための設備として最も使用頻度が多い装置である。その格納方法により起倒式（船尾船橋をもつバラ積貨物船、一般貨物船など）と水平引込式（タンカーなど）に分けられる。（図 4.23 参照のこと）

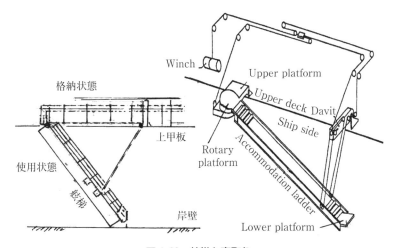

図 4.23　舷梯と索取り

舷梯の幅は 600mm 程度とし、長さは本船航海状態での最小喫水において、水平に対し 55°程度の角度で昇降できるように決め、船尾向きに設置するのが好ましい。

(2) パイロットラダー（Pilot ladder）
パイロットがパイロットボートから本船へ乗移る道具として用いられる縄梯子である。SOLAS によりステップ形状、寸法、サイドロープの寸法などが決められており、また水面から本船の甲板までの高さが 9 m を超える場合には、舷梯あるいはこれと同等の装置との併用が要求されている。

(e) 手摺（Hand rail）
乾舷甲板および船楼甲板の暴露部、さらに乗組員や荷役人夫が通行する場所で落下の危険のある場所には安全のために、全周にわたって手摺を設ける必要がある。

手摺は ICLL (1966) で、高さ、棒の間隔などを規定されており、一般箇所の手摺は、高さ 1050mm のトップレール 1 条と中間棒 2 条、それを支持する手摺柱およびステーによって構成する。

4.6　救命設備

ここでは装置としての救命設備についてのみ述べ、火災や沈没などの緊急時における救命艇ま

での避難については"7.5 避難安全"において説明する。

(1) 救命設備に関する規則

(a) 規則の適用[4.12]

人命の安全に関しては、タイタニック号の沈没（1912年）を始めとする海洋事故を受けて、1929年に"海上における人命の安全のための国際条約（SOLAS）"が制定され、1948年、1960年、1983年、1988年などの改正を経て、現在に至っている。その中において救命設備が規定されている。

このSOLASに基づいて、各国の国内法規で救命設備の詳細が規定されており、我が国では"船舶救命設備規則"により定められている。

救命設備に関する検査および使用する救命器具については、一般に船籍国政府の管轄下に置かれている。従って、日本で建造する外国船では、船籍がアメリカ、イギリス、ドイツなどの場合にはこの原則が厳密に適用されるが、貿易摩擦を避けるために、他国の型式承認機器を承認できる規定もある。また、EUでは一般にEU加盟国の承認品であれば、どのEU加盟国の船籍船にも使用できることになっている。一方、リベリア、パナマなどの多くの国では、船籍国政府が便宜上救命設備に関する検査を、船級協会に委任している。

(b) SOLAS条約の近年の改正

近年では、1) バラ積貨物船の安全性、2) 救命艇の訓練および整備点検時の事故防止、3) 個人用救命具について問題視され、SOLAS条約付属書第Ⅲ章の救命設備に関する規定および救命設備コード（LSA code）の規定の見直しが行われた。特に、バラ積貨物船に関連する改正としては、船体の損傷・分断による沈没事故の多さにより、乗員全員分のイマーションスーツ（immersion suite、耐水保温服）の搭載、および自由降下型救命艇を装備することとなった。

(2) 救命設備と救命艇

(a) 救命設備の一般要件[4.1][4.3][4.12]

救命設備が満足すべき一般要件は以下の事柄である。
1) 適切なワークマンシップ、材料で作られていること
2) 積み付け状態で、外気が−30℃から65℃の範囲で破損しないこと
3) 使用時海水に浸るものは、海水が−1℃から30℃の範囲で操作可能なこと
4) 通用しうるかぎり、耐浸食性、耐腐蝕性があり、海水、油または菌類により過度に侵されないこと、また太陽に曝される場合、それにより劣化しないこと
5) 捜索され易いように、全体が非常に見易い色であり、逆反射材が取付けられていること

上記については、船舶が特定の航路に従事する場合では、主官庁がそれを考慮して別の要件を示すことがある。また、主官庁は救命設備の使用期間を決定し、交換日時を明記することを要求する。

(b) 救命艇（Life boat）
(1) 救命艇の要求機能

上述の一般要件に対し、救命艇は保守が容易で、軽量、安価なFRP製が多いが、一部アルミ製も使用されている。さらに、全ての救命艇は機能面では次の要件を満たす必要がある。なお、救命艇の装備数、仕様などは船の種類、大きさによって異なる。

ⅰ) 全閉囲型であり、転覆しても自力で正常な状態に復帰する自己復原性を有すること
ⅱ) 推進駆動力はすべてディーゼル発動機であり、全装状態で船速が6knot以上を確保でき、さらに救命筏を2.5knot以上の船速で曳航可能なこと
ⅲ) 艇内より救命艇の降下および本船からの離脱の操作が可能なこと

さらに、火災時に炎が急拡大する恐れのあるタンカーに装備される救命艇については、次の要件が追加される。

ⅰ) 油火災の中を脱出できるよう散水装置を装備すること
ⅱ) 乗組員およびディーゼル原動機に10分間以上空気を供給可能な空気槽を装備すること

(2) 救命艇の種類

救命艇には、その脱出時の危険性、緊急性に応じて、以下の3タイプがある。

ⅰ) 部分閉囲型救命艇（Partial enclosed type life boat）

一般に旅客船に搭載され、乗り込み口を広く確保することで多数の乗客を迅速に収容可能である。その乗り込み口には、乗客が雨風に曝されることから保護するため、折りたたみ式の天幕を設けている。

ⅱ) 全閉囲型救命艇（Total enclosed type life boat）

一般に貨物船に搭載され、密閉式の天蓋を有しており、天井部に浮力体が取り付けられている。また、いかなる状態においても転覆せず、自己復原性を保つことが可能である。

ⅲ) 耐火救命艇（Fire protected life boat）

前項の全閉囲型救命艇が持つ特性に加え、散水装置および空気供給装置を装備した救命艇である。一般にタンカーおよびガス運搬船などの火災の危険性がある船に搭載され、炎上海域の脱出を想定して、人および主機関が消費する空気を10分間以上供給するため、艇内に高圧空気容器が設置されている。また、炎上海域を脱出する際に艇表面の焼損、艇内温度の急激な上昇を防ぐ目的で、艇内に設置された散水ポンプにより船底より吸上げた海水を散水パイプにより天蓋に噴射させ、艇の表面を一定の水膜で覆う方式となっている。

ⅳ) 自由降下型（フリーフォール）救命艇（Free fall life boat）

前項の全閉囲型救命艇が持つ特性に加え、自由降下に耐え得る救命艇である。フリーフォール救命艇は、落下高さの1.3倍の高さからの落下に耐え得る十分な強度を必要とし、特に船首部の形状には工夫があり、その強度および安全性を追求した船型である。なお、フリーフォール救命艇は、避難員は船尾ハッチより乗り込み、操縦者以外は船尾向きに着座することで、落下時に人体に掛かる衝撃を極力抑えるよう設計されている。

(c) ボートダビット（Boat davit）

フリーフォール以外の救命艇はボート甲板の架台に載せられているが、艇を水面に降下させる

ための装置がボートダビットであり、ヒンジ式グラビティ型（図4.24(a)）とトラックウェイ式グラビティ型（図4.24(b)）がある。なお、ボートの揚げ降しにはボートウインチが用いられ、揚降索を巻き込んだドラムをブレーキで固定し、降下時にはブレーキを緩めて規定速度でボートを降せる機構となっている。

ダビットは、本船が船速5knotで航走中に、救命艇が進水できることが要求されている。

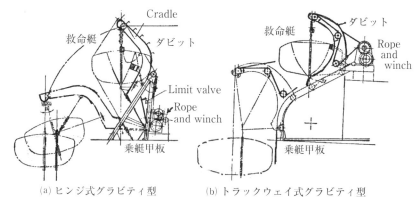

図4.24　ボートダビット

(d) 自由降下型救命艇の架台

艇内からの離脱操作によって、海面めがけて飛び込むために船尾に滑り架台が設置され、海面に安全かつ迅速に到達して、脱出するための装置である（図4.25を参照のこと）。この進水方式は従来型の吊り索を用いたダビットからの着水・離脱する進水方式と比べ、全乗組員がより安全かつ迅速に本船から脱出することが可能である。なお、総トン数500トン以上のバラ積貨物船には強制的に適用される。

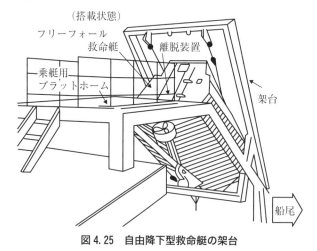

図4.25　自由降下型救命艇の架台

(e) 救助艇（Rescue boat）

救助艇は本船より落下した船員や、遭難漂流中の人命を救助する目的で装備することが義務付

けられている。これには、1) 船速6knot以上で、救命筏を2.0knot以上で曳航することが可能であり、2) 少なくとも5名と横臥者1名が乗れる、3) 船首部の長さの15%を遮囲する、などの最低要件が定められている。もし、救命艇がこの要件を満足していれば兼用可能である。なお、救助艇用ダビットの降下速度は最低18m/minである。

(f) 膨張式救命筏（Inflatable liferaft）

救命筏には、一般に採用されている膨張式の他に固型がある。膨張式救命筏は畳んでカプセルに入れておき、一人で膨張できるもの、または沈没時の水圧により自動的に浮上するものでなければならない。

船の長さ85m以上または引火点60℃以下の貨物を運ぶタンカーは各舷に［定員＋6名］乗りの膨張式救命筏を装備することが法規により定められている。

船尾に自由降下式救命艇を装備する場合には、少なくとも一つの舷にダビット式膨張救命筏が要求される。これは筏を船上で膨張させ、退船者が乗艇後ダビットを降下させて進水させるものである。

(g) その他の救命器具

国際航海を行う貨物船（タンカーを含む）については、1) 救命浮標、2) 浮環用自己点火灯、3) 浮環用自己発煙信号、4) 救命浮索、5) 救命胴衣、6) イマーションスーツなどの法定救命器具の装備が定められている。

4.7 通風装置

通風装置の対象は、主に居住区と貨物倉の換気であるが、居住区の換気および機械換気については"6.3 換気・通気"において説明している。ここでは、主に貨物倉の換気および通風一般について述べる[4.3]。

(1) 貨物倉の通風装置

貨物船の倉内貨物を適正な温度や湿度に保つためには、貨物倉の換気が必要である。このために、貨物倉には通風装置を設けるが、一般には、1) 船の進行に伴う動圧や船倉周囲を吹く風を利用する"風力換気"、または、2) 貨物倉内外の温度差を利用した"温度差換気"などの無動力の自然換気に拠ることが多い。なお、温度差換気は船が停泊している時に期待される。

(a) バラ積貨物船の貨物倉の通風

バラ積貨物船では、一般には自然通風のみによる換気として、マッシュルーム型通風筒を設けることが多い。その場合、貨物倉容積(m^3)に対する通風筒の総断面積(cm^2)の比は0.7〜1.3程度とする。

積荷が鉄鉱石の場合には、酸化反応が起きて船倉内が酸欠状態になり易く、注意を要する。また、積荷が石炭の場合には、メタンガスの発生があれば換気を行うが、必要以上の酸素の導入は

石炭の酸化発熱を促す恐れがある。これらの船種では、原則としてハッチカバーを開いて十分換気し、酸素含有量（体積）が20％以上であることを確認した後でなければ船倉内に入ってはいけない。

(b) コンテナ船の貨物倉の通風

コンテナ船の倉内通風は、通常では自然給気および機械排気が採用されることが多く、その換気量は積載するコンテナの種類によって異なる。

一般雑貨用コンテナの場合には、コンテナ体積を除いた残り空間（気積）に対し、3～5（回/時）程度の換気を行うのが一般的である。一方、冷凍機内蔵型冷凍コンテナを積む場合には、冷凍機からの発熱による船倉内温度の上昇を防ぐと共に、積荷によっては十分な新鮮空気を供給することが必要である。通風量は冷凍コンテナ1個当り60～90m^3/min 程度とすることが多い。なお、危険物を格納したコンテナに対しては、危険物の種類に応じた通風に関するSOLASの規定がある。

(c) 一般貨物船の貨物倉の通風

一般貨物船は、通常コンテナを含め種々の荷姿で多種類の貨物を運ぶように設計されているために、積荷の種類、荷姿の応じて適切な通風条件を設定しなければならない。換気の多様性のために、倉内換気は機械換気と自然通風の組合せによることが多い。

(2) 自然通風装置

(a) 窓、天窓

窓や天窓は、採光装置を兼ねた通風装置といえる。

居室の自然通風のために、丸窓には風入れを装備して給気に使用し、調理室には角窓を設けることが多い。さらに、天窓は極めて効果的な通風兼採光装置であって、サロン、食堂、調理室などに設けられる。天窓の開閉は、直接手で行うか、チェンスピンドル装置などによって行う。

機関室頂部には、通常大型の天窓を設ける。この天窓は非常時には外部から閉鎖できる構造であり、天窓全体がボルト締めになっている。

(b) 通風筒

通風筒は、船室などの居住区、船倉、一般倉庫、その他に用いられている。

通風筒の種類は、次の通りであり、その形状については図4.26に示している。

1) マッシュルーム通風筒（Mushroom ventilator）：一般に諸室、便所、調理室、倉庫、船倉などの波浪の害が少ない場所の上部に排気用として取付ける。この通風筒は、室内・室外から頭部を回転して開閉できるようにし、風量調節、防水に役立てる。
2) グースネック通風筒（Gooseneck ventilator）：一般に小型で構造も簡単なもので、倉庫、タンクなどの排気用に使われる。開閉装置がないが、海水または雨水が浸入し難くなっている。
  なお、燃料タンクの空気抜きのように、防火用金網の取り付けが必要な場合がある。
3) カウルヘッド通風筒（Curl head ventilator）：頭部の向きを変えることによって給気にも排気

4.8 艤装品の振動

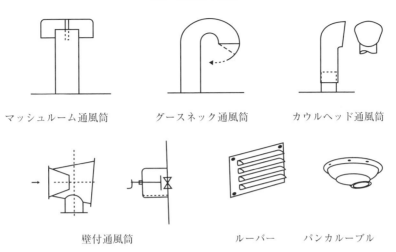

図 4.26 通風筒と吹出口

にも利用できるので自然通風用として居住区、倉庫、機関室、船倉などに広く用いられる。
4) 壁付通風筒（Wall ventilation）：換気用として、壁の外側に設ける。
5) その他：通風筒ではないが、ルーバー（空気の排出、吸入用）、パンカルーブル（風量、方向が細かく調節可能）などがある。

なお、通風筒の縁材（コーミング）の高さについては、暴露上甲板（乾舷甲板）や低船尾楼甲板では900mm以上、その他の暴露船楼甲板では760mm以上なければならない。

4.8 艤装品の振動

艤装品の振動は金属疲労・破断に繋がる問題および居住区では快適さに係わる問題がある。なお、後者については"5.4 振動環境"において説明している。

前者において、振動が問題となる対象としてはマスト・ポストやハンドレールなどの鉄艤装・甲板艤装品が多いので、ここでは、これを主体に述べる[4.13]。

(1) 艤装品の共振

(a) 振動源と共振現象

回転する機構をもつ艤装品はそれ自体が振動源となることがあるが、一般には、そのような艤装品は振動が問題にならないような頑丈さを備えている。マスト、ポスト、ハンドレールなどの鉄艤装品、パイプとその支持台などの管艤装品および窓、扉、戸棚などの備品類のうち、船体の振動数に等しい固有振動数をもつものが共振現象を起こすことが問題となる。

(1) 起振源

船体に周期的な力または偶力が作用すると、持続的な船体振動を発生し、それが艤装品に伝わる。この現象に繋がる起振源としては以下のものが挙げられる。
ⅰ）ディーゼル機関の主機・補機では、可動部分における慣性力に基づく不平衡力と不平衡偶力が振動を起こし、その振動数は回転数に等しいものとその2倍のものがある。さらに、気筒内

の燃焼圧力により、［主機回転数］×（1/2）×［気筒数］の振動が起こる。

ⅱ）プロペラの工作不良（ピッチ・直径など寸法不整、プロペラ軸の偏心など）とプロペラの釣合不良（プロペラ軸のミソスリ運動）がプロペラ回転数に等しい振動を起こす。

ⅲ）プロペラはその回転位置における伴流分布が不均一なために、スラストが周期的に変化して不平衡力および捩りモーメントを生じて、船体に振動を起こす。また、プロペラの回転によって生ずる流体の圧力変動が付近の船体の表面に衝撃的水圧力として伝わって船体振動を引き起こす。従って、これによる励起振動数は［プロペラの回転数］×［翼数］となる。

ⅳ）プロペラまたは舵による渦の発生および船体から水流の剥離による圧力変化が振動の源となる。

(2) 共振回避

以上のような起振源に基づく船体振動数に対し、艤装品の固有振動数が近い場合には共振現象が起きる。従って、予め共振の生起が予測される場合には、艤装品の質量や剛性を変えることや補強によって共振域を回避する。

この回避すべき共振域は、共振応答域の幅および固有振動数の推定のあいまいさから、船体振動数にある幅を見込んで共振生起域（危険域）とするものである。一般には、主機による振動では振動数に10%前後およびプロペラによる振動では10%〜15%前後の共振域を考えることが多い。実際には、固有振動数の予測が難しい艤装品もあり、20%以上の共振幅を見込む場合も多くある。[4.13]

なお、艤装品の固有振動数を共振域から外す場合には、一般には、主機回転数の低下も考慮して、固有振動数を共振域の上方に逃がすこと（いわゆる"上逃げ"）が多いが、危険域を回避し易い方を選ぶこともある。

(b) 防振対策

実際行なわれている防振対策としては以下のものがある[4.13]。

1) 艤装品の固有振動数が共振域にある場合には重量、剛性を変えて共振回避する。上逃げするには剛性を増加するか、または重量を減少させることになるが、重量減少は実際には難しい。

2) 大きな力が掛かる艤装品やマスト類は本来強固な構造部分に取付けるが、配置上不可能な場合には基部甲板を補強する。

3) ブラケットやパイプによる補強を行なう。

4) マスト、ポスト類ではワイヤースティ、およびハンドレールでは鋼棒のスティを取付けて補強する。ワイヤースティは張力の調整が必要であり、これにより振動数を変えることができる。

これらにより、付加された艤装品の耐振許容値を超えないようにしなければならない。

(c) 固有振動数の計算

共振回避には対象となる艤装品の固有振動数を正確に推定する必要がある。

これには、有限要素法などを用いて艤装品が取り付けられる船体構造も含めた精確な計算モデルにより数値計算を行なうことがある。この場合にはあまり問題ないが、艤装品の基部に繋がる

船体構造をどこまでモデル化するかにより解の精度が決まり、計算量の割りに解の精度が良いとは限らない。

一方、梁モデルなどにより簡略化した計算法では以下の問題点とその対処法がある。

1) 艤装品が取り付けられる船体構造との結合状態（一般に"固着度"という）が艤装品の固有振動数に大きく影響する。梁モデルなどの簡略化した計算法では、固着部をバネモデルなどにより弾性支持として計算を行なうか、または固定支持とみなして計算し、得られた固有振動数に補正係数（経験値）を乗じて補正することが行なわれる。

2) マストのように艤装品の長手方向に断面形状が変化する場合には、艤装品の剛性および重量分布の取り扱いが問題である。これには、長さ方向に分割したり、同等の固有振動数をもつ一様（等価）断面の構造に置き換える。

3) 艤装品の基部にブラケットが施工された場合の取り扱いは、ブラケット部分のマストの剛性を増やしたり、先端のたわみが等しくなる一様断面の構造に置き換えたりする。

4) 甲板に取り付ける細長い艤装品には、振動の防止のためにワイヤースティ（マスト・ポスト類）や棒状のステー（ハンドレールなど）を取付ける場合がある。これらが固有振動数へ与える影響を考慮するためにバネなどに置き換えて計算する。またはこの影響を無視することもある。

5) 艤装品付きの付加物は集中荷重として取り扱う。例えば、レーダーマストでは、プラットホーム上の艤装品は全てプラットホームの重量に加算する。また、付加物の形状によっては艤装品の長手方向に分布させることもある。

(2) 艤装品の振動数推定―（例）レーダーマスト

艤装品を梁モデルなどにより簡略化した固有振動数の計算法では、(1)(c)で述べたように多くの問題点を含んでいる。これらの問題点をほとんど含み、振動が特に問題となる艤装品の例としてレーダーマストがある。ここでは、これを取り上げて固有振動数の計算を行なうが[4.14]、これは他の艤装品の固有振動数の推定のための参考となる。なお、レーダーマストは一般に船尾居住区の上部に設置され、主機およびプロペラに近いために振動問題が発生し易く、その対策も容易でない場合が多い。

(a) 梁モデルによる固有振動数の計算

レーダーマストの形状は種々あるが、典型的なマストとして図4.27(a)に示すものを考える。これを図4.27(b)のように基部をバネ支持およびワイヤースティをバネ補強とした梁（柱）モデルと見なす。また、ワイヤースティの取付け位置より上部は剛性が極めて大きいものとする。この計算モデルにエネルギー法（Rayleigh法）を適用して、固有振動数の計算を行う[4.15]。

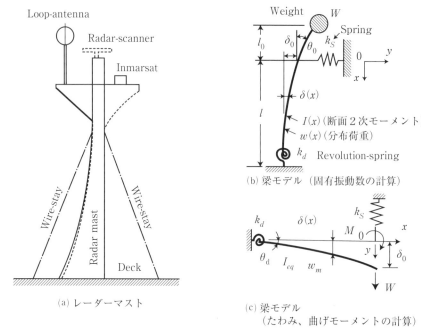

図4.27 レーダーマストとその計算モデル

(1) 固有振動数

ひずみエネルギー（最大値）は i) マスト本体、ii) 取り付け甲板、iii) ワイヤースティ、および運動エネルギー（最大値）は iv) マスト本体の分布質量、v) マスト頂部の集中質量について考えればよい。なお、振動時の梁の変形量（各位置での振幅）を $\delta(x)$ (m) とする。

i) マスト本体のひずみエネルギー S_1：

$$S_1 = \frac{1}{2}\int_0^l \frac{M(x)^2}{EI(x)}dx = \frac{B}{2E} \qquad \left(B = \int_0^l \frac{M(x)^2}{I(x)}dx\right) \tag{a}$$

ここに、$M(x)$ は梁モデルに発生する曲げモーメント(kgf·m)、$I(x)$ は変断面梁の断面2次モーメント(m^4)、E はヤング率(kgf/m^2)である。

ii) 取り付け甲板に生じるひずみエネルギー S_2：

$$S_2 = \frac{1}{2}\frac{M_l^2}{k_d} \qquad (k_d = M_l/(d\delta/dx)_{x=l}) \tag{b}$$

ここに、k_d は基部の回転に対する弾性支持係数(kgf·m)、M_l は $x = l$ における M の値

iii) ワイヤースティのひずみエネルギー S_3：

$$S_3 = \frac{1}{2}k_s\delta_0^2 \tag{c}$$

ここに、k_s は振動方向に対するワイヤースティのバネ定数(kgf/m)、δ_0 はスティ取付位置におけるマストのたわみ(m) iv）マスト本体の運動エネルギー K_1：

$$K_1 = \frac{1}{2g}\int_0^l w(x)\delta(x)^2 dx \cdot \left(\frac{2\pi}{60}f\right)^2 \tag{d}$$

ここに、$w(x)$ は変断面梁の分布重量(kgf/m)、f は固有振動数(cpm)、g は重力の加速度(m/s^2)であり、また $\delta(x)$ は各振動モードのたわみ形状である。

v）マスト頂部の運動エネルギー K_2：

$$K_2 = \frac{W}{2g}(\delta_0 - l_0\theta_0)^2 \cdot \left(\frac{2\pi}{60}f\right)^2 \tag{e}$$

ここに、W はレーダーマスト頂部の重量(kgf)、l_0 はワイヤースティ取付部から W の質量中心までの距離(m)、θ_0 はスティの位置でのマストの勾配 ($d\delta/dx; at\ x=0$) である。なお、スティ取付位置での曲げモーメント $M_0 = W \cdot l_0$ である。

よって、固有振動数 f(cpm) は $S_1 + S_2 + S_3 = K_1 + K_2$ から求められ、次式で表わされる。

$$f = \frac{60}{2\pi}\sqrt{\left(\frac{B}{E} + \frac{M_l^2}{k_d} + k_s\delta_0^2\right)\frac{g}{D}} \tag{4.12}$$
$$\left(D = \int_0^l w(x)\delta(x)^2 dx + W[\delta_0 - l_0\theta_0]^2\right)$$

この式から分かるようにレーダーマストの固有振動数には各要因が複雑に影響しあっており、各要因の単独の影響を評価することは難しい面がある。従って、振動対策は互いの相互関係も踏まえながら考える必要がある。なお、レーダーマストは必ずしも図 4.27(a) に示すような形状ばかりではないので、異なる場合には以上述べた方法と同様なやり方で固有振動数の式を導出すればよい。

(2) たわみ曲線と曲げモーメント

(4.12)式では、B と D は曲げモーメントとたわみ曲線から計算することになる。Rayleigh 法では一般に梁のたわみ曲線を仮定することになるが、その仮定曲線の表現の正確さにより解の精度が決まる。実際には、梁の荷重-振動系を踏まえた簡単な計算モデルにより、たわみ曲線（この場合は振動モード）$\delta(x)$ および曲げモーメント $M(x)$ を推定することになる。

例えば、レーダーマストは一般に変断面梁であるが、近似的な計算においては、梁の I と w には、次式による等価断面2次モーメント I_{eq}、平均分布重量 w_m を用いる。なお、I_{eq} は先端に集中荷重がある一様断面梁の先端たわみが変断面梁の場合と等しくなるように決める。

$$I_{eq} = l^3 \Big/ \left(3\int_0^l x^2/I(x)dx\right), \quad w_m = \int_0^l w\,dx/l \tag{4.13}$$

また、ワイヤースティの取付け位置に、頂部荷重 W と曲げモーメント $M_0 = W \cdot l_0$ が作用するものとみなす。さらに、この位置にはワイヤースティからの張力 $-k_s\delta_0$ が作用し、梁の下端がバネ支持（バネ係数 k_d）された荷重-振動系（図 4.27(c) を参照のこと）である。

この系に作用する曲げモーメントは $M_{ex}=(W-k_s\delta_0)\cdot x$ であり、これによる梁のたわみ変形の平衡式は $EI_{eq}(d^2\delta/dx^2)=M_{ex}$ である。この式から、計算モデルの境界条件を満足する解を求めると、次のたわみと発生モーメントが得られる。

$$\delta(x)=\frac{1}{EI_{eq}}(\frac{w_m}{24}x^4+\frac{W-k_s\delta_0}{6}x^3+\frac{M_0}{2}x^2+\beta x)+\delta_0 \tag{4.14}$$

$$M(x)=\frac{w_m}{2}x^2+(W-k_s\delta_0)x+M_0 \tag{4.15}$$

ここに、$\delta_0 \cong \frac{l^2}{\alpha EI_{eq}}(\frac{w_m l^2}{8}+\frac{Wl}{3}+\frac{M_0}{2})$, $\alpha=1+\frac{k_s l^2}{3EI_{eq}}+\frac{k_s l^2}{k_d}$

$$\beta \cong -\frac{1}{\alpha}(\frac{w_m l^3}{6}+\frac{W_0 l^2}{2}+M_0 l) \tag{4.16}$$

ただし、(4.14)、(4.15)は振動の一次モードに対応するたわみおよび発生モーメンであり、(4.12)に代入すると一次の固有振動数が求まる。

(b) 振動数の決定要因

実際に振動数を計算するためには、基部とワイヤースティのバネ定数を決める必要がある。また、マスト本体の形状、重量分布、基部ブラケットなどが振動数の決定要因となる。

(1) マスト基部のバネ定数

基部バネ定数を梁モデルによって決めるために、レーダーマスト基部を図4.28(a)のようにモデル化すると、基部バネ定数 k_d(kgf·m)は次式で表わされる。なお、他に骨組み構造によるバネ定数推定法などもある。

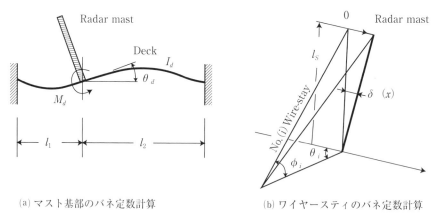

(a) マスト基部のバネ定数計算　　(b) ワイヤースティのバネ定数計算

図4.28 マスト基部とワイヤースティのバネ定数の計算

$$k_d = \frac{M_d}{\theta_d} = \frac{EI_d(l_1+l_2)^3}{l_1 l_2\{(l_1+l_2)^2 - 3l_1 l_2\}} \tag{4.17}$$

ここに，θ_d はマスト取付部の傾斜(rad)、M_d はマスト取付部のモーメント(kgf·m)、I_d はデッキの断面2次モーメント(m^4)である。

(2) ワイヤースティのバネ定数

ワイヤースティのバネ定数 k_s (kgf/m) を算出するために、その系を図4.28(b)に示すようにモデル化すると、次式のように表わされる。

$$k_s = \sum_{i=1}^{n} \frac{E_{wi} A_{wi} \cos^2 \theta_i \sin \phi_i \cos^2 \phi_i}{l_S} \tag{4.18}$$

ここに、E_{wi}, A_{wi} は i 番目のワイヤースティの見掛けのヤング率（kgf/m^2）および断面積(m^2)、n はワイヤースティの本数、さらに θ_i, ϕ_i, l_S については図4.28(b)に示す量である。

経験的に、ワイヤースティはマスト本体の剛性が小さい場合には、固有振動数への影響が大きいことが分かっている。

(3) マスト本体の剛性

レーダーマスト本体の剛性が固有振動数に与える影響について考察する。一般に横振動する一様断面梁の振動数は次式で表わせる。

$$f = \frac{60}{2\pi} \frac{\lambda^2}{l^2} \sqrt{\frac{EIg}{A\gamma}} \quad (\text{cpm}) \tag{4.19}$$

ここに，l、I、A はそれぞれ梁の長さ(m)、断面2次モーメント(m^4)、断面積(m^2)であり、γ は比重量（kgf/m^3）である。また，λ は固有値であり，一端固定，一端自由の梁では（1次モード）1.875、（2次モード）、4.694、（3次モード）7.855である。

この式より本体の剛性を表わすパラメータ μ を次のように表す。

$$\mu = \frac{1}{l^2}\sqrt{\frac{EI}{A\gamma}} = \frac{1}{l^2}\sqrt{\frac{EIg}{w}} \tag{4.20}$$

このパラメータ μ を用いて本体剛性が振動数に及ぼす影響を評価することができる、なお、レーダーマストの μ 値は一般に1～10（$m^{-1/2}$）の範囲にある。

(4.12)を用いて、本体が外径406（mm）、板厚12.7（mm）の鋼管で、頂部に重量がなく、ワイヤースティ無しのマストについて、l のみを変えて μ 値を変化させた場合の基部バネ定数と振動数の関係を図4.29に示す。これより、本体剛性が大きいほど振動数は基部バネ定数の影響を受け易いことが分かる。

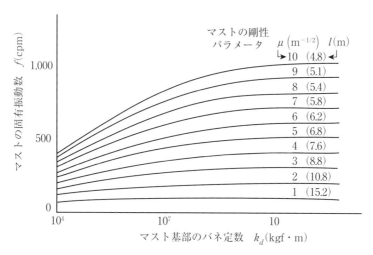

図 4.29 マストの剛性パラメータと基部バネ定数の振動数への影響

第5章　快適さのための環境設計

　船舶や海洋構造物の居住区では、業務の従事者や乗客などが仕事と生活を行っており、この乗組員、乗客に安全で快適な船内生活を保証する必要がある。このためには、その生活する環境と人間への係わり方をよく知ることが必要である。なお、安全に関しては第7章において説明する。

5.1　快適さと環境

(1) 快適さに影響を与える要因

　船舶などの人工構造の環境の中で、快適さに影響を与える要因としては以下のようなものがある。

a) 目で感じるもの：[視（覚）環境]
　　・光（明るさ、眩しさ、物の見やすさ、色彩など）　　　―――― 光環境
　　・形（形の美しさ、空間の余裕、周囲の景観など）　　　―――― 形態（美的）環境
b) 耳で感じるもの：[聴（覚）環境]
　　・必要な音（音の伝播、聞こえ易さ、会話のし易さなど）　―――― 音響環境
　　・不要な音（騒音、予期しない音など）　　　　　　　　　―――― 騒音環境
c) 鼻で感じるもの：[空気環境]
　　・快適な空気（爽やかさ、温湿度、臭いなど）　　　　　　―――― 空気条件、温熱環境
　　・ほこり（埃、粉塵、煙など）　　　　　　　　　　　　　―――― 粉塵環境
d) 肌で感じるもの：
　　・空気（暖かさ、涼しさ、湿っぽさなど）　　　　　　　　―――― 温熱環境、空気環境
　　・体感（振動、壁や床の感触、雰囲気など）　　　　　　　―――― 振動環境、素材

　この他に水環境があり、これらの要因に加えて、心理的要因や生理的要因などが快適さに影響を及ぼす。快適さを保つには、区画や室の用途に応じた基準をもとに、各要因を適当に制御することが必要である。

(2) 環境と適応

　(a) 刺激と調整

　人間は環境（外部）から"刺激（stimulus）"を受けてそれを知覚すると、その刺激に対して何らかの"反応（response）"をするが、この動きが"調整（adjustment）"である。例えば、気温が低下すれば身震いして熱の放散を防ごうとし、上昇すれば発汗して体温の上昇をくい止めようとして、体温を一定に維持しようとする。この恒常性を保つ現象が次に述べる"ホメオステイシス（homeostatis）"である。

　このような調整が繰り返されて、次第に巧くなってくることを"適応・順応（adaptation）"という。夏に発汗機能が向上するのは、季節に対する順応現象であり、短期的な調整の繰り返し

が、長期的には適応状態となって、環境に順応した人体の維持が行なわれる。

従って、環境設計はこれらのことを考慮して行なう必要がある。

(b) ホメオステイシス (Homeostatis)

生体の内部や外部の環境因子の変化にかかわらず、生体の状態が一定に保たれるという性質を"ホメオステイシス（ホメオスタシスとも発音する）"または"生体恒常性"という。例えば、pH 5.5〜8.6 の飲料水を飲んでいても、体内の血液はほぼ中性の pH 7.3〜7.4 に保たれる。これは調整による体の諸機能のバランスを保つための能力であり、これが崩れると死に至ることがある。

恒常性の保たれる範囲は、体温や血圧、体液の浸透圧や pH などをはじめ、病原微生物の排除、創傷の修復など生体機能全般に及ぶ。これらの恒常性を保つためには、これらの状態量が変化した時には元に戻そうとするフィードバックが働く。この作用は主として間脳視床下部がコントロールしており、そこからの指示を伝える伝達網の役割を自律神経系や内分泌系（ホルモン分泌）が担っている。

(3) 感覚量と Weber-Fechner の法則

刺激量と感覚量の関係としては、Weber-Fechner（ウェーバー・フェヒナー）の法則があり、原則として中程度の刺激のもとでは五感の全てに当てはまる。これは、"刺激の弁別閾（気づくことができる最小の刺激差）は基準となる基礎刺激の強度に比例する"という法則であり、はじめに加えられる基礎刺激量の強度を X とし、これに対応する識別閾値を ΔX とすると、X の値に拘わらず $\Delta X/X$ は一定となる。また、言い換えると、刺激の増加量 ΔX に対する感覚量の増加量 ΔE の比は刺激の絶対量に反比例する。これを式で表すと、$\Delta E/\Delta X = K/X$（ここに K は定数）となり、これを積分すると刺激強度に対する感覚量の関係は次のように表される。（図 5.1 を参照のこと）

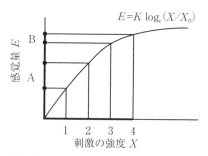

図 5.1 ウェーバーフェヒナーの感覚の法則

$$E = K\log_e(X/X_0) \tag{5.1}$$

ここに、E は感覚量であり、X_0 は基準刺激量である。この刺激と感覚の関係は、小さい刺激でも知覚して識別を可能とし、一方大きい刺激に対しては感覚神経（視覚神経、聴覚神経など）を保護するために備わった機能である。

5.2 視覚環境

視覚環境の設計には、まず光と物の見え方の関係を知り、それに対する視覚系の生理および心

理反応について認識することが大切である。また、採光と照明に関する技術的な知識も必要である。

(1) 物の見え方

(a) 光に関する物理量と感覚量[5.1]

(1) 放射束と光束

光は電磁波であり、その伝播状態はMaxwellの波動方程式で表すことができる。そのエネルギーの発生源の仕事率を"放射束（radiant flux）"（物理量）といい、その単位はワット（W）である。

人の目に見える電磁波に限った場合、放射束Fは"光束（luminous flux）"と呼ばれる。これは人間の目の感度を考慮した光の明るさに関する感覚量であり、波長成分によって次のように重み付けされる。なお、光の波長に対する目の感度を"視感度（luminosity factor）"という。

$$F = K_m \int_{380}^{780} V_\lambda \Phi_e d\lambda \tag{5.2}$$

ただし、K_mは最大視感度（lm/W）、V_λは標準比視感度、Φ_eは分光放射束（W/nm）、λは波長（nm）である。なお標準比視感度は図5.2のようになる。

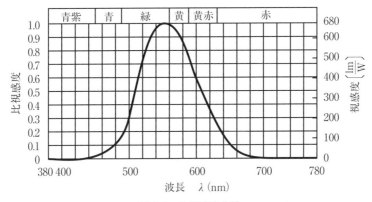

図5.2 比視感度曲線

光束Fの単位は、国際単位系ではルーメン（lumen、lm）またはカンデラステラジアン（cd·sr）である。

(2) 光度と輝度・照度

光源から発散する光の強さを"光度（luminous intensity）"といい、光源から出る光束Fの立体角密度$I = dF/d\omega$で表される（ただし、Iは光度、ωは立体角である）。光度の単位にはカンデラ（candela、cd）が用いられる。

光源の面あるいは光を受けた反射面から出る光束の面積密度が"輝度（luminance）"であり、単位をスチルブ（stilb、sb）といい、光束との関係は1sb=1（cd/cm^2）である。

光を受けた面の明るさは、その面のある部分が受けている入射光束の面積密度で示すことができ、これを"照度（illuminance）"と呼んでいる。従って、その単位は［光束/面積］となり、

1（lm/m^2）を 1 ルクス（lux, lx）とする。これは 1cd の点光源を中心とする半径 1（m）の球の内面が受ける光の量に相当する。

(b) 視覚による識別[5.1][5.2]

物体が網膜において結ぶ像の大きさを、視角（物体の両端から結点に引いた線のなす角度）によって表現する。視覚刺激の記述としては、輝度コントラストの定義として（$L_{max}-L_{min}$）/（$L_{max}+L_{min}$）を用いることが多い。なお、L_{max} と L_{min} は、画像中の輝度値の最大値と最小値を表す。

(c) 光の分光分布

(1) 色温度

いかなる物質でも、温度によってさまざまな波長の光を放射する。色温度は、対象とする光の色をある温度の黒体から放射される光の色と対応させて、等しい黒体の温度をもって表わすものである。なお、感覚とは逆に、寒色系の色ほど色温度が高く、暖色系の色ほど低い傾向がある。

(2) 色の三属性

色彩は色の三属性（色相、明度、彩度）によって表現される。

ⅰ）色相（Hue）：色相とは赤、黄、緑、青といった色の様相の相違をいい、際立った波長の範囲によって定性的に記述できる。色相の総体を順序立てて円環にして並べたものを"色相環（hue circle）"といい、視覚的効果の相補性がある補色はその正反対に位置する。

ⅱ）明度（Value）：明度は色の明るさを意味し、黒、灰、白などの色味の弱い無彩色を基準に明度は決められている。すなわち最も明るい白を明度 10、最も暗い黒を明度 0 とし、その中間の明るさに 2〜9 の数字を割り当てる。

ⅲ）彩度（Chroma）：彩度とは色の鮮やかさを意味し、色のない無彩色を 0 として、色の鮮やかさの度合いにより数字を大きくしていく。ただし彩度は上記の色相と明度によって最大値が異なり、最も大きい赤（R）では 14、低い青緑（BG）では 10 となる。

(3) 表色系

色の定量的表現には XYZ 表色系やマンセル表色系が用いられることが多い。

ⅰ）XYZ 表色系：XYZ 表色系では、色度図を使って色を Zxy の 3 つの値（Z が反射率で明度、xy が色度を表す）により表記する。また、無彩色は色度図の中心にあり、彩度は周辺になるほど高くなる。

ⅱ）マンセル表色系（Munsell color system）：マンセル表色系では、色の三属性をあわせて"色相・明度/彩度"と表記する。ただし、無彩色は"N 明度"などと記す。船舶の仕様書では、この表色系を用いて艤装品の色を表すことが多い。

色相については、色を 10（赤 R、黄赤 YR、黄 Y、黄緑 GY、緑 G、青緑 BG、青 B、紫青 PB、紫 P、赤紫 RP）に分け、さらにそれらを 10 で分割して計 100 色相で表わす。

例えば、色相が 7PB 明度が 4 彩度が 10 であれば、7PB 4/10 と表記する。また中間的な明度である明度 4.5 の灰色であれば、N4.5 と表記する。

(2) 光に対する視覚系の反応

(a) 視覚系の生理反応[5.1]

(1) 視力

視力とは目で物体を識別できる能力のことであり、対象の輝度と周辺の輝度の対比により識別する。このために、対象への照度が高いほど輝度差も大きくなって識別し易くなるが、目の疲労が大きくなる。視力と明るさの関係は強く、明るさを変えてランドルト環により視力を測定した結果は図5.3のようになっている。当然、輝度と視力の関係はWeber-Fechnerの感覚法則に従っている。

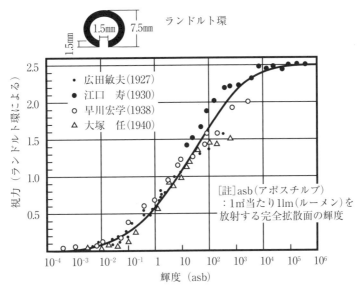

図5.3 輝度と視力の関係

(2) 順応

可視光量の多い環境から少ない環境へ急激に移った場合または逆の場合には、目に入る光量に応じて目の感度を変化させ、環境の明るさの変化に慣れることを"順応"という。これには眼球の虹彩を収縮・拡大して瞳孔を変化させ、水晶体を通る光量を増減するように調整する。

(3) グレア（Glare）と色覚

視野の中に著しく輝度が高い部分がある場合には、輝度対比が極端に大きいために"まぶしさ"を生じ、このことを"グレア（Glare、眩輝)"といい、不快感（不快グレア）や物の見づらさ（視力低下グレア）を生じさせる。これは瞳孔の収縮、光幕形成、順応不適応などが起こるためである。

グレアは単なる不快感にとどまらず、程度によっては眼の障害や、状況把握能力の急激な低下などにも繋がるために、照明器具の設計や照明計画などにおいてグレアを防ぐことが必須となる。

光が眼に入ると色を感じるのが"色覚"である。

(b) 視覚系の心理反応[5.1][5.2][5.3]

(1) 明るさの評価

対象を目で認識するには対象の輝度を調節する必要があるが、対象の反射率は決まっているので、認識の度合いは照度に左右される。このため、区画や部屋の用途に応じて必要照度が決まっており、船舶の照度基準表（JIS F8041）では表5.1のようになっている。

光の方向によって物の見え方や感覚は異なり、光源より直接受ける光（直接光）は立体感が強く、一般に硬く、どぎつい感じがする。一方、光源から間接的に受ける拡散性の高い光（間接光）は平面的で柔らかい感じがする。照明計画では、このことを考慮して、点灯器やカサ、反射器などの選択を行なうことになる。

(2) 色彩の対比効果

色を見るときに、ある色が他の色の影響を受けて、単独に見るときと異なった見え方をすることを色の"対比"という。色の対比はその見方や影響要因によって以下のように区分されている。

ⅰ) 同時対比：2つ以上の色を同時に見るとき、直接色と他の色とが接しているときに生じる対比効果をいい、背景色と図色の関係や、色同志が隣接している場合などにこの効果が生じる。

ⅱ) 継時対比：ある色をしばらく見た後に別の色に目を移すと前に見た色の残像（心理補色）の影響によって色の見え方が変化する現象などである。心理補色は色相環の正反対色であり、色を見るときこの心理補色を常に網膜上に作り出して、色の刺激をやわらげている。例えば、強い赤色（心理補色は青緑）を見た後に白い色に目を移すと、白が薄い青緑みを帯びて見える。このため、手術室の壁は青緑味がかった色とする。

ⅲ) 明度対比：明度差のある色同土を配色した時に、高明度色の方はより明るく、低明度色はより暗く見える対比効果である。これは背景色と図色の関係でも同様である。この一種に、隣接する2色の明度が違うときには、その境界が際だって見える現象（縁辺対比）がある。

(3) 色彩の心理効果

ⅰ) 暖色と寒色：太陽や火を連想して暖かさを感じる色を"暖色"という。また、"興奮色"とも呼ばれており、大きく感じる膨張色でもある。例えば、赤が鮮やかなほど熱さを感じさせる。水や氷のイメージで、不思議にひんやりとした感じをさせる色を"寒色"といい、"沈静色"とも呼ばれている。また、小さく感じる収縮色でもある。例えば、緑系や紫系の青は涼しさを連想させる。

ⅱ) 進出と後退：同じ距離から色を見ると、近くに感じる色と遠くに感じる色があり、近く（手前）に見える色を"進出色"、遠く（奥）に見える色を"後退色"という。一般的には、進出色は暖色系・高明度・高彩度の色であり、後退色は寒色系・低明度・低彩度の色である。

ⅲ) 膨張と収縮："膨張色"は対象を大きく見せると同時に目の前にぐっと迫る色のことであり、逆に、"収縮色"は対象を小さく引き締めて見せる後退色のことである。つまり、膨張色は進出色でもあり、収縮色は後退色でもある。

ⅳ) 演色性：演色性とは、ランプなどがある物体を照らしたときに、その物体の色の見え方に及ぼす光源の性質のことである。一般に、自然光（太陽光）を基準にするが、実際には恒常性があり、物理的なズレほどには知覚の差はないのが普通である。

表 5.1 所要照度表（JIS F8041）

(1)居住区域

照度 Lx	照明場所
500	診察台上（診察）
250	テーブル上（客室、食堂、娯楽室、図書室）、食卓上（食堂、娯楽室）
200	寝台の枕元（客室）、鏡の前（客室、洗面所、便所）、理髪・美容室、食堂、喫煙室、娯楽室（和室を含む）、スポーツルーム、図書室、ラウンジ、診察室、売店（カクテルラウンジは除く）
150	船長級居室
100	船長級寝室、船員室、客室、病室、旅客用出入口
50	浴室、洗面所、便所、居住区内通路、階段室（昇降口を含む）、プール
10	居住区周辺の外部通路

(2)航海装置区域

照度 Lx	照明場所
250	作業卓、海図机上
200	無線室、ナビゲーションルーム、（クレーンバージ、リグの場合）オペレーションルーム、リグマネージメントルーム
100	ジャイロ室・レーダー室などの電気機器室、パイロットハウス（クレーンバージ、リグ）
50	操舵室、海図室

(3)業務区域

照度 Lx	照明場所
250	事務机上、調理台上
100	事務室、調理室、洗濯室、配ぜん室、肉処理室、製パン室など
50	食料庫、乾燥室、ロッカー・諸倉庫
30	食料冷蔵庫

(4)操作区域

照度 Lx	照明場所
500	工作機械の作業面
300	計器盤面および操縦卓上（機関制御室、荷役制御室）、工作台（工作室）
200	機関制御室、荷役制御室、計器盤面（非常発電機室）
150	機関室・ボイラー室・補機室の主操作場所および監視場所
100	機関室・ボイラー室・補機室の主通路、階段、出入口、工作室、非常発電機室
54	荷油管および燃料油管の陸上パイプとの接続部（USCG）
50	蓄電池室、甲板長倉庫、塗料庫、貨物油ポンプ室、操だ機室、空気調和機械室などの機械室、車両甲板、自動車甲板機械室諸倉庫
30	冷凍貨物倉
20	機関室・ボイラー室・補機室で保安上タンク裏などの接近通路、軸室、一般貨物倉（固定灯）、上甲板下通路、カーゴウインチ・ムアリングの操作場所、救命艇・救命いかだの積付場所
11	荷油及び燃料油積込場所（USCG）（バルブ、ホース、ダビット付近）
8	労働者が作業のために通行する場所（ILO）
2	救命艇の進水面

(c) 色彩調節

色彩調節（color conditioning）とは、生活環境、作業環境において色彩の配置を適切にし、心理的に快適な、あるいは能率的で安全な視環境をつくることである。これは、色の与える寒暖の感覚、軽重感、刺激と鎮静などの効果を利用したもので、保全、能率、衛生、快適など感覚上の効果を向上させることができる。特に、特定の機能を重視した配色を"機能配色"という。

例えば、寒色は人間に落ち着きや涼しさを感じさせ、またベージには脈拍や血圧を安定させる効果があるとも云われている。このような色の性質をうまく取り入れることで環境の快適性を高めることができる。

(d) 形態の美しさ

(1) 一般論

形態は秩序をもっていることによって美しく見える。このことから、Birkhoff は "美しさは複雑さの中の秩序の割合で決まる" として "美度" を次のように定義した。

　　　　［美度］＝［秩序の要素数］／［複雑さの要素数］

この式は形態美や音楽の美しさの判定に用いられ、色彩調和にも適用している。ただし、秩序と複雑さの要素数の数え方に問題が多い。

(2) 設計上の感覚

実際的な感覚では、構造物の形態美は以下の4つのカテゴリーで説明される。

ⅰ）構造美：構造美は3つのパターンに分類することができる。
　①顕在的構造美：構造材そのものが表に現れている時に感じられる構造の美しさ
　②潜在的構造美：構造材が隠されていても、構造形式が実現している時に感じられる美しさ
　③擬製的構造美：構造材に擬されて使われた部材が構造的な美しさを感じさせる場合

ⅱ）構成美：構造物の力学的形状とは直接関係がなく、桁などの連続性や配列・配色・配分などの規則的な構成要素の組立から生み出される。一般に "様式美" といわれるものはこれに分類する。

ⅲ）機能美：構造物は何らかの機能が要求されて計画・設計されるものである。構造物の必要機能をより良く満たす構造デザインとなったものが機能美である。

ⅳ）装飾美：これは文字通り構造物を装飾したときに生まれる美しさである。構造物には多かれ少なかれ装飾の要素は必ず介在する。一般に、装飾に過不足があると問題が生じてくる。

(3) 採光と照明

(a) 採光設計[5.4]

(1) 昼光率

採光による部屋の明るさを示す度合いは、全天空照度と室内のある点の照度の比（％）である "昼光率" で表されることが多い。これは採光の可能性を示す指数であり、船室などの昼間における昼光率の目安は1％程度であり、2％以上であると極めて良好な採光といえる。これが事務室、病室などの共用部分であると各々1.5％、2.5％となる。

昼光率の計算としては直射光による立体角投射率を用いることが多く、ある立体角を持つ面の

底円への投影面積 S が底円に対し占める割合により求める。従って、昼光率 U (%) は底円の半径を r とすると次の式で求まる。

$$U = \frac{S}{\pi r^2} \times 100 \quad (\%) \tag{5.3}$$

(2) 採光の設計

採光による照明を計画する際には、以下のことに注意して設計を行なう必要がある。

ⅰ) 適当な照度であること。これには、人工照明のときの約3倍の値が標準とされる。

ⅱ) 室内のどの部分でも一様であることが望ましく、均斉度が高いことが必須である。なお、均斉度とは照度の偏り具合であり、$E_u = (E_{max} - E_{min})/E_{mean}$（ここに、$E_{max}$ は最高照度、E_{min} は最低照度、E_{mean} は平均照度である）で表されることが多い。

ⅲ) 1日中の照度の変動をできるだけ小さくする。

ⅳ) まぶしさ（glar）を感じさせる場所を少なくする。

採光の調節にはルーバー、ブラインド、カーテンなどを使って照度の分布を改善することができる。

(3) 船舶の採光窓

採光などのために船舶に使用される窓には丸窓と角窓があり、JIS により A 級～C 級に区分されている。A、B 級の窓は乾舷甲板下、C 級の窓は乾舷甲板上第一層目の水密上重要な場所に取り付けられる。なお、上層甲板の窓は角窓に代えることが認められている。

タンカー、ガスキャリアでは、貨物区画に面する居住区前面の窓は、爆発性ガスの浸入を防ぐため固定式としなければならない。これらの船舶では火災時の安全のために、貨物区画に面する居住区前面および前面から 5m までの側壁に装備する Navigation Bridge Deck 以下の窓は全て A-60 級防火窓とする必要がある。

(b) 人工照明[5.5]

人工照明の所要明るさは、JIS F8041 船舶の照度基準に規定された値（表 5.1）を参照することになるが、照度のみならず配光による雰囲気も大きな視環境要因となり得る。

(1) 配光と照明

人工照明では配光によって図 5.4 のように［直接照明］—［半直接照明］—［半間接照明］—［間接照明］に分類され、その中間に直接照明と間接照明を組み合わせた［全般拡散照明］がある。

［直接照明］では、ⅰ) 点灯器具効率が高い、ⅱ) 照明率が高い、ⅲ) 点灯電力が少なく、設備費、保守費が安いなどの多くの長所があるのに対し、ⅰ) まぶしく感じる、ⅱ) 照度が不均斉になり易い、ⅲ) 濃い陰影ができるなどの欠点がある。

一方、［間接照明］では直接照明の長所・短所が逆の短所・長所となって短所が多くなる。この方式の特徴は立体感がなく、室内の感じが活気を欠き易く、くつろぐ場合などの照明には適している。これらの中間の半直接、半間接、拡散照明などの配光方式はこれらの長所と短所を適当な割合で兼ね備えたものになり、照明率や経済性などを考慮して区画の用途に応じて選択する。

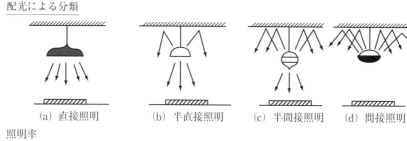

	直接照明	半直接照明	全般拡散照明	半間接照明	間接照明
配光：上向き光束	0〜10	10〜40	40〜60	60〜90	90〜100
配光：下向き光束	100〜90	90〜60	60〜40	40〜10	10〜0
照明率（％）	45〜70	30〜60	25〜55	15〜40	10〜40

図 5.4　人工照明と配光

(2) 照明の設計

人工照明を設計する場合には、以下のことを考慮しなければならない。

ⅰ）設計照度：屋内では床上 85cm、屋外・廊下では床面を作業面として、JIS F 8041 船舶の照度基準に定められた値（表 5.1）などを参照して必要照度を決める。

ⅱ）照度分布：均一な照度が必要な場合には光源数を多くするか、拡散反射材料を利用して拡散反射光を得るようにする。

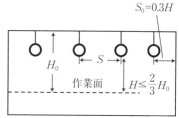

図 5.5　光源の間隔

ⅲ）陰影：物体の立体感を出すためには多少の陰影は必要であり、陰影のない柔らかい照明に長時間曝されると気分が塞いだり、作業効率が悪化する傾向がある。

ⅳ）まぶしさ：強すぎる光の刺激で物がはっきり見えない場合には、不快感や視力減退を引き起こすので、避けなければならない。また、精密な作業をする区画では、作業面の輝度を以下の範囲内にする。

$$B_{max}/B_w < 3, \quad B_w/B_{min} < 3 \tag{5.4}$$

ここに、B_w, B_{max}, B_{min} はそれぞれ作業面上の輝度、室の最高輝度、室の最小輝度である。
人工照明の設計は次のような順序で行なわれる。

[1] 室の必要照度を決める。
[2] 光源の種類を決める。これには、照明方式（配光など）、光色、取付け位置などを決める。
[3] 光源の配置を全般照明と局所照明の配分を考えながら決定する。
[4] 光源の位置を次の基準を目安に決める。
　・室内の光源の高さは 3m 以内とする。
　　ただし、作業面の高さは［室内事務、作業場など：85cm］、［室外：0cm］で考える。

・光源の間隔は図 5.5 を参照して決める。
[5] 室内で所定の平均照度を得るために、光源の光束と数を次の"光束法"により決定する。
・光源の数は全光束を光源の定格光束で割って求める。
・照明器具を選び、それに応じて照明率（U）を器具の効率、配光などによって決める。
・照明器具の器具効率は塵・埃などにより時が経つと低下するので、減光補償率（γ）を見込んでおく。なお、直接照明では $\gamma=1.4$、間接照明では $\gamma=1.5\sim2.0$ 程度の値を用いる。
・光源 1 個に負担させる光束 F（lm）を次の式で計算する。

$$F = \frac{\gamma A E}{nU} \qquad (5.5)$$

ここに、E は必要照度（lx）、A は室の作業面（床）面積（m^2）、n は光源の数である。

5.3 聴覚環境

船舶や海洋構造物の居住区の聴覚環境では、騒音問題が最も大きな悩みであり、更なる騒音低減に努力すべき関心事である。一方、快適な聴覚環境としては音響設計があるが、これは非日常的雰囲気を重んじる客船やフェリーにおいて要望される。

(1) 音の基礎知識

(a) 音の伝播[5.6]

(1) 音の伝播と認識

空気などを媒質として、音源からの振動が粗密波（縦波）として耳に達し、その外耳道を通りながら音圧を増幅させ、鼓膜を振動させる。鼓膜はその振動を、ツチ骨、耳小骨連鎖を経て、内耳へと伝え、内耳液を振動させて内耳感覚器にて感受され、これが内耳神経を経てパルス（刺激）として脳に送られて音として認識される。

一方、振動源から固体を経由して伝播した音（固体伝播音）は空中に放出され空気伝播音として耳に達する。なお、一般に固体伝播音は空気伝播音（空中音）より減衰が少なく、早く到達する。

(2) 音の伝播速度

音は媒質中の密度変化の波（粗密波）であるので、その伝播の様相は音圧による気体の運動方程式と圧縮性気体の質量不変の法則から解析できる。例えば、平面音波では次の運動方程式となる。

$$\frac{\partial^2 \xi}{\partial t^2} = c^{*2}\left(\frac{\partial^2 \xi}{\partial x^2}\right), \quad c^* = \sqrt{\gamma P_0 (1+s)^{\gamma+1}/\rho_0} \qquad (5.6)$$

ここに、ξ は気体粒子の変位、P_0, ρ_0 は音波のない気体の圧力と密度、s は気体の圧縮度、$\gamma = C_p/C_v$（C_p, C_v は気体の定圧比熱と定容比熱）であり、c^* は音の伝播速度である。なお、空気中では s は小さいので、$c^* = \sqrt{\gamma P_0/\rho_0}$ としてよく、次のように温度 θ（℃）により伝播速度

は変化する。

$$c^* = 331.5 + 0.61\theta \quad (\text{m/s}) \tag{5.7}$$

また、媒質が液体の場合の伝播速度には、同様に $c^* = \sqrt{\gamma P_0/\rho_W}$（ただし ρ_W は液体の密度）により計算できる。

一方、媒質が固体の場合には、媒質が等方的で無限に広がっているものとすると、固体中の音速は縦波のものと、横波のものがある。それぞれの音速は、縦波のものを c_l、横波のものを c_t とすると、以下のようになる。

$$c_l = \sqrt{E/\rho}, \quad c_t = \sqrt{G/\rho} \tag{5.8}$$

ここに、E が縦波に対する弾性率、G がせん断弾性率である。

(b) 音の強さと単位[5.3][5.6]

(1) 音の強さ

音源としては、ⅰ）機械的な振動を伴う固体振動音、およびⅱ）空気の波動現象またはこれに共鳴共振が加わった音がある。そして音の伝播に制約がない場合には、一般に音源の近傍では球面波をなすが、音の拡がりの極限では平面波となって進行する。

音の強さ I は、音場の平均エネルギー密度 $E = \rho_0 a_s^2 \omega^2/2$（ここに a_s は粒子の振幅、ω は円振動数）に音の速度 c^* を掛けたものである。粒子速度の実効値を $u_e = a_s\omega/\sqrt{2}$、音圧の実効値を $P_e = \rho_0 c^* u_e$ とすると音の強さ I は次のようになる。

$$I = P_e^2/\rho_0 c^* = P_e u_e \tag{5.9}$$

なお、音源の出力の単位としては［μW］、音の強さの単位には［μW/cm^2］が多く使われる。

(2) 物理・感覚的な単位（デシベル、dB）

音の強さの単位としてはデシベル（deci-Bel、dB）[注5-1]が用いられるが、感覚量であるために Weber-Fechner の感覚法則に従って対数の形で表される。デシベルには、音の強さ、音圧、音源の出力に応じた3種のレベルがある。

ⅰ）音の強さレベル（Intensity level）：

音の強さの比で表し、次式により与えられる値である。

$$IL = 10 \cdot \log_{10}(I/I_0) \quad (\text{dB}) \tag{5.10}$$

注5-1　デシベル dB：デシは単位ベルの10分の1の意味、ベルは電話の発明者グラハム・ベルの名前である。もともとは電話信号の減衰を表すための単位であるが、便利なので電力・電圧・電流・エネルギー・圧力・音の強さなどの単位としても用いられている。

ここに、I は (5.9) 式で表される音の強さ（実効値）、I_0 は JIS に定められた最小可聴音の強さ 10^{-16} (W/cm^2) である。10 倍するのは扱い易い数値とするためである。

ⅱ) 音圧レベル（Sound Pressure Level）：

音圧の比で表し、パワーが音圧の二乗に比例するために 2 倍（合わせて 20 倍）する。

$$SPL = 20 \cdot \log_{10}(P/P_0) \quad \text{(dB)} \tag{5.11}$$

ここで P は音圧の実効値、P_0 は JIS で定められている基準値（最小可聴音の音圧）2×10^{-5} (Pa) である。なお、音圧レベルは指示騒音計の C 特性として読みとれる。

ⅲ) 音源のパワーレベル（Power Level）：

音源の全音響出力（W）に対する最小可聴音となる出力 $W_0 = 10^{-12}$ (W) の比で表す。

$$PWL = 10 \cdot \log_{10}(W/W_0) \quad \text{(dB)} \tag{5.12}$$

2 つ以上の音が合成された場合の音の強さレベル（IL）の計算にはエネルギーが加算できる性質を利用する。例えば、A (dB) と B (dB) の音を合成するには以下のように計算する。

$$IL_A = I_0 10^{A/10},\ IL_B = I_0 10^{B/10} \rightarrow IL_{(A+B)} = I_0(10^{A/10} + 10^{B/10}) \tag{5.13}$$

この他に、音の大きさの単位としてフォン（Phon）がある。

ⅰ) 音の感覚的な大きさとしてのフォン（Phon）：

1000Hz の A (dB) の純音[注5-2]と同じ大きさに聞こえる音を A (Phon) とする（従って、デシベルとフォンの数値は 1000Hz の音のみ一致）。一般の音は 1000Hz ではないので後述の Fletcher-Munsonn の聴覚曲線や ISO 曲線などの等音曲線によって換算する。

ⅱ) 騒音レベルのフォン：

JIS C1502 に規定された指示騒音計によって測られた大きさによる。これについては"(3) 騒音と対策"の項において詳述する。

(2) 音空間の知覚（音響）

(a) 可聴音と音量感[5.2][5.3][5.6]

(1) 可聴音域と音の隠蔽

人間の耳の可聴範囲は図 5.6 に示すように、音圧レベルで 0 ～120dB、周波数では 20～20,000Hz と大変広いものである。非可聴域の 20Hz 以下は"超低周波音"、20,000Hz 以上は"超音波"と呼ばれる。なお、低可聴限界は最小可聴値といわれるが、これには個人差がかなりある。

図 5.7 の曲線は同じ大きさに感じる音圧レベルの周波数特性を示したもので"等感曲線"と呼

注5-2 純音：正弦波で表される音のことである。楽音と異なり、基本周波数の整数倍の周波数成分（倍音）を一切持たない。純音の発生には多くの困難が伴う。例えば音叉によって純音に近い音を発生できるが、厳密には倍音の成分が僅かに含まれている。

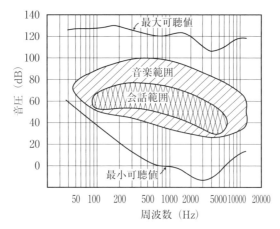

図 5.6 可聴音域と音圧レベル

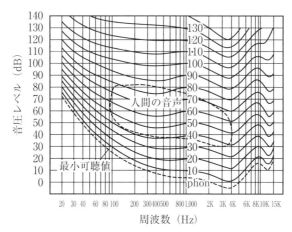

図 5.7 可聴音の周波数および等感曲線

ばれる。このように、人間の聴力は 3～5 kHz が最も感度が良く、この域から離れるに従い低下するが、個人差がある。

聴覚に関する主な弁別閾（差を検知できる確率が 1/2 となる強度差で定義）としては"音の強さ"と"音の高さ（周波数）"の2種の弁別閾がある。どちらも音量が大きいほど弁別閾は小さく、2 kHz 付近を中心に最も弁別閾が小さい傾向がある。

他の音によってある音が聞えないことを、"音の隠蔽作用（マスキング、masking）"という。二つの音の周波数が大きく違うときは低い方の音が余程強くない限り隠蔽作用はなく、一方周波数に余り差がないときは高い音で低い音を隠蔽することができるが、唸り音のため隠蔽作用が小さくなることもある。

(2) 音量感

音源からの直接音のみでは音量が足りない場合には、天井や周囲の壁などからの反射音で音量を補うことになる。従って、反射音をコントロールすることにより音量感を変えることができ

る。これには天井や周囲壁の面の向きと表面材質を選択することで実現可能であり、これを一般に"音響設計"という。

特に、反射音で音量を補う場合には、天井や周囲壁の表面材として反射率の高い硬い素材を用いる。ただし、反射が繰り返されると音がいつまでも残るいわゆる"残響"が起こる。

(b) 残響感と音響設計[5.6][5.3][5.7][5.8]
(1) 残響感

残響は、室内で発生した音が止んでからも周囲の壁面からの反射が続き、そのために音がすぐに消えないで残る現象である。残響が起き易い場所で次々と音が発生する場合には、音が重なり非常に聞き取り難くなる。逆に残響が非常に小さくても、反射音が少ないので音量が少なく、かつ音が単純なために聞きとり難くなる。

室内で音が発生すると音波は進行して天井・周壁面に当たり、図5.8に示すように、ⅰ) 一部は室内へ反射し、その他は、ⅱ) 壁体に吸収されたり、ⅲ) 通過したりする。

音の発生時における、音の発生・成長から減衰までの残響の過程は以下の通りである。

[1] 音の反射のくり返しにより室内の音のエネルギーは次第に増大する。[音の成長]
[2] 反射音の強さは幾何級数的に弱まり、発生音量と吸収音量があるところで釣合う。[平衡状態]
[3] 音の発生を止めると、直接音がなくなり、次第に第1次反射音、第2次反射音と順次音のエネルギーがなくなってくる。[音の減衰]　これまでの時間が残響時間である。

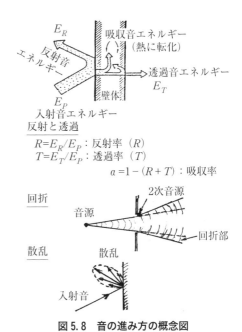

図5.8　音の進み方の概念図

(2) 残響時間

音が耳に聞こえる間を"感覚残響時間"というが、これには個人差がある。このために残響時間を一定の条件で扱うために、音のエネルギーが60dBだけ減衰するのにかかる時間を"規定残響時間"と定義している。

ある室の残響時間 T (s) は次のKneudsenの式で計算される。

$$T = \frac{0.162V}{[-S\log_e(1-\alpha) + 4mV]} \quad \text{(s)} \tag{5.14}$$

ここに、V は室の容積（m³）、S は室内（天井・壁・床）の表面積（m²）、α は周壁の平均吸音率である。また m は室内空気による吸音率であり、[1kHz以下はm=0]、[1kHz〜2kHzはm=0.002]、[2kHz〜4kHzはm=0.007]、[4kHz〜6kHzはm=0.013]、[6kHz〜10kHzはm=0.024] とする。

α の値は天井や周壁の仕上（表面）材により決まり、表5.2に示す吸音率を参照して推定する。

表 5.2 各種材料の吸音率

材 料 名	厚さ (mm)	吸音率 音の周波数 (Hz)					
		125	250	500	1,000	2,000	4,000
木綿カーテン（427g/m²）（ひだよせ1/2）	—	0.07	0.31	0.49	0.81	0.66	0.54
ビロードカーテン（0.6kg/m²）（壁から10cm）	—	0.06	0.27	0.44	0.50	0.40	0.35
吸音カーテン（0.25kg/m²、空気層100mm）	—	0.10	0.25	0.55	0.65	0.70	0.70
パイルカーペット	10	0.10	0.10	0.10	0.25	0.30	0.35
板張り床	19	0.09	—	0.08	—	0.10	—
コルク板	25	—	0.06	0.30	0.31	0.28	—
窓ガラス	—	0.18	0.06	0.04	0.03	0.02	0.02
ベニア板（61cm×91cm、胴縁40cm間隔）	11	0.11	—	0.12	—	0.10	—
木毛板（細木毛）	12.5	0.17	0.15	0.35	0.38	0.43	0.66
岩綿フェルト	25	0.16	0.45	0.68	0.70	0.70	0.70
岩綿板	50	0.43	0.61	0.70	0.70	0.70	0.70
石膏ボード	12	0.20	0.20	0.40	0.70	0.80	0.80
グラスウール（密度20kg/m³）	25	0.12	0.30	0.65	0.80	0.80	0.85
グラスウール（密度20kg/m³）	50	0.20	0.65	0.90	0.85	0.80	0.85

吸音率が α_1、α_2、……、α_n のいくつかの仕上材料が使われている場合には、それぞれの面積を S_1、S_2、……、S_n とすると、平均吸音率 α は次のようにして計算する。

$$\alpha = \frac{S_1\alpha_1 + S_2\alpha_2 + \cdots + S_n\alpha_n}{S_1 + S_2 + \cdots + S_n} \tag{5.15}$$

言語の明瞭度をよくするためには、音源の出力が十分にあるときは残響時間が短い方がよく、音源の出力が足りないときにはある程度残響時間が長い方が音源を補強するには有利である。

(3) 音響設計の考え方

音響設計の目標は、各種の室内や区画内にその使用目的に最も適合した聴覚環境を作り出すことであるが、個人の感性によるところがあって難しい面がある。

一般に、室内の音場については、i）室内全体に音圧の分布がよい、ii）邪魔になる騒音がない、iii）言語が明瞭に聞きとれる、iv）音楽が美しく豊かに響く、v）エコー、鳴竜などの特異現象がない、vi）音が聴く人の耳に均等な強さで到達する、ことなどが要求される。

その目標を達成するためには、i）室の形態、ii）吸音材料や反射材料の配置、iii）残響時間とその周波数特性などを充分に考慮しなければならない。これには室内の任意の点のエネルギー密度を計算する音場分布理論[5.9]などを活用して解析することが必要となる。しかし、たとえ音場環境が適当であっても、空調機騒音、設備機械の騒音などの内部騒音を完全に防止することが先ず前提となる。

音響的に問題なのは以下の場合であり、設計の際に避けなければならない。

i）音の焦点ができる場合：強い反射音が1ヵ所に集中して焦点を結び、音の分布が不均一になる。

ii）反響（エコー、Echo）の発生：音源からの直接音と反射音とが1/20秒（距離にして17m）

以上の行程差をもつ場合には、反射音が独立した音として聞き分けられ、音が二重に聞こえる。

ⅲ）音が回走する場合：凹面で広く囲まれた所では音波が順次反射しながらその面に沿って進むために、ある特定の場所では音が特に強くまたは弱く聞こえるようになる。

ⅳ）唸り（うなり、Howling）の発生：向い合った二つの壁面間で衝撃的な音が発生した場合には、音波がこれらの壁面の間をくり返し反射するために"ビリビリ"とか"ブルブル"とかいう唸りが発生する。

ⅴ）音の障害物がある場合：格子天井、はり型、列柱などのために遮ぎられて音量が少なくなる。

(3) 騒音と対策

(a) 騒音（Noise）とは[5.2][5.3][5.6][5.7]

(1) 騒音の要因

騒音とは騒がしくて不快と感じる音のことであり、音圧が基準値を超えるものは騒音と認識される。また、一般的に不協和音注5-3などは騒音に聞こえるが、具体的に何を騒音と感じるかは主観的であり、個人の心理状態、感覚、生まれ育った環境などによって異なる。

一般に騒音と判断される要因としては以下のものがある。

ⅰ）音の大きさ：音が大きいほど不快感が増大し、音量の減少が最も効果がある騒音対策である。

ⅱ）周波数の構成：高い周波数帯域に強いエネルギーをもつ音は不快感がある。また音に強い純音が含まれると不快感が増す。

ⅲ）時間的変動：騒音を時間的な特性により分類すると、以下のようになる。
・定常騒音---あまり強弱がなく、かなりの時間続く音　（例：室内の空調機騒音）
・非定常騒音---これには、変動騒音（レベルが不規則で連続的に変動する騒音）、間欠騒音（継続時間が1秒以上で、間欠的に発生する騒音）、衝撃騒音（継続時間が約1秒以下で、単発あるいは複数回にわたって生じる騒音）がある。

ⅳ）暴露経験、音源に対する態度、個人属性：一般的には、問題の騒音に繰り返し暴露されると慣れが生じて不快感は緩和される。

(2) 騒音レベル

人間は同じ音圧レベルでも周波数により聴感が異なるために、周波数毎の音圧レベルにウエイトをつけて評価することを"聴感補正"という。

音の大きさを簡便に測定するための機器として騒音計がある。[JIS C1502]規定の指示騒音計は［マイクロフォン］→［減衰器］→［増幅器］→［聴感補正回路］→［整流器］→［指示器］の構成となっている。なお、聴感補正回路にはA、B、Cの3レンジがあり、それぞれ図5.7の

注5-3　不協和音：和音を響きの安定度で分類するときに用いられる音楽用語であり、協和音とは"きれいな和音"、不協和音とは"濁った和音"であり、"不快な"和音（カコフォニー）のことではない。ピタゴラスによると、和音を構成する音の周波数の比が簡単な整数比（またはその近似値）であれば協和音であるとされる。

等感曲線の 40、70、90 フォンの曲線に近似させた周波数特性をもつ電気回路となっており、用途に応じて使い分ける。

A 特性の測定値は、音の大きさの感覚と最もよく対応することが認められており、現在では国際的に騒音の評価に A 特性による騒音レベル（A – weighted sound pressure level）"dB（A）"を用いる。また、C 特性は音圧レベルの近似値を測定するために使われることが多い。

間欠的な騒音のように時間的変動がある騒音では、騒音レベル $L(t)$ を時間的に積分して観測時間 t_a で平均する"等価騒音レベル" L_{eq} が用いられることが多い。

等価騒音レベル L_{eq}（dB）は次式で表わされる。

$$L_{eq} = 10 \cdot \log_{10} \frac{1}{t_a} \int_0^{t_a} 10^{L(t)/10} dt \tag{5.16}$$

人が感知しうる音は 20〜20,000Hz 域の帯域にわたるが、複合音成分の振幅を周波数ごとに分析することを、"周波数分析（frequency analysis）"という。周波数全域にわたる音のエネルギーの総和を"オーバオールレベル（over all level）という。これに対して、個々の周波数成分の強さを表したものがバンドレベルであり、1 オクターブ帯域毎の"オクターブバンドレベル"と、その 1/3 帯域毎の"1/3 オクターブバンドレベル"がある。

(3) 騒音の健康への影響

騒音が健康へ与える影響としては、耳の感覚路において、ⅰ）難聴、ⅱ）聴取妨害、ⅲ）やかましさがある。一方、大脳皮質の他の領域に刺激が及ぶと、ⅳ）精神的作業（仕事、学習）、休養、睡眠などの妨害や、ⅴ）不快感などの情緒被害が起こる。さらに、これらの精神的心理的負担が大となると、ⅵ）頭痛、胃腸不調、血圧変動などへの影響が現われることがある。

以上のような音による直接、間接の被害によって、迷惑、煩わしさ、邪魔とでもいうべき態度反応であるアノイアンス（annoyance）が起こり、限度を超えると、発生源に対する苦情、交渉などの行動的反応となる。

(b) 騒音防止設計[5.3][5.8]

(1) 騒音防止の考え方

音波の伝わり方としては、空気中を伝わってくる"空中音（air borne sound）"および壁などの構造体や配管その他の固体中を伝わる"固体伝播音（solid borne sound）"の 2 径路がある。騒音対策を行なうには、空中音と固体伝播音の両方について考慮しなければならない場合が多いが、固体の中を伝わってくる音波はほとんど減衰しないで遠くまで届くために防音上厄介な問題とされている。

その基本的な方針は次の通りである。

ⅰ）空中音の対策：①透過損失の大きな材料による遮音、②吸音材、吸音構造による吸音
ⅱ）固体伝播音の対策：①防振材による弾性支持、②制振材による振動減衰、
　　　　③剛性の増加による振幅の減少

あらかじめ設計段階において騒音に関与する居室の配置、騒音源となる機器の配置、騒音源から続くパイプなどの支持点位置などを十分に検討し、万一トラブルが発生しても最小の追加対策

で処理できるようにしておくことが大切である。

以上の騒音防止対策により、具体的には以下のことを目指す。

ⅰ）騒音源対策
・騒音・振動の発生そのものを防ぐ
・できるだけ騒音に対する感覚を減らすため、発生する音の性質を変えるようにする
・室内で発生した騒音の成長を防ぐ

ⅱ）伝播経路の対策
・機関室や機械室の騒音が他の室に伝達されるのを妨げる
・振動の伝達を防ぐ

ⅲ）受音室への対策
・室内に伝達された騒音の成長を妨げる

この内、ⅰ）騒音源への対策が最も効果的であり、次いでⅱ）、ⅲ）の順に効果があるが、対策施工範囲が大きくなっていく。

(2) 構造体の遮音

空気中から壁体に投射された音波のエネルギーは、ⅰ）壁体の表面や内部で反射し、再び空気中に戻る、ⅱ）壁体の表面を振動させ、これが伝播して反対側の表面を振動させて再び音波になる、ⅲ）振動のエネルギーが熱エネルギーに転換される、ⅳ）壁体が薄い構造体の場合には隔膜振動して、反対側に音波をそのまま伝えることになる。この他に、壁体内の小さな穴や隙間を通って抜けたり、振動が壁に沿って伝えられて回走することがある。

壁体の透過損失（transmission loss、TL）は次式で定義され、遮音の程度を表わしている。

$$TL = 10 \cdot \log_{10}(I_1/I_2) \quad or \quad TL = 20 \cdot \log_{10}(P_1/P_2) \quad \text{(dB)} \quad (5.17)$$

ここに、I_1 は投射音の強さ、I_2 は透過音の強さ、P_1 は投射音の音圧、P_2 は透過音の音圧である。

遮音を計画するときには、次のような点について考慮をする必要がある。

ⅰ）外部からの騒音の浸入を少なくするために、壁体の固体伝播音を防ぐ。なお、透過損失は次式のように単位面積あたり重量の対数値に比例する。従って、重みのある厚い壁は防音的である。

$$透過損失：TL = 14.3 \cdot \log_{10}[壁体重量(kgf/m^2)] + 12.8 \quad \text{(dB)} \quad (5.18)$$

一方、軽い間仕切壁などでは中空部にフェルトなどの絶縁材料を入れ、不連続な構造や複合壁とすることにより遮音対策をする。

ⅱ）開口部に僅かの隙間があるだけで防音性能が下がるので、窓や扉はできるだけ気密にする。

ⅲ）固体伝播音を遮断するために壁、床などを途中で絶縁する。特に、床、壁、天井は浮き構造が効果的である。ポンプ、発電機などの機械類はなるべく弾性材料で支持して構造体と絶縁させる。

(3) 設備騒音の防止対策

設備騒音の防止には設備機器・装置などから発生する音を極力抑える必要がある。

ⅰ) 機械の振動

機械の振動は、①回転部のアンバランス、②部分的な緩み、②不十分な基礎などの原因によって起ることが多い。この対策として、機械を据付けるときにゴム、スプリングなどの弾性的な支持体を用いて振動を減らすことができる。ただし、弾性支持体の自由振動周期 T_n が機械によって起される振動の周期 T_f よりもはるかに短いときに効果的であり、普通は $T_n < T_f/2$ とする。

音の絶縁の程度を近似的に示す指標として"伝達度（transmissibility）" τ_m があり、[機械を直接床に固定したとき床に伝わる力] に対する [弾性支持物体を使ったとき床に伝わる力] の比を用いる。この伝達度と周期 T_f、T_n の関係は次のようになる。

$$\tau_m = 1/[(T_f/T_n)^2 - 1] \tag{5.19}$$

弾性支持体が有効に働くのは $\tau_m < 1$ のときであり、$T_f = T_n$ ときは共鳴を起して τ_m が大きくなる。

ⅱ) 給排水設備の騒音

給排水設備からの騒音には大体次のようなものがある。

① ポンプ、圧縮機、コック、バルブなどの騒音：これらは支持台にのせることによって振動を減らすことができる。
② 管系全体に起る騒音：ウォータ・ハンマー（water hammer）[注5-4]によって起るものがあり、これを防ぐには口径の大きな管を使い、栓をなるべくゆっくり開閉する。管系の一部に起った響きは全体に伝わるから、管は保温材で巻き、壁・床へ取り付けるときは緩衝材をはさんでおく。
③ 管内を流れる水の渦動による騒音：渦動は管の曲りが曲率半径が管径の2倍以下の急な場合、または分岐管、栓、バルブなどの中の鋭い突起物などにより音を発生する。

ⅲ) 換気設備の騒音

送風機、モータ、ポンプ、圧縮機、エア・ダクトの内部、室内グリルなどから出る騒音およびエア・ダクトを通して外部から浸入する騒音などは、エア・ダクト、配管などを通じてしばしば室内へ伝わってくる。これらの固体伝播音による室内の騒音レベルを低くするためには、固体伝播音を処理するだけでなく、室内での吸音も併せて考える必要がある。

送風機の騒音をなるべく出さないためには同じ風量でも回転数の少ない方が良い。圧縮機では遠心型の方が往復動型のものよりもはるかに音が小さい。また、送風機や電動機に連結されているダクトでは、共鳴現象にも注意すべきである。

ダクト内の空気の振動を防ぐにはダクトの内面にテックス、岩綿、グラスウールなどの吸音材を内張り（ライニング、lining）する。このライニングによる減音度 R は次の式で求められる。

注5-4　ウォータ・ハンマー（water hammer）：管内の液体圧が急激に昇降するとき液体（水など）が管をたたくために起る現象である。水栓を急に締めたりして水圧が上昇するとき特に激しい。このときの水圧は約 3.9MPa（42kgf/cm^2）くらいまで上ることがある。

$$R = 5.14 L \sqrt{S/A} \log_{10}(1-\alpha) \quad \text{(dB)} \tag{5.20}$$

ここに、L はライニング長さ (m)、S はダクトの周長 (m)、A はダクト断面積 (m^2)、α は吸音率である。

(4) 吸音材料

構造物の音響処理に用いられる材料を一般に"音響材料"というが、機能的には"吸音"、"遮音"、"防振"の3種がある。その内で吸音率15%以上のもの"吸音材料"と呼び、ⅰ) 室内の吸音力を増して、発生・浸入した騒音の成長を抑える、ⅱ) 残響時間の調節に使う、ⅲ) 室の形状から起るエコーなどの音響障害を防ぐ、などの目的で使用される。表5.2に各種吸音材料と吸音率を示す。

吸音材料には次の2種類があり、室の用途に応じて使い分けられる。

ⅰ) 抵抗減衰系：空隙のある材料であり、その中に浸入した音波が材料の細孔壁との摩擦により熱エネルギーに変換する。高周波数音の吸収などに使われる。
　　——グラスウール、ロックウール、ソフトテックス（多孔質材）など

ⅱ) 共鳴吸収系：吸音材と空気層により構成される振動系と音波の共鳴振動により、音のエネルギーが減衰する。
　　——貫通孔をもった栓孔材（穴の首の部分の空気が振動）、合板、ハードテックスなど

(5) 騒音規制値

船舶に関係する騒音の許容基準は次の通りである。

ⅰ) IMO による騒音規制

船舶の騒音は国際海事機関（IMO）により表5.3のように規制されている。さらに、居住区画では壁、床、戸などの仕切りの空気音遮断性能 Rw 値 (dB) が以下のように定められている。

- 居室と居室の間： Rw=35(dB)
- 居室と居室の間（往来用の戸がある場合）： Rw=30(dB)
- 通路と居室の間： Rw=30(dB)
- 食堂、娯楽室、公共場所、娯楽エリアと居室および病院の間： Rw=45(dB)

この Rw 値 (dB) は試験区画で測定した音響透過損失 TL 値 (dB) に周波数補正を行ったものである。ここに、TL 値は音源室と受音室との平均音圧レベルの差 (L_1-L_2) に受音室の吸音強さの影響（A：受音室の等価吸音面積m^2、S：透過壁の面積m^2）を加えた $TL = (L_1-L_2) + 10\log_{10}(S/A)$ で表される。

なお、船舶では IMO の騒音規制を遵守する他に、居住区域の騒音については ISO（国際標準化機構）により、周波数特性や連続音を考慮した後述の NC 値や NR 値により、表5.4のように規制を受けている。

表 5.3　IMO の船舶への騒音規制値

区域	船舶の総トン数	
	総トン数 1,600 トン以上 10,000 トン未満	総トン数 10,000 トン以上
1．作業区域		
機関区域	110	110
機関制御室	75	75
工作場	85	85
その他の特定されていない作業区域	85	85
2．航海区域		
航海船橋及び海図室	65	65
航海船橋ウイング及び窓を含む聴取場所	70	70
無線室（作動しているが可聴信号は発していない無線機がある状態）	60	60
レーダー室	65	65
3．居住区域		
居室及び病院	60	55
食堂	65	60
娯楽室	65	60
その他の娯楽場所（開放娯楽場所）	75	75
事務室	65	60
4．業務区域		
食品処理機が作動していない調理室	75	75
食器室及び配膳室	75	75
5．通常無人の区域		
特定されていない区域	90	90

表 5.4　騒音防止の設計指針

dB(A)	20	25	30	35	40	45	50	55	60
NC～NR	10～15	15～20	20～25	25～30	30～35	35～40	40～45	45～50	50～55
うるささ	無音感――――非常に静か――――特に気にならない――騒音を感じる―騒音が大きい								
会話・電話への影響	5m 離れてささやき声が聞こえる　10m 離れて会話可能　電話は支障なし　普通会話（3m 以内）電話は可能　一人声会話（3m）電話やや困難								
集会／ホール 病院・診療所 居住区 事務室 公共区画	音楽室　劇場（中）舞台劇場　映画館　ホール・ロビー 　　聴力試験室　特別病室　手術室　診察室　検査室　待合室 　　　　　　　　　　書斎　船室・客室　宴会場　ロビー 　　　　　　　　大会議室　応接室　小会談室　一般事務室　計算機室 　　　　　　　　視聴ホール　博物館　図書閲覧　体育室　甲板スポーツ施設								

ii) NC 値（Noise Criterion Number）

L.L. Beranek の提案によるもので、騒音の許容値を、耳に感ずる音の大きさ、および会話に対する騒音の妨害の程度を基礎として、周波数分析の結果から与えられた値である。図 5.9 (a) の実線がその周波数特性（NC 曲線）であり、各曲線に付された NC-40 などの記号を "NC 値（騒音基準値）" という。同図中の破線は NC 曲線より低音のレベルを大きくとった NCA 曲線で、妥協できる最大限の許容値である。

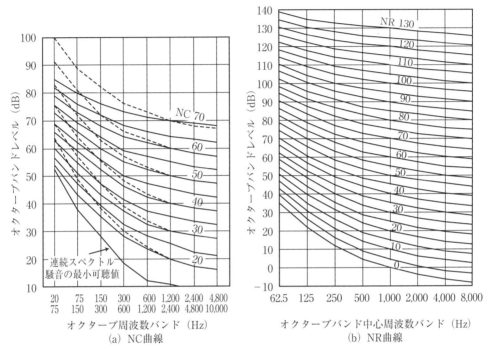

図 5.9　騒音規制のための設計指標

iii) NR 数（Noise Rating Number）

ISO（国際標準化機構）で 1957 年に提案された騒音評価法で、NR 数（騒音評定数、図 5.9 (b) 参照のこと）として、聴力障害、通話の妨害、うるささの 3 つの観点から騒音の評価を行なうものである。

① 聴力保護に関する騒音評価（500、1,000、2,000Hz の各バンドのうち最大の NR 数をとる）

騒音の種別	永久的な聴力障害をうけない限界
連続 5 時間/日以上の広帯域騒音	NR 85 以下
5 時間/日以下の広帯域騒音	図 5.9 (b) によって補正された NR 数以下

② 通話に関する騒音評価（500、1,000、2,000Hz の各バンドのうち最大の NR 数をとる）
③ うるささの見地からの騒音評価（図 5.9 (b) の 8 つのバンドのうち最大の NR 数をとり、表 5.5 によって補正する）

表 5.5　NR 数のうるささに対する補正

要　因	条　件	補正 NR 値
スペクトル	純音	+5
	広帯域	0
ピークファクター	撃性	+5
	非衝撃性	0
操作性	連続	0
	10～60 回/時	-5
	1～10 回/時	-10
	4～20 回/日	-15
	1～4 回/日	-20
	1 回/日	-25
慣れ	慣れていない	0
	多少の慣れがある	-10
時刻	夜間のみ	+5
	昼間のみ	-5
季節	夏	0
	冬	-5
暗騒音	静かな郊外	+5
	郊外	0
	住宅地	-5
	工場地近くの市街地	-10
	重工業地帯	-15

(4) 騒音予測のための解析

騒音対策には、まず騒音が問題となりそうな区画について予測を行なって施策法を決めたり、対策後の騒音レベルを評価する必要がある。騒音予測のための手法としては、以下のものがある。

(a) 実績法とヤンセン法

実績法では、船種、船の大きさ、居住区や機関室の位置・形状、主機関の種類などによって分類して、なるべく多くの騒音計測データを集めて統計的に処理することにより、構造形式が同じ船であれば、統計値によって騒音レベルを推定する。

ヤンセン（Janssen）法では、騒音の大きさを音源から居室などの受音室までのフレーム数 m とデッキ数 n（タンクトップを $n=0$）で決まるものとして、振動伝達損失を $TD = C_1 \cdot m + C_2 \cdot n$ によって推定する。なお、C_1 は船体前後方向の振動伝達係数であり、$C_1 = 0.57$（プロペラの場合）または 1.0（機器の場合）、および C_2 は上下方向の振動伝達係であり、$C_2 = 2 + 12/n$（n が 4 以下の場合）または 5（n が 5 以上の場合）である。なお、C_1 と C_2 は実船での振動計測から求めた値であり、船種によっては実績に応じて変えることがある。

(b) ＳＥＡ法（統計的エネルギー解析）

船体構造は 3 次元の連続体であり、多数の固有振動数が密集して存在することが多く、その内部空間の音場の固有振動数も非常に数多い。このような系の振動・騒音解析には、R.H.Lyon と Dyer により宇宙工学分野で開発された SEA（Statistical Energy Analysis：統計的エネルギー解析[5.10]）が有用である。

この方法は、音源音量および騒音伝播媒体の特性を音エネルギー（パワー）で表してエネルギーの収支方程式を作り[5.10]、これを解いて各室の騒音レベルまたは壁板などの各構造体の振動レベルを算出する解析法である。

(1) SEA の仮定と解析手順

騒音解析に SEA を用いる場合には、以下の仮定および手法をとる。

ⅰ）空気音の騒音レベルは一般に音圧の 2 乗平均値で測られ、固体伝播音は加速度の 2 乗平均値で測られるが、SEA では空気音も固体伝播音も共にその要素が持つエネルギーで測る。また、音源についても、単位時間に放射される音エネルギー（パワー）で測ったものを用いる。

ii）実際の騒音は広い周波数域にわたるが、騒音伝播の計算においてはいくつかの狭い周波数バンドに分けて、その各バンドついて計算し、後でそれらの効果を加え合わせることで、騒音の評価を行なう。

iii）騒音伝播媒体は、振動モードが明確になるようないくつかの要素に分けて考え、それらの要素自身の性質と要素相互間の結合状態により記述する。構造体の内部空気も"室内空気"要素と考え、各室のまわりの6方向の周壁板を"構造パネル"要素と考える。

SEA 法は以下のような手順により解析する[5.11][5.12][5.13]。

[1] 騒音予測する対象構造を構造パネル要素と室内空気要素によりモデル化して、音源から対象区画までを要素の結合したリニアグラフで表す。

[2] 各要素の SEA パラメータ（モード密度、内部損失係数、結合損失係数、入力パワー）を算定する。

[3] エネルギー（パワー）に関する平衡（収支）方程式を作り、これを解く。

[4] 求めたエネルギーを騒音・振動レベルに換算する。これにより、騒音・振動の評価を行なう。

(2) パワーフローの計算式

SEA 法では、船体を異方性板で構成された構造パネルに分割して、起振源から対象区画の甲板への固体伝播音を解析することになる。ただし、主機関や発電機などの起振源のレベルは機械据付甲板における実測した振動加速度レベルなどを用いて表す。

SEA 法では、各要素の振動応答を振動体としてもつ多くの固有振動モードが重畳されたものとして考える。中心角周波数 Ω の狭いバンド幅において、計算上以下の仮定が成り立つものとする。

i）各振動モード間でエネルギーの均等化が起り、各々の振動モードは平均エネルギーと同量のエネルギーを保持するものと考えられる。それは、その周波数バンドにおける振動体の平均エネルギーであり、"モーダル・エネルギー"という。

ii）振動体（要素）i の持つ振動モードと振動体（要素）j の持つ振動モードの間の結合の強さは等しい。ただし、互いのエネルギー伝播量は無関係である。

図 5.10 に示すような、要素 i と要素 j 間のパワーフローの平衡方程式は次のように表される。

$$W_{oi} = w_{ij} + W_{di}, \quad W_{oj} = -w_{ij} + W_{dj} \tag{5.21}$$

ここに、W_{oi}, W_{oj} は要素 i, j の外部から供給されるパワー（W）、w_{ij} は要素 i から要素 j への伝達パワー（W）、および W_{di}, W_{dj} は要素 i, j の中で散逸するパワー（W）である。

ここで、散逸パワーは次式で表わされる。

$$W_{di} = \Omega \xi_i E_i, \quad W_{dj} = \Omega \xi_j E_j \tag{5.22}$$

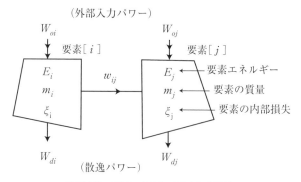

図 5.10 パワーフローモデルの概念

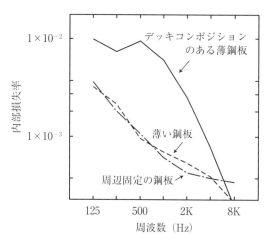

図 5.11 内部損失率

ここに、Ωは1オクターブバンドの中心角周波数、E_i, E_jは要素i, jのエネルギー（kg・m/s、Wに相当）である。さらにξ_i, ξ_jは要素i, jの内部損失率であり、図 5.11 に示す周辺固定鋼板の値を主に使用する。

要素iのエネルギーE_iは、質量をm_iおよび2乗平均速度を$\langle v^2 \rangle$とすると、$E_i = m_i \langle v^2 \rangle$である。なお、船体のような薄板構造では、スティフナー補強平板（異方性板）の曲げ波伝播だけを考えることが多い。その場合には、要素iから要素jへの伝達パワーw_{ij}は、仮定ⅰ）の簡略化も含めて、次式のように与えられる。

$$w_{ij} = \Omega \mu_i \phi_{ij} \left(\frac{E_i}{\mu_i} - \frac{E_j}{\mu_j} \right) \tag{5.23}$$

ここに、μ_i, μ_jは要素i, jの周波数バンドモード数、ϕ_{ij}は要素i, j間の結合損失率である。

系全体は、これらのパワーフローの平衡方程式（5.21）式を全要素について連立させて解くことにより各要素のパワーフローが求まる。さらに、散逸パワーを（5.22）式でエネルギーに変換し、これを後述の関係を用いて音圧レベルまたは加速度レベルに換算することにより、全ての区画の騒音レベルと構造パネルの振動レベルが算出できる。

(3) 音圧レベルと加速度レベルの計算

空気音のエネルギーE_Aと音圧pの2乗平均値$\langle p^2 \rangle$の関係は次のように表される。

$$\langle p^2 \rangle = \gamma_A C_A^2 E_A / V \tag{5.24}$$

ここに、Vは空気容積、C_Aは音速、γ_Aは空気の密度である。

さらに、音圧は基準値$p_0 = 2 \times 10^{-5}$（N/m^2）を用いてデシベル（dB）表示する。

振動する構造パネルのエネルギーE_Wは振動加速度aの2乗平均値$\langle a^2 \rangle$により表される。

$$\langle a^2 \rangle = 4\pi^2 f_W^2 E_W / \gamma_W S \quad (5.25)$$

ここに、f_Wは曲げ振動の周波数、Sは構造パネルの面積、γ_Wは面密度である。なお、振動加速度は基準値$a_o = 10^{-5}$ (m/s^2) を用いてデシベル（dB）にて表示する。

(5) 騒音源と具体的対策

　船舶の主要構造部材は固体振動（伝播音）が極めて伝播しやすい鋼板であり、さらに居住区が主な騒音源である機関室やプロペラの近くに配置されていることが多いため、居住区は種々の騒音からの影響を受けやすい[5.14]。

　(a) 機器から発生する騒音
　(1) 機関室の機器

　通常の貨物船では機関室が居住区の下部に配置されることが多く、その主機関、ディーゼル発電機、過給機などの機器類は居住区画に対する最大の騒音源である。しかも、機関室は鋼板面が露出していて吸音効果が小さく、騒音レベルがどこもほぼ同じ無指向の音場を形成している。よって、船体や主機出力の大小にあまり関係なく、平均的に100dB（A）以上の騒音レベルに達している。

　従って、機関室の騒音対策は重要であり、一般的に以下のように施工されている。

ⅰ）低速や中速ディーゼル主機関は過給器周辺が他に比べて5〜10dB（A）高いので、過給器の空気音に対する騒音対策を強化し、防音ラギング（覆い）、防音箱、消音器などを考える。

ⅱ）機関室の天井、囲壁などの内側面にグラスウール、岩綿などの吸音材を貼り付ける。これにより、吸音効果を上げるだけでなく、2次固体伝播音を低減させることができる。

ⅲ）振動の大きい上甲板や機関室囲壁に取付けられる配管やダクトは弾性支持とする。

　(2) 冷凍・冷房のための圧縮機

　居住区に設置している空調機ユニットおよび糧食冷蔵庫用冷凍機は騒音源として無視できないものである。このために、ⅰ）ファンルームは居住区下層に配置し、隣接区画に居室を設けない、ⅱ）冷凍機の型式を選ぶ（往復動式より回転式の方が騒音は少ない）などの考慮が必要である。

　(b) 流れの乱れを素とする流体音
　(1) プロペラおよび舵

　プロペラおよび舵周辺から発する船尾騒音は大きな騒音源であり、プロペラ翼による船尾外板付近の水圧変動が船体振動の原因の一つである。しかし、［主軸回転数］×［プロペラ翼数］自体は低周波すぎて音にはならないが、外板や舵を含む船尾構造がこの圧力変動により励振を起し、音が発生するものと考えられている。

(2) 給排気音

ⅰ) 機関室などの給排気口

機関室からの給排気は、送気ファンにより機関室囲壁や頂板の給排気口に送られるが、ファンより発生する機械音、流体音が開口部より放射され、上部甲板のプール、開放場所、居室などの騒音になっている。

この対処としては、空気音の対策を焦点に、①吹出口を出来るだけ離す、②ファンの回転数を下げた低騒音型を採用、③消音器の装備、④吹出口にリセスを設けて吸音処理を行なう、などがある。

ⅱ) 煙突の排気音

ディーゼル主機やディーゼル発電機がある場合には、煙突からの排気音により居住区画の最上層近くで騒音レベルが高くなる。特に、操舵室両翼の暴露部では排気音により低周波成分が多い大きな騒音となる。

この騒音に対する有効な受音側の対策は難しいために、①排気口を居住区画から出来る限り離す、②消音器を装備したり、排気管の管壁をラギング（防音覆い）する、③煙突上部の排気管前方に遮音板を設ける、④可能なら排気管出口を煙突上で後方に曲げる、⑤排気管を弾性支持することにより、構造体の放射低周波音を低減する、などの音源側対策を組み合せることにより、騒音レベルの低減をはかる必要がある。

5.4 振動環境

船舶は主要構造が振動を極めて伝え易い鋼板で造られ、主機、ディーゼル発電機などの強大な振動源を有し、さらにプロペラ翼による船尾外板付近の水圧変動による船体振動が起こるために、その居住区は好ましくない振動環境となっている。このため、騒音対策と同様に、振動の影響を知ると共に、防振対策による解決を図らねばならない。

(1) 振動と人間

(a) 振動の受容

振動の感覚は音の感覚に比べると以下の点が複雑である[5.2]。
1) 振動には全身的に受ける全身的受容（暴露）、および手や腕のみ受ける局所的受容がある。
2) 全身振動であっても臥位、座位、立位などの姿勢によって体に加わる振動が変わる。
3) 振動には方向性があるため、振動の大きさの評価は上下、左右、前後の3次元で考える。
4) 聴器（内耳）を唯一の受容器とする音と違って、振動の受容器が単一でない。

振動の感覚器は、皮膚、関節、血管、内臓などに広く分布する知覚神経終末であるといわれており、周囲の組織に加わる周期的な圧力や偏位に応じてインパルスを発生し、知覚神経を経て大脳皮質へ伝達する。一方、低周波振動（動揺も含む）の感覚には内耳の平衡器が関与し、さらに視覚も補助的役割をはたす。振動感覚は、これら多数の受容器からの信号によって形成される総合的なものである。

(b) 振動の感度と許容限界

振動の大きさは加速度により表すことが多く、その振動の加速度レベルは VAL（vibration acceleration level、振動加速度レベル）(dB) で表す。

$$VAL = 20 \cdot \log_{10}(a/a_0) \quad (\mathrm{dB}) \tag{5.26}$$

ここに、a は加速度の実効値（RMS 値）($\mathrm{m/s^2}$) であり、a_0 はその基準値（$10^{-5}\mathrm{m/s^2}$）である。

振動感覚は音と同じく周波数特性があり、全身振動の場合の等値曲線は、縦軸を VAL (dB) として、図5.12のようになり、最も下の線が閾値（受感の最小レベル）である。図中の VGL は振動の大きさのレベルであり、等感曲線における 20Hz の VAL の値を VGL としている。

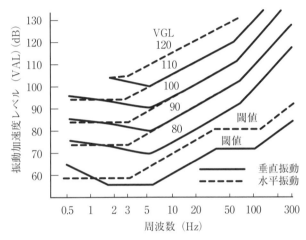

図5.12 振動の大きさのレベル（全身振動）

疲労や作業能率減退を起こさないための限界は暴露時間によっても変わるので、ISO は全身振動に暴露基準を図5.13のように定めている。これに対して、健康・安全保持のための暴露限界は図の加速度の2倍（VAL では +6dB）としている。また、不快感を覚える限界は図の加速度の 0.315 倍（VAL では -10dB）程度である。これによれば、船上における垂直振動の8時間耐久限界は 96dB、疲労防止のための限界は 90dB、不快感防止のための限界は 80dB となる。

なお、人体の振動特性としては、人体は 4～8Hz に共振点をもつ柔らかい系であり、数十 Hz 以上の振動では組織内の振動伝達が低い傾向にある。

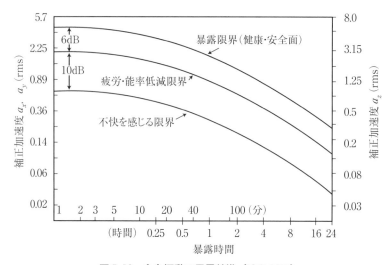

図 5.13　全身振動の暴露基準（ISO 2631）

(c) 全身振動の身体的影響

100 dB 以上の強い振動を受ける場合の直接的な影響としては、呼吸数の増加、酸素消費量増加、血圧上昇、脈拍増加、体温上昇、胃腸内圧上昇、胃腸運動の抑制などが挙げられる。

100 dB 以下のレベルでは特異的な影響は現れ難いが、振動による不安感、不快感などを媒介にして、交感神経系の緊張による末梢血管収縮、ホルモン分泌による白血球増加などが起こる。

(d) 防振対策

防振対策はその起振源によって異なる。例えば、起振源がプロペラの場合には、プロペラの翼数、回転数やタイプを変えたり、船体からプロペラを離したり、艤装の域を超えたプロペラ固有の対策を取ることになる[5.14]。

ここでは起振源が特別に大きい主機関に対する対策について述べるが、起振源が回転機械である防振対策はいずれもこれと同じ施策である。

1) 振動体の固有振動数を変えて主機の起振振動数から離して共振回避を行なう。普通は補強などにより固有振動数を上げて起振振動数から離す"上逃げ"を行なう。しかし、補強が難しいときは固有振動数を下げて"下逃げ"することもある。

　実際には、主機関からの一次・二次振動が問題となり、さらにプロペラの流体力変動による振動も問題となって共振回避域が広いために、すべての共振域を避けた固有振動数をもつ構造体や艤装品を設計することは難しいことが多い。

2) 可能なら主機の起振振動数を変える。または、以下により主機の不平衡慣性力を減少させる。
ⅰ) 機械式バランサー：回転軸にカウンターウェイトをつけて不平衡慣性力を打ち消す。
ⅱ) 電動バランサー：振動している部分に不平衡偶力を打ち消す力をかける。

　一般に、加振機器、起振力のある機械を設置する基礎、構造体、および振動を嫌う機器が要求する振動環境となるように、最適かつ経済的な条件を満たす総合的な対策を考える必要がある。なお、防音対策と同じ設計・技術が使える場合が多くあり、前述の SEA 理論による解析法は防

振設計にも適用できる。

　既存の構造体が振動問題でトラブルが発生している場合の防振対策の手順は次の通りである。
［1］振動の規制値（ISO 基準）などから、対象の振動要求レベルを確認する。
［2］現状の振動レベルを計測する。（トラブルの種類により、詳細な計測や検討が必要となる。）
［3］振動対策の立案と防振設計を行う。
［4］振動対策工事を行う。
［5］振動環境が要求レベルを満たしているか計測して調べ、振動対策の効果を確認する。

(2) 動揺病（乗り物酔い、船酔い）

　動揺病とは、船舶、航空機、列車、自動車などの乗り物が発生する 1Hz 以下の大振幅の振動が原因で、体の内耳にある三半規管が体のバランスを取れなくなって引き起こす身体の諸症状である。起因となる対象によって"乗り物酔い"、"船酔い"などともいい、医学的には"動揺病"または"加速度病"と呼ばれている。

　症状としては、最初はめまい、生あくびなどの症状から始まり、次第に冷や汗、動悸、頭痛、体のしびれ、吐き気といった諸症状を催す。さらに悪化した場合には、嘔吐が起き、さらに下痢が起こることもある。なお、乗り物から降りた後、しばらくすると症状は回復し、後遺症も残らない。

　動揺病が起る振動加速度 (m/s^2) は、乗用車 0.2〜0.75、バス 0.4〜0.8 に対し、船舶では乗員区 0.5〜0.7、ブリッジ 0.2〜0.35、他区画 0.2 以下が普通で、場所により異なる。特に、船酔いは 0.3Hz で起り易く、その加速度 (m/s^2) は暴露時間によって変わり、30 分では $1.0\ m/s^2$、2 時間では $0.5 m/s^2$、8 時間では $0.25 m/s^2$ 程度である。

　船舶では 1Hz 以下の大振幅の動揺は船型に依存するために、動揺病に対する防止策は艤装レベルではほとんどなく、せいぜい居住区の換気を良くしたり、油・食物の臭いがしないように配慮する程度である。

5.5　温熱環境

　居住区の温熱環境は快適さに大きく影響する。その環境制御には人体熱バランスに基づく快適域とそれを表わす指標について知る必要がある。

(1) 温熱環境の人体熱バランス

　人体は発熱体であり恒温体である。その熱平衡が崩れ、蓄熱がプラスに向かった時には発汗などの放熱を促す現象が起こり、逆にマイナスに向かった時には震（ふる）えなどの産熱[注5-5]を促す現象が生じ、不快感を覚える。

注5-5　産熱：人間の作り出す熱は代謝の盛んな臓器によって多く生産（骨格筋 59％、呼吸筋 9％、肝臓 22％、心臓 4％、腎臓 4％、その他 2％）される。この熱は食事などを摂取することにより、栄養分（糖・蛋白質・脂肪）が代謝されて発生するエネルギーによる。このエネルギーは機械的・電気的・化学的エネルギーに約 30％が使われるが、残りは熱として放散される。

(a) 人体温熱要因と環境要因

人体の発熱要因は代謝量のみであり、この量を表すには Met（metabolic equivalents）を用いる[5.4]。椅子に座った安静状態を"基礎代謝"といい、この状態を1Metの単位で表し、発熱量としては58.2W/m²に相当する。作業・運動時の代謝量は、およそ軽作業70W/m²（1.2Met）、一般作業140W/m²（2.4Met）、重作業210W/m²（3.6Met）程度となっている。

高温時の体温調節における自律性調節反応[注5-6]による人体冷却の制御機構としては、発汗反応と皮膚血管反応がある[5.15][5.16]。発汗反応は人体表面上に発現する冷却現象であり、安静時で-665W/m²および運動時では-1789W/m²にもなる。これに対し、皮膚血管反応は、皮膚血管を拡張・収縮して皮膚血流を増減することにより、深部熱の皮膚表面への熱輸送を増減する反応である。

体温調節における自律調節反応以外に、衣服の脱着などの行動性の調節がある。衣服は"クロー（clo）値"と呼ばれる熱抵抗で表される[5.17][5.18]。1clo は21℃の静穏な室内で椅子に座っている状態（代謝量 1.0Met）で快適さを保てる衣服の熱抵抗であり、1clo = 0.155m²·K/W である。例えば、典型的な真夏の衣服"ブリーフ・パンツ・半袖の袖なしシャツ・薄い靴下・サンダル"で 0.3clo であり[5.18]、夏季の作業服（上下）、下着、靴の着用では約 1.0clo である。

人体に熱的影響を及ぼす環境要因[5.15]としては、環境気温、環境湿度（相対湿度）、気流速（風速）、日射による放射、壁や床の温度に依存する周囲からの熱放射などを考慮する。

(b) 人体熱平衡方程式と蓄熱量

快適環境では一般に、代謝量 M に対し、外へなす仕事 W、呼吸による対流と潜熱放熱（$C_{res}+E_{res}$）[注5-7]、皮膚からの対流と輻射放熱（$C+R$）、そして不感蒸泄[注5-8]と発汗などによる皮膚表面の濡れによる潜熱放熱 E_{sk} の合計が均衡しており、その場合の人体の熱平衡方程式は次のように表される[5.19][5.20][5.21]。

$$M = W + C_{res} + E_{res} + C + R + E_{sk} \quad (\text{W/m}^2) \tag{5.27}$$

ただし、日射環境下での作業では、人体に照射される日射熱量 E_{sun} を加算する必要がある。

$$M + E_{sun} = W + C_{res} + E_{res} + C + R + E_{sk} \quad (\text{W/m}^2) \tag{5.28}$$

なお、(5.27) 式、(5.28) 式において各要因が負値のときは外部からの受熱を意味する。

注5-6 自律性調節反応：発汗や皮膚血管拡張による熱放散、皮膚血管収縮による熱放散抑制およびふるえ・非ふるえによる熱生産のことである。

注5-7 潜熱放熱：熱の放散は外界の温度と着ている衣服によって左右される。体温よりも外界の温度が低い場合には熱の放射（体表面からの赤外線の放射によって熱が放出）・伝導（直接触れたものを介して熱が放出）・対流（体表面で暖まった空気は上昇して対流が生じる）が起きて熱が逃げていく。また、体表面からは水分が蒸発するときにも熱が逃げ、皮膚や粘膜からは常に水分が蒸発（不感蒸散）している。

注5-8 不感蒸泄：発汗以外の皮膚および呼気からの水分喪失をいう。皮膚からの蒸散のみを指すという意見もある。

この熱平衡方程式より、体内の熱不平衡量を S とすると次式で表される。なお、熱の平衡がとれている場合には S は 0 となる。

$$S = M(1-\varepsilon) - C_{res} - E_{res} - E_{sk} - (C+R) + E_{sun} \quad (\text{W/m}^2) \qquad (5.29)$$

ここで、ε は代謝量と作業量の比 W/M で表される作業の効率であり、エルゴメーター[注5-9]を使用した実験[5.22]から推定すると、$\varepsilon = 0.18$ 程度である。

(2) 快適さと温熱指標

人間の快適感を左右する生理的要因は平均皮膚温および皮膚濡れ面積率であり、この2つの要因は人体と環境との熱収支により決まる。この熱収支においては、環境側では1)気温、2)湿度、3)平均放射温度（MRT）、4)気流速の4つの温熱（気候）要素が主体であり、人体側では5)代謝量と6)着衣量が重要であって、これら6種の温熱要素が人間の温熱感覚を支配することになる。これらの温熱要素を適宜組み合わせて、多くの温熱指標が提案されているが、以下に代表的なもの[5.23][5.24]を述べる。

(a) 有効温度（Effective temperature、ET）
(1) 有効温度（ET）と新有効温度（ET*）

有効温度（ET）（Yaglouらにより提案、1923年）は被験者を使った実験により統計的に求めた快適指標であり、ⅰ）気温 θ_a、ⅱ）相対湿度 φ、ⅲ）気流速 v の3要素が温冷熱感覚に及ぼす影響について、温度尺度で示す。

この指標では、A室とB室を用意し、A室は相対湿度100%、気流速なし（0m/s）として気温だけを調節可能とし、B室は温度、湿度、気流を任意に変えられるようにして（図5.14（a）参照）、被験者が両室から受ける温冷熱感覚が同じである時のA室の気温をもってB室の状態の"有効温度"としている。なお、有効温度（図中の数字）と快感線図（快適感のある割合）を図5.14（b）に示す。

しかし、日常の生活環境では相対湿度100%の環境は稀にしか体験できないので、相対湿度の基準を50%としたものが新有効温度（ET*）である。

(2) 修正有効温度（CET）

周壁面温度が体表面温度より低い場合には、人体から周壁に向かって放射熱が奪われて冷感を覚え、逆に周壁面温度のほうが高ければ放射熱により暖かく感じる。このように壁面の熱放射が温冷熱感覚に及ぼす影響は大きく、有効温度（ET）に放射の影響を加えたものが修正有効温度（CET）である。

修正有効温度では、気温の代わりにグローブ温度[注5-10]を用い、湿球温度の代わりに相当湿球

注5-9　エルゴメーター：運動不足の解消、健康促進などのために室内でペダル漕ぎ運動をする運動機器であり、一般にアップライト型で運動負荷を変えられるものが多い。

注5-10　グローブ温度：表面に黒体塗装が施された薄い銅製の仮想黒体の球（グローブ温度計）を用いて測られる温度であり、周囲からの熱輻射による影響を計測するために用いられる。

(a) 有効温度の概念

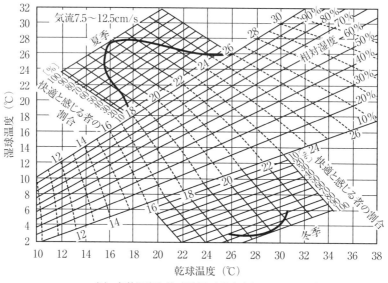

(b) 有効温度と快感線図（静止空気、ASHRAE）

図5.14　有効温度

温度を用いて求める。相当湿球温度とは、気温がグローブ温度になったと仮定したときの同じ水蒸気圧に対する湿球温度である。

なお、修正有効温度による快適範囲は有効温度の場合とほぼ同じである。日本人の快適な範囲は、夏期は22～23° CET、冬期は18～20° CETとされている。

(b) 効果温度（Operative temperature、OT）

効果温度（OT）は"作用温度"ともいい、周壁面温度からの熱放射を加味した気温が人体に与える熱ストレスを評価する指標である。これは、気温と平均放射温度が異なる実環境にいる人間が、気温と平均放射温度が等しい環境に居ると見なした等価温度である。

実用上はグローブ温度計により測った周壁平均温度（MRT）と室内気温の平均により示される。なお、快適な範囲は、夏期は23.3～28.9° OT（着衣、安静状態）、冬期は18.3° OTとされている。

(c) PMV（Predicted Mean Vote）

Fangarは新有効温度（ET*）と同様な実験および人体の熱平衡の研究から、代謝量、着衣量をも含めた総合快適指標PMV（Predicted Mean Vote、予測平均投票）を提案した。現在では、国際規格のISO7730として採用されている。

PMV は次の快適方程式で表される。

$$\begin{aligned}PMV = &(0.303e^{-0.036M}+0.228)\cdot\{(M-W)-3.05\times10^{-3}[5733-6.99(M-W)-P_{da}]\\&-0.42[(M-W)-58.15]-1.7\times10^{-5}M(5867-P_{da})-0.0014M(34-t_a)\\&-3.96\times10^{-8}r_{cl}[(t_{cl}+273)^4-(t_r+273)^4]-r_{cl}h_c(t_{cl}-t_a)\}\end{aligned} \quad (5.30)$$

ただし、M は代謝量（W/m^2）、W は外部への仕事（W/m^2）、P_{da}は蒸気圧（Pa）、t_aは気温（℃）、t_rは平均放射温度（MRT）（℃）、t_{cl}は衣服の温度（℃）であり、r_{cl}は全体表面積に対する着衣面積の比である。さらに、h_c は対流熱伝達率（W/m^{2}Pa）であり、気流速 v が大きい場合には $h_c=12.1v^{0.5}$、気流速 v が小さい場合には $h_c=2.38(t_{cl}-t_a)^{0.25}$ である。

PMV は被験者の体感申告をもとに環境条件を－3の寒いから＋3の暑いまでの7段階で評価する。快適域の範囲としては、一般に－0.5＜PMV＜＋0.5が推奨されている。許容域をやや広げた－1.0＜PMV＜＋1.0の範囲では70％の人が満足感を表明する範囲に相当する。また、人体が不快感を覚えることなく耐えられる極限の熱不平衡量 $S=-93.0$（W/m^2）は PMV＝－3.0の状態に相当している。さらに、PMV＝0 が熱的に中立の感覚をもたらす値となるが、理想的な環境条件であっても不満足を訴える人は5％程度存在する。図5.15 に PMV と PPD（予測不満足率）および感覚的な対応を示す。

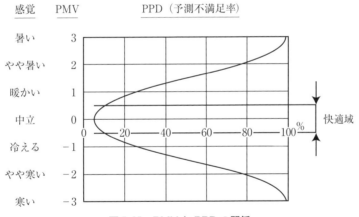

図5.15　PMV と PPD の関係

しかし、PMV および PPD は快適性の評価には優れているが、過酷な条件下において使用することは推奨されていない。

(d) 湿球黒球温度（Wet bulb globe temperature、WBGT）

人体の熱収支に影響の大きい気温、湿度、放射熱の3要素を取り入れた指標であり、気温（乾球温度）t_a、グローブ温度 t_g、湿球温度 t_w からなり、次式により求められる。

1) 日射のある屋外：

$$WBGT = 0.7t_w + 0.2t_g + 0.1t_a \quad (5.31)$$

2) 日射のない屋内外:

$$WBGT = 0.7 t_w + 0.3 t_g \tag{5.32}$$

WBGT は熱帯地域における軍事訓練の限界条件を検討する目的で提案されたものであるが、現在では屋外ばかりでなく、鋳物工場、溶鉱炉などの室内においても暑熱環境の検討に際しての標準尺度として推奨されている。

なお、表5.6に ISO7243 に規定されている WBGT 熱ストレスの基準値を示す。

表5.6 WBGT 熱ストレスの基準値 (ISO7243)

項目 分類	代謝速度範囲、M		WBGT の基準値 [℃]			
	単位皮膚表面積当り [W/m^2]([Met])	平均皮膚表面積 (1.8m^2) 当り [W]	熱に順応者		熱に未順応者	
			[空気流無]	[空気流有]	[空気流無]	[空気流有]
休憩中	M < 65 (M < 1.12)	M < 117	33	33	32	32
低代謝速度	65 < M < 130 (1.12<M<2.23)	117 < M < 234	30	30	29	29
中代謝速度	130 < M < 200 (2.23<M<3.44)	234 < M < 360	28	28	26	26
高代謝速度	200 < M < 260 (3.44<M<4.47)	360 < M < 468	25	26	22	23
極高代謝速度	260 < M (4.47 < M)	468 < M	23	25	18	20

注 空気流の有無は空気の流れを感じる、感じないにより判別する。

第6章 居住区艤装

6.1 居住区艤装の計画

(1) 居住区設計の概念

　船には船員、旅客、その他船内の業務に従事する人々が乗って、仕事と日常生活を行っている。この乗組員、乗客に快適な船内生活を保証するだけでなく、保健・衛生、安全に十分考慮を払い、常に満足な居住状態を維持するためには、乗船員とその生活する環境条件をよく知ることが必要である。

　その環境条件としては厳しい温・湿度、風、日照などの気象条件や、動揺、振動、浸水、騒音、臭気などの船固有の条件がある。また、航海、運用による条件としては耐波性、トリム、振動、衝突、火災、救命、遮光などが問題となる。

　船内は一つの組織であるから、職制上の階級は当然存在する。乗組員はその担当する仕事の種類に応じ、船長を頭に、航海・甲板部、機関部、事務部に分かれ、さらに各部では職員と部員とに分かれている。乗組員の数は、諸設備に対する自動化の程度、船の種類により異なるが、船の大きさにはあまり関係しない。

　居住設備に関して特に留意しなければならない事項は次の通りである[6.1]。

a) 空間・床面積の最大限活用：船は、陸上建築物に比べて、利用できる空間・床面積が少ない。このため、部屋の配置、家具・器具の配置、出入口、窓の位置等を十分に工夫しなければならない。

b) 温度・湿度の調節：自由に通風・換気ができない場合があり、温度・湿度の調節が不十分となり、健康・精神上問題となり勝ちである。これらに配慮して快適環境を維持しなければならない。

c) 騒音・振動の防止：機関、発電機などから発生する振動や騒音は、皆無にはできないので、騒音や振動がなるべく居住区に伝わらないように、防音・防振対策を施さなければならない。

d) 内装材料の検討：建築物用の新材料を船の内装に用いることは、乗船員の生活にマッチしてよいことであるが、安全性、耐湿耐水性等をよく検討して艤装への適否を吟味することが必要である。

e) 保守・点検の容易性：保守・点検のやり易さは重要であり、特に内張の中の電線、諸管の取付部などの保守・点検については設計上考慮しなければならない。

　居住区の諸室としては、私室、公室（サロン、ダイニングルーム、メスルーム、喫煙室、娯楽室など）、事務室、会議室、操舵室、無線室、機関制御室、荷役制御室、調理室、病室、諸倉庫などがある。居住区諸室の装備・調度を決定するには、船主の要望、乗組員の国民性や生活習慣、職制上の地位にふさわしい装備、就航する航路あるいは諸法規に注意する必要がある。計画時に、これらを十分確認して設計を進めることが必要である。

　従来、船舶には帆船時代の遺物とさえ思われるような因習が多くあったが、能率向上のためには諸設備の合理的、能率的配置が重要である。そのために、配置を考える基礎的な条件として、

各職種別の仕事内容、各職の勤務時間、各設備の使用頻度と使用方法、服務規定、責任と権限、慣習、法規などを知る必要がある。特に、SOLAS、ILO等の国際条約に基本的な規定があるが、居住区設備に関する国内法を制定して、配置、構造、設備、使用材料などを詳細に規定している国もあるので、適用法規の内容を十分調査しておかねばならない。

(2) 居住区配置と設備

(a) 居住区に配置される諸室

商船では居住区に次のような各種用途に応じた部屋が配置され[6.1][6.2]、種々の装備がなされる。

1) 私室（Private room）

私室は船員・旅客が私的な生活の場所であり、乗組員室は1人部屋とするのが普通であるが、客船では個室、2人室あるいは大勢を収容する部屋がある。私室には、寝台、物入れ、机と椅子、洗面台、ソファーとテーブル、便所と浴室（船の程度による）などを設備する。

2) 公室（Public room）

公室は旅客や船員がくつろぐ社交的、公的な共通の場所であり、サロン、ラウンジ（談話室）、食堂（職員、部員）、喫煙室などがある。大型客船では、運動室、娯楽室、バー、ベランダなどが公室に準じて設けられている。なお、国内船では職員、部員共同の食堂の場合もある。

3) 事務室（Office）

船の運航・運用に必要な各種事務を処理する部屋であり、総合事務室、機関事務室、荷役事務室などがある。

4) 航海諸室（Duty office）

操船などの航海に必要な作業を行う部屋であり、操舵室（wheel house）の後方に海図室、無線室を配置する。最近では図6.1のように操舵室後方に海図スペース、無線スペースを設けることが多い。

5) 機器室（Machinery and equipment room）

船の運航、荷役、安全などに関係する各種機器類が装備されている機関制御室、荷役制御室、火災制御室、空調機室、油圧ポンプ室、非常用発電機室などの区画である。

6) 調理室と配膳室（Galley and pantry）

調理室は、一般に上甲板上に設けて、採光、排水、通風に対し十分な設備を施し、特に熱気、臭気の排除のために強力な排気装置を設け、調理室の上には天窓が設けら

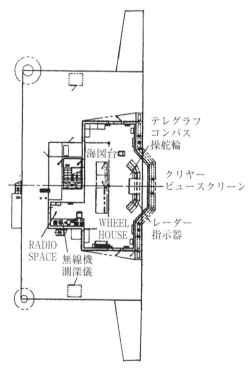

図6.1　船橋の配置例

れることが望ましい。

　　配膳室には、食器の格納棚、流し、湯沸器、ヒーター、冷蔵庫、保温器等の設備を施す。なお、セルフサービス方式を取り入れて配膳室を廃止し、調理室内に配膳設備を設けることも多い。

7) 保健室・衛生諸室（Hospital, lavatory and others）

　　保健・衛生関係としては病室、洗濯室・乾燥室、体育室などがある。診療室は、最近では医師が乗船しなくても陸地との連絡により診療が可能となったために、貨物船では設けることが少ない。

8) 倉庫（Store）とロッカー（Locker）

　　倉庫は使用目的から航海、荷役、係船用と乗組員の船内生活のものとに大別される。設置場所は、前者は主として船首楼や船体中心部など、後者は居住区内である。

9) 便所、洗面所（Lavatory）

　　便所は、私室専用のものは別として、公室、私室から近い場所に共用のものを設けるが、2室で共用する便所（shared lavatory）も多い。客船では、等級別、男女別に分けて設けている。

10) 浴室（Bathroom）

　　私室専用の浴室と共用浴室がある。浴槽の取付け方向はなるべく船の前後方向とする。

11) 体育設備（Gymnasium）

　　乗組員の運動不足解消、リクリエーションの充実のため、体育室やプールを設けることが多い。

(b) 船橋（Bridge）の艤装

　船橋は船を操縦する場所であるから、次の条件を満足する位置を選ばなければならない[6.1]。

1) 位置：視界の点からなるべく船の前方部にあるのが好ましいが、船首に近いと縦動揺が激しいので、長さの中央部か後方部が良い。後部船橋は前方視界が多少悪いが、船全体の見透し、保針性などが良い。

2) 孤立性：船位や進路を決定する冷静な判断のために、最も静かな孤立した場所がよい。

3) 配管、配線：船橋は操舵、機関の操縦装置、通信装置、信号装置、航海計器、指令装置、保安装置等が集中するので、これらの配管、配線等の集中を考慮して有効な位置を選ぶ。

　船橋は、操舵室を中心に、その両翼に舷側まで張り出した見張所を設け、無線室（スペース）、海図台を隣接して設ける。船長室および船の運航責任者として交代当直する航海士の部屋はなるべく操舵室の近くに設ける。

　操舵室は船橋装置の中心部、すなわち最も重要な中枢であって、1) 操舵器（操舵輪およびスタンド）、2) 羅針儀（コンパス）(compass)、3) 磁気コンパス（magnetic compass）、4) ジャイロコンパス（gyro compass）、5) 主機関操縦装置、6) 速力通信器（テレグラフ）(engine telegraph)、7) レーダー指示器（radar indicator）、8) 音響測深儀（echo sounder）、9) 風向風速指示計などが配置される。

　無線室は、遭難の場合にも最後まで緊急通信のできるよう、最も高い場所に設ける。なお、国

際航海に従事する船については、無線室に近接して通信士の船員室を設ける規定がある。

例として、典型的な船橋の配置を図6.1に示す。

(c) 諸室配置図の作成

諸室配置図の作成の際には、まず船主から乗組員数とその内訳が示され、これに基づき諸室配置図の原案を作成する。諸室配置図は機能上、あるいは規則上から必然的に決まる個所もあるが、船主の色々な好みもあるので、十分話合いの上に、以下のことをまとめる必要がある[6.1]。

1) 部屋の広さ：実績値を活用する。
2) 部屋の種類：諸室配置をまとめる場合、初期に確認すべき項目として次のようなものがある。
    ⅰ) プライベートラバトリーを設ける範囲　ⅱ) 体育関係の設備（体育室、プール等）
    ⅲ) 個別の寝室を持つ乗組員の範囲　　　ⅳ) 制御室の装備位置および構想
    ⅴ) 公室の設置数
3) 居住区の層数と甲板間高さ：居住区画の層数は配置する諸室の総面積によって決まるが、規則で要求される操舵室からの見通し距離や、操船上必要な見通し角度を確保しなければならない。また、甲板間高さは、甲板床張り上面から天井内張り内面までの高さが2.03m以上（海上労働条約）なので、ダクトの導設や給排水諸管に必要な高さを加えて、2.70m～3.00m程度である。
4) 鋼壁の配置：居住区内の鋼壁は防火規則に従って配置するものと、振動防止の観点から配置するものとがある。これ以外に防音、防湿、および機能向上、安全性向上の観点から鋼壁を設ける場合もある。

例として、110kDWTの原油タンカーの居住区配置を図6.2に示す。なお、この船の船橋配置は図6.1である。

6.2　居住区画の空気条件

居住区画の空気条件は室内環境の良し悪しを決める重要な要因であり、健康、快適さ、作業能率などに大きく影響する。最近では空気調和設備がかなり普及し、外気状態の変化に対応して室内の空気条件を自由に調節できるが、その快適な環境とはどのような条件かを知って制御することが重要である。また、空気条件を調節する空調システムや冷暖房設備などを備える場合には、居住区の構造・配置、航路の気象・海象などに合致した合理的な設計を行なう必要がある。

(1) 空気の性状

空気は混合気体であり、N_2（窒素）78.1％、O_2（酸素）20.9％、A（アルゴン）0.94％、CO_2（炭酸ガス）0.038％（増加傾向にある）が主な成分となっている。ただし、大気としては、空気の他に水蒸気および浮遊塵埃などが含まれており、特に快適さには"湿り空気"（水蒸気を含んだ空気）が問題となる。

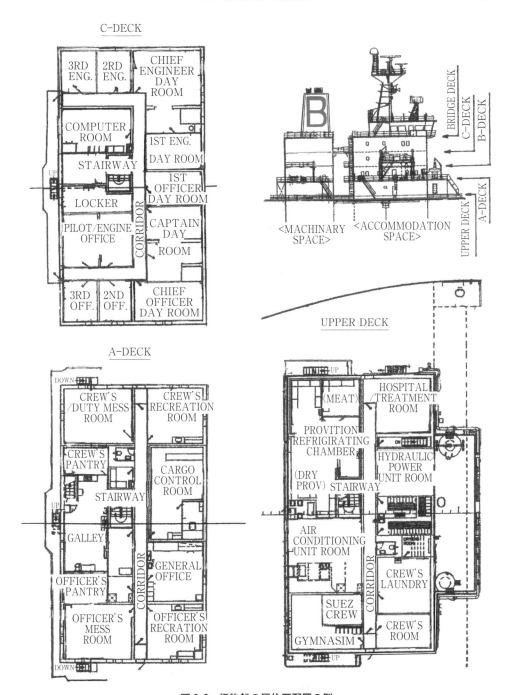

図 6.2 貨物船の居住区配置の例

(a) 気体の一般的性質[6.3][6.4][6.5]

(1) 圧力・温度・体積の関係

気体の圧力、温度、体積の関係はボイル・シャルルの法則に従い、一定圧力下では気体の体積

は絶対温度に比例する関係がある。

従って、理想気体についてボイル・シャルルの法則から導かれる気体の状態方程式は次のように表される。

$$pv = nRT \tag{6.1}$$

ここに、p は絶対圧力（Pa）、v は気体が占める体積（m³）、n は気体の物質量（モル数、mol）、T は絶対温度（K）であり、R は気体定数（8.3145m³Pa/(mol K)）である。

混合気体の場合には、気体 G_1、G_2、G_3、………があるとし、その体積をそれぞれ $v_i(i=1,2,\cdots)$ とすれば、それらを混合した場合の体積 v_m は次のようになる。

$$v_m = v_1 + v_2 + v_3 + \cdots \tag{6.2}$$

これらの気体の単独の分圧力を $p_1, p_2, p_3, \cdots$ それが混合された気体が示す圧力（全圧力）を p_m とすると、一定温度の下では、次の関係がある。

$$p_i = p_m v_i / v_m \quad (i=1,2,\cdots) \tag{6.3}$$

$$p_m = p_1 + p_2 + p_3 + \cdots \tag{6.4}$$

これを"ダルトン（Dalton）の分圧の法則"といい、"混合気体の場合、化学変化が起らなければ一般にその混合気体の全圧力はそれぞれの気体の分圧力の和に等しい"ことになる。

(2) 気体の熱的性質

物質における熱と仕事との間には、"一定量の熱が行う仕事の量は一定である"（"熱力学の第1法則"）の関係が成り立つ。気体の場合の熱と仕事の関係は具体的には以下のようになる。

a) 体積が一定の場合

気体の温度（K、℃）を θ_1 から θ_2 まで上げるのに必要な熱量 Q_T（J）は次のようになる。

$$Q_T = C_v(\theta_2 - \theta_1) \tag{6.5}$$

ここに、C_v は定積比熱（J/K）である。

b) 圧力が一定の場合

気体が一定の圧力 p（Pa）を受けながら、加熱によって体積（m³）が v_1 から v_2 まで変化するときの仕事 W（J）は次のように表される。

$$W = p(v_2 - v_1) \tag{6.6}$$

(6.6) に (6.1) で表す気体の状態式を当てはめると、次式が得られる。

6.2 居住区画の空気条件

$$W = nR(\theta_2 - \theta_1) \tag{6.7}$$

従って、気体定数 R は、一定圧力の下で単位量（1mol）の気体の温度を 1℃ 上げるときに、気体がなす機械的な仕事量を意味することになる。

(3) エントロピーとエンタルピー

a) エントロピー（Entropy）

物質がある状態から任意の状態に移る可逆変化において、熱量の変化に関するエントロピーは次式で表される。

$$ds = \frac{dQ}{T} \tag{6.8}$$

ここに、s はエントロピー（J/K）であり、T は可逆変化の途中の絶対温度、dQ は温度 T の状態における熱量の変化である。

ある物質が状態 a から状態 b に可逆的に変化するときには $\int dQ/T$ は前後の状態 a、b だけに関係して、変化の径路には関係しない。なお、断熱変化に対してはエントロピー s は一定である。

艤装設計では、エントロピーは空調のための冷凍サイクルなどを考える際に必要となる。

b) エンタルピー（Enthalpy）

どんな物質でも、ある状態のある温度において一定量の熱をもっており、この全熱量のことを"エンタルピー"と呼び、物質の発熱・吸熱現象、および外部に対する仕事量にかかわる状態量である。エンタルピー i（J/kg）は、内部エネルギーを u（J/kg）、J_W を仕事当量とすると次式で表される。

$$i = u + J_W pv \tag{6.9}$$

上式と熱力学の基本式 $dQ = du + J_W pdv$ から、次式が導かれる。

$$di = du + J_W vdp \tag{6.10}$$

従って、断熱変化（$dQ=0$）および定圧変化に対しては次のようになる。

$$di = J_W vdp, \quad di = dQ \tag{6.11}$$

エンタルピーもまたその状態にだけ関係し、変化の径路には無関係である。

(b) 湿り空気[6.6][6.7]

(1) 湿り空気の熱量と圧力

大気は水分を含まない乾燥空気と水蒸気との混合気体であり、このような空気を"湿り空気

(moist air)"と呼んでおり、そのエンタルピーは乾燥空気と水蒸気のエンタルピーの合計になる。

物質には、固相、液相、気相の3つの相があるが、相変化のための熱を"潜熱（latent heat）"といい、物質の温度を変えるための熱を"顕熱（sensible heat）"と呼ぶ。例えば、100℃の水が100℃の水蒸気に相変化するときには2.254×10^3 kJ/kgの潜熱を必要とする。

従って、温度θ（℃）の湿り空気の全熱量（エンタルピーi_m）（J/kg）は次のようになる。

$$i_m = C_{pa}\theta + (i_{v0} + C_{pv}\theta)G_v \tag{6.12}$$

ここに、i_{v0}は0℃での水蒸気のエンタルピー（2.498kJ/kg）、C_{pa}は乾燥空気の定圧比熱（1.007kJ/(kgK)）、C_{pv}は水蒸気の定圧比熱（2.051kJ/(kgK)）、G_vは絶対湿度[注6-1]である。

なお、"絶対湿度（absolute humidity）"とは乾き空気1kg当たりの大気中に含まれる水蒸気の量のことである。また一般的に、湿度というと"相対湿度（relative humidity）"を意味し、ある気温で大気中に含まれる水蒸気の量（絶対湿度）を、その温度の飽和水蒸気量（絶対湿度）で割ったもの（単位：％）である。

湿り空気の水蒸気分圧と等しい水蒸気分圧をもつ飽和湿り空気の温度を"露点温度（dew point）"といい、この温度以下では気体として存在できなくなって結露を生じる。

以上のような湿り空気の諸性質を図で表わしたものを"湿り空気線図"（図6.3）という[6.8]。

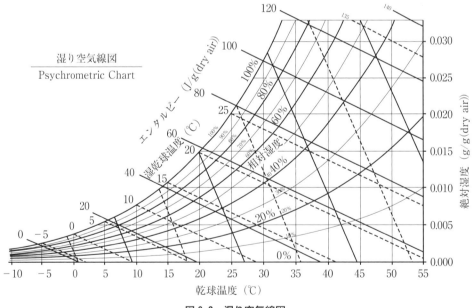

図6.3　湿り空気線図

注6-1　絶対湿度：乾き空気1kgfに対して湿り空気中に含まれる水蒸気の重量がm_w kgfのときに重量絶対湿度（specific humidity）m_w [kgf/kgf (dry air)] という。

(2) 湿り空気線図の使い方

空気線図には乾球温度、湿球温度、露点温度、相対湿度、絶対湿度、エンタルピーなどが示され、湿り空気の性質を示す線図であり、これに示された空気の状態変化は以下のようになる。

ⅰ) 加熱・冷却

大気中の絶対湿度が変化することなく（除湿や給湿なし）、温度が変化したときの状態変化は、図6.4(a)に示すように、①の状態から等絶対湿度線上を②点まで加熱される。この状態変化における乾燥空気1kg当りの加熱量（顕熱）q（J/kg）は②点のエンタルピーi_2から①点のエンタルピーi_1を引いて、次のように求められる。

$$q = C_{pa}(\theta_2 - \theta_1) = i_2 - i_1 \tag{6.13}$$

ここでθ_1, θ_2およびi_1, i_2はそれぞれ①点および②点の乾球温度と空気のエンタルピーである。

冷却が行なわれる場合も同様であるが、一般に冷却の場合は減湿を伴う場合が多く、ⅲ)において説明するように変化する。

ⅱ) 加湿・減湿

温度が変化することなく絶対湿度のみが変化する場合の状態変化（空気線図上では縦線状に示される）はほとんどあり得ない。実際には、加湿・減湿がある場合には温度の変化を伴うことになる。

ⅲ) 温度と湿度が同時に変化する場合

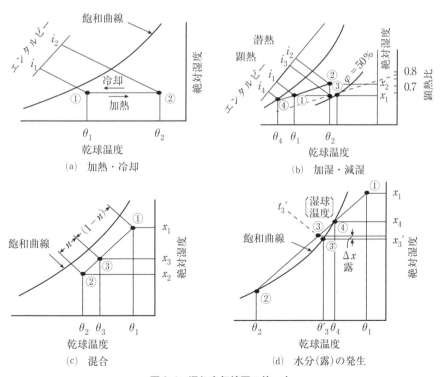

図6.4　湿り空気線図の使い方

温度と湿度が同時に変化した場合には、図6.4(b)に示す①-②の変化で表される。加熱・加湿の場合の変化量は、［加湿］：$\Delta x = x_2 - x_1$、［温度上昇量］：$\Delta \theta = \theta_2 - \theta_1$、［エンタルピーの増加量］$\Delta i = i_2 - i_1$である。

Δiは①-②の変化中に空気に与えられる顕熱である。その内$(i_3 - i_1)$は空気温度を上昇させるための顕熱であり、$(i_2 - i_3)$は加湿のための潜熱である。なお$(i_3 - i_1)/(i_2 - i_1)$を"顕熱比"という。

iv) 混合

図6.4(c)に示す①の状態の空気と②の状態の空気を$n : (1 - n)$の比で混合すると、混合後の空気の状態は③の状態で示される。

v) 冷却管による冷房と除湿

図6.4(b)において、②の状態の空気を表面の温度θ_4の冷却管で冷却し、冷却管の表面に露を結んでいるときには、この冷却管表面付近における空気の状態は④点で示されることになる。従って、④点まで冷却された空気と②の状態の空気が混合して冷却されるので、空気はこの冷却管により②点と④点を結んだ直線上に沿って冷却されていくものと考えられる。

図6.4(d)は状態①の空気が表面温度θ_2の冷却管により冷却、減湿される場合であり、①の状態の空気が④点まで冷却されると、それ以後は飽和曲線に沿って状態が変化する。湿球温度からθ_3'である③'点まで冷却されたときには、図中のΔxだけの水分が霧（気体）となって空気に含まれる。

(2) 室内空気汚染

(a) 空気汚染と健康

室内や区画内の空気環境が汚染されると、呼吸によって汚染物質が人間の体内に取り込まれて、健康に重大な影響をもたらすことになる。

近年、設備材料や内装材として、ビニールクロスや合板、断熱材、塗料などの形で、まざまな化学物質が使われるようになっている。そのため、それらの内装材などに含まれる溶剤のトルエンやキシレン、接着剤に含まれるホルムアルデヒドなど、さまざまな揮発性有機化合物（VOC: volatile organic compounds）が空気中に放出され、室内で検出されることがある。

建築基準法では、居室のある住宅でのクロルピリホス、ホルムアルデヒドの使用が規制されており、船舶の居室にも同様の配慮が必要である。なお、ホルムアルデヒドについては、1) 内装の仕上げの制限、2) 換気設備の義務付け、3) 天井裏などの使用制限、などの規制が行われている。

空気汚染は表6.1に示すように健康へ影響を与える。

(b) 空気汚染への対策

室内空気の汚染レベルは、区画内の汚染源や周辺の大気汚染などに基づく室内汚染量に対して、新鮮空気による換気や空調システムの空気清浄フィルターなどによる汚染対策とのバランスによって決まる。従って、空気環境の汚染防止対策は以下のようになる。

1) 汚染物質の発生を抑えるには、区画内に存在する各種の発生源への対策が必要である。また、

表 6.1 空気の汚染物質と健康への影響

汚染物質	健康への影響
ラドン	肺ガン
ホルムアルデヒド	発ガン性、アレルギー喘息、粘膜刺激、頭痛、疲労感、物忘れ、睡眠障害
二酸化炭素（CO_2）	喘息などの呼吸器系疾患、肺機能低下、感染抵抗性の減弱、免疫能低下、気道障害
一酸化炭素（CO）	酸素運搬障害による酸素欠乏症、運動能力や認知力低下
揮発性有機化合物（VOCなど）	900種類以上の化学物質が室内で検出、粘膜刺激、肝臓毒性、発ガン性、変異原性、神経毒性（麻酔、食欲不振、興奮と抑制、疲労、記憶障害、めまいなど）
多環式芳香族炭化水素	発ガン性物質が大半。変異原性、心血管系への影響
殺虫剤	神経系、肝臓、生殖器に影響
タバコ煙	ガン、呼吸器系、心血管系への影響、感染抵抗性の減弱
生物学的因子	感染性疾患（結核、レジオネラ菌）、アレルギー（鼻炎、喘息、加湿器病など）、中毒
非電離放射線	ガン（神経系）、流産

その各々について発生物質の種類、量およびその人体影響を明確化することが不可欠である。例えば、化学物質をできるだけ含まない材料を選択するために、ⅰ）自然素材の使用、ⅱ）無垢材を使用する、ⅲ）合板の使用をなるべく避ける、ⅳ）内装材に塩化ビニールクロスの使用は極力避ける、ⅴ）有機溶剤を使用した接着剤や塗料の使用は避ける、などの方法がある。

2）船舶などの構造物の設計を行う際には、的確な空気浄化を考える必要がある。これには、あらかじめ在室人員と汚染発生量を見積って、換気回数やエアフィルターの性能を適切なものにする。

なお最近の空調設計では、従来の空気清浄、温熱感覚主体から、種々の環境要素に起因する生理的および心理的快適性を含んで、より進んだ室内環境の構築を目指す傾向にある。

6.3 換気・通気

(1) 換気の意義と方法

(a) 換気の必要性と換気量[6.2][6.9]

室内の空気は人間の発熱・発汗や機械からの発熱により温度や湿度のレベルが高まったり、衣服からの塵埃や喫煙、あるいは有害ガスにより汚染される。これらの汚染から室内環境を守るには、汚染された室内空気を新鮮な外気と入れ換え、許容濃度以下になるまで希釈するための換気が必要となる。

換気に係る要因としては発熱量、水蒸気、有害ガス、危険ガス、喫煙量、塵埃などがある。なお、建築基準法では、1）換気に役立つ開口部が全くないか足りない居室、2）室内に暖房、調理などのための燃焼器具を使用、3）無窓のトイレ、浴室から臭気、湿気などの排気、4）火災時における避難、消火活動のための煙排出、などに対して換気設備の設置を義務づけており、船舶居

住区の換気設計において参考となる。

外気は高温多湿（夏期など）または低温低湿（冬期など）の場合があり、換気はそのまま熱負荷となるので換気量は適切でなければならない。これには、保ちたい温湿度レベルや許容濃度を決めることによって、必要最小限度の換気量を算出することができる。船舶における必要な換気回数は表6.2のようになる。

表6.2 船舶における標準換気回数

区　　　画	給気（回/h）	排気（回/h）	区　　　画	給気（回/h）	排気（回/h）
食堂、ラウンジ	15	15	乾燥室		10
居　室	10	10	洗濯機室		10
病　室	10		通　路	自然通風	自然通風
調理室	20	40	冷機室		10
配膳室		10	電池室	自然通風	自然通風
ジャイロ室	10		貨物油ポンプ室		20
操舵室	10	10	ロッカー		10
浴室、便所シャワー室、		10	一般貨物室	通常4〜5、貨物種による	通常4〜5、貨物種による
糧食庫		10	車両甲板		10

一方、船舶居住区の環境基準としては、建物の居室に対する換気の技術基準（建築基準法）に定められた、1) 浮遊粉塵の量：$0.15mg/m^3$以下、2) CO：10ppm以下、3) CO_2：1000ppm以下、4) 温度：17〜28℃（外気と室温差を大きくしない）、5) 湿度：40〜70%、6) 気流：0.5m/s以下、が目安となる。

換気が十分行われていることを調べるための換気量の測り方としては、以下の方法がある。
1) 空気の流量を測る。風速計（風車風速計、熱線式風速計、超音波風速計など）、ピトー管などを用いて流速を計測し、換気量に換算する。
2) 室内の炭酸ガス（CO_2）の濃度を測り、その変化量から間接的に換気量を算出する。これにはザイデルの式（後述）がある。

(b) 換気設備の概要

換気設備には自然換気設備と機械換気設備がある。

自然換気設備は、風力（風力換気）や空気の密度差による対流（重力換気、温度換気）によって換気を行うものであり、換気量が不安定なことが問題ではあるが、任意なときに換気が行え、動力が不必要なので、居住区画、倉庫、機関室などで多く利用されている。

機械換気設備は、送風機によってほぼ一定の換気量を維持する方式で次の3通りがある。
1) 押込換気（Supply system）：給気用の送風機を備え、排気は排気口により自然に行うもので、新鮮空気を必要とする場合に採用する。船室に多く用いられる。
2) 吸出換気（Exhaust system）：有害ガス、危険ガス、臭気を発生する区画に用い、自然の給

気口と排気用送風機を持つ。病室、トイレ、浴室などに用いる。
3) 併用換気（Combined system）：区画内の空気流動抵抗が大きい場合または確実な換気が必要な場合などに給気、排気系にそれぞれ送風機を備える。

この他にノズルなどで局所的に換気する噴射式換気や個別換気などがある。

換気流の向きにより、上向き換気と下向き換気がある。前者は自然対流方向と一致するために一般に換気効率が良い。一方、後者は塵埃の巻き上がりが問題となる区画（病室など）に適用されるが、新鮮空気と汚染空気が混合することがある。

換気設備の能力としては風量（換気量）と風圧がある。換気量は一般に次の換気回数 n_e で表されることが多い。

$$[換気回数] n_e(回/時) = [風量] Q(m^3/時) / [気積] V_R(m^3) \qquad (6.14)$$

ここに、気積とは換気する室内の容積から調度品、機器などの体積を除いた空気量である。

風圧は、換気する区画に新鮮空気を送り込むために、換気ダクトを流すための損失圧力と区画の圧力の和を超えている必要があり、その圧力差により吹き出し流速が決まる。なお、風圧の計算については後述する。

(2) 換気量と汚染空気

(a) 換気によるガス濃度の変化[6.5][6.7]

室内の危険ガスや汚染ガス（炭酸ガスなど）の濃度は換気により変化する。このことから、室内の基準ガス（例えば炭酸ガス）の濃度を測って換気量を算出する方法がある。

換気時における［ガス濃度の時間変化］は［ガスの発生量 M］と［換気によるガスの入れ替え量］の差によって決まる。なお、t は時間(h)である。（図6.5を参照のこと）

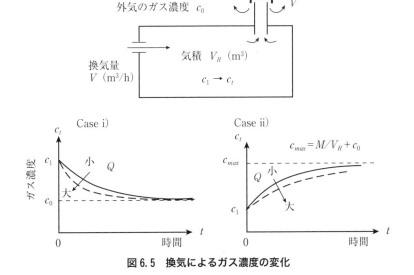

図6.5 換気によるガス濃度の変化

$$V_R \frac{d(c_t-c_0)}{dt} = M - (c_t-c_0)Q \tag{6.15}$$

ここに、c_t は室内のガス濃度、c_0 は外気のガス濃度、V_R は気積（m³）、Q は換気量（m³/h）、M はガス発生量（m³/h）である。例えば、人間の呼吸による炭酸ガスの発生量 M は作業負荷により変わり、事務などの軽作業では一人当たり 0.0022m³/h、重労働では 0.069m³/h 程度である。

(6.15)式の一般解は、t=0 において室内のガス濃度を c_1 とすると、次式で表される。

$$c_t = \left(c_1 - c_0 - \frac{M}{n_e V_R}\right)e^{-n_e t} + \frac{M}{n_e V_R} + c_0 \tag{6.16}$$

ここに、n_e は換気回数（$=Q/V_R$）である。このガス濃度の変化の様子は図 6.5（Case ii）のようになる。なお、図 6.5（Case i）はガスの発生がなく、換気のみの場合である。

これより換気量 Q は次のように表わされ、計測した基準ガスの濃度から換気量またはガス発生量の推定に用いられる。

$$Q = \frac{(1-e^{-n_e t})M}{c_t - c_1 e^{-n_e t} - c_0(1-e^{-n_e t})} \tag{6.17}$$

定常状態（$t=\infty$）では、次式となる。

$$Q = M/(c_t - c_0) \tag{6.18}$$

ガスの発生がない場合（$M=0$）には、換気量 Q は次のザイデル（Zeidel）の式で表される。

$$Q = \frac{V_R}{t}\log_e\left(\frac{c_1-c_0}{c_t-c_0}\right) \tag{6.19}$$

(b) 換気効率

換気により室内に流れ込んだ新鮮空気は汚染空気を排除することになるが、実際には図 6.6 に模式化して示すように、新鮮空気（新気）相と汚染相および両者が混じった拡散相から成っている。

換気設備の設計を行なう際には、換気時における全気積 V_R に対する新気 V_f の割合が問題になるが、これを"純度効率" η_p（無次元）と呼び、次式のように定義される。

$$\eta_p = \frac{V_f + \xi V_d}{V_R} \tag{6.20}$$

6.3 換気・通気

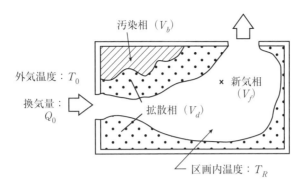

図 6.6 換気の模式図

ここに、V_f は室内の新気相の量（m³）、V_d は拡散相の量（m³）であり、ξ は拡散相に含まれる新気の割合で"拡散相純度"という。

換気時における残留新気の供給空気（換気量）Q_0（m³）に対する割合である"残留効率"η_r（1/h）は、室内空気の温度 T_R（K）と外気温度 T_0（K）の違いによる体積変化を考慮して次のように表される。

$$\eta_r = \frac{V_f + \xi V_d}{(T_R/T_0)Q_0} = \frac{\eta_p}{n_e^*} \tag{6.21}$$

ここに、n_e^* は室内外の空気温度の違いによる体積変化の補正を行なった換気回数であり、$n_e^* = (Q_0/V_R)(T_R/T_0)$ である。

換気設計の際に問題となる純度効率は、極端な例である"完全成層換気"（新気相と汚染相に分かれる、"ピストン流"ともいう）および"完全拡散換気"（混合により拡散相のみになる）について示すと図 6.7 のように時間変化する。実際の換気設備では、この中間の換気効率となるこ

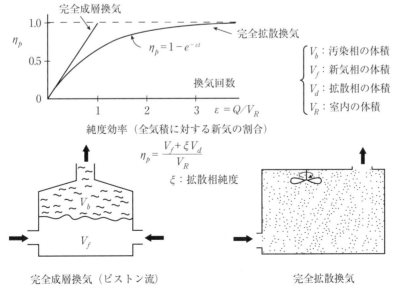

図 6.7 換気効率

とが多いが、局部的に滞留が大きく起る場合には完全拡散換気より換気効率が下がることもある。

(3) 機械換気

(a) 換気計画の順序[6.3][6.5]

換気設備の設計を行なうには、対象とする区画の用途に応じて変わることもあるが、以下のような手順が一般的である。なお、参考のために Air Duct 方式の場合における概念図を図 6.8 に示す。

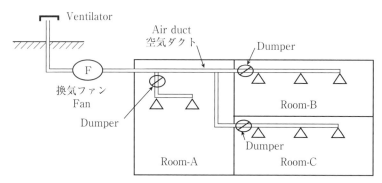

図 6.8 Air Duct 方式の概念図

[1] 換気量を決定する。

これには |換気回数| × |気積| を計算すれよいが、室内外の温度差の大きい区画では温度の違いによる体積変化の補正を行う必要がある。

[2] 送気または排気方式を決める。

押込換気、吸出換気、併用換気の3方式から、部屋・区画の用途に応じて選択する。この他に、気流の方向（上向、下向、水平）を部屋・区画の用途に応じて決め、さらに、Air Duct 方式または壁・天井に直付けの換気扇タイプなどの選択を行なう。

[3] 風圧を決定する。

後述の圧力損失の計算によりファンの必要風圧を求める。この値とファンの特性、コストなどからファンの種類と容量を決める。

[4] 送気口および排気口の位置を決める。

構造体の補強材の配置、室内の配置、Air Duct の導設具合などを考慮する。

[5] 空気の吹出速度、吹出口の形式の決定。

吹出口での空気流音の発生が問題になることが多い。これは吹出速度および吹出口形状により異なるので、意匠面も合わせて考慮し、部屋・区画の用途に応じて選択する。

[6] Air Duct 方式の場合にはダクト径を決定する。

ファンの風圧がダクト系の圧力損失を上回るようにダクトの径を決める。しかし、この釣合い方程式（不等式）が一つなのに対して、一般に決めるべきダクト径が複数ある不定問題となるので、試行錯誤が必要であり、いくらかの経験を要する。

(b) 必要風圧（圧力損失）の計算

ダクト内を流れるガス（主に空気）の圧力損失 P_{Loss} は、1）ダクト内面における摩擦損失 P_F、2）ダクト系流路の曲がり、分岐やフィルターなどの流れの阻害から起こる機器抵抗 P_M から生じる。

$$P_{Loss} = P_F + P_M \tag{6.22}$$

以下、摩擦損失 P_F および機器抵抗 P_M について説明する。なお、ここでは気体を対象にしているが、液体（水、油など）でも各種係数の値が異なるだけで、圧力損失の計算は全く同じである。

(1) 摩擦損失

ダクト内を流れるガス（主に空気）の摩擦損失 P_F（Pa または mmAq）は流れの動圧と摩擦長さ l（m）に比例し、ダクトの径（長方形ダクトは円形に換算）d（m）に反比例する。なお 1mmAq = 9.807Pa である。

$$P_F = k\lambda \frac{l}{d}\left(\frac{\gamma v^2}{2g}\right) \tag{6.23}$$

ここに、v は流速（m/s）、γ は空気の比重量（約 11.8Pa/m^3 または約 1.2kgf/m^3）、g は重力の加速度（9.8m/s^2）、λ はダクト内表面の摩擦抵抗係数（無次元）である。また、k はダクトの摩擦損失補正係数であり、鋼板製ダクトでは補正は必要ない（$k=1.0$）が、ダクト内面が粗いとき（鋳鋼、コンクリート、レンガなど）は $k=1.2$、やや粗いとき（モルタル仕上げダクトなど）は $k=1.1$、特に滑らかなとき（引抜鋼管、ビニール管など）は $k=0.8〜0.9$ の値を用いる。なお、流速 v（m/s）は風量 Q（m^3/h）とダクト径 d（m）から決まり、$Q=3600(\pi d^2/4)v$ の関係がある。

摩擦抵抗係数 λ は次の Lewis.L.Moody の式やムーディ線図（図 6.9）などにより算出する。

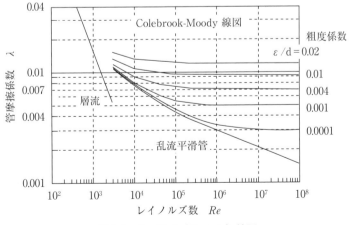

図 6.9 ムーディ（Moody）線図

$$\lambda = 0.0055\left[1+\left(2000\frac{\varepsilon}{d}+\frac{10^6}{\mathrm{Re}}\right)^{1/3}\right] \tag{6.24}$$

ここに、ε はダクト内表面の粗度[注3-1]であり、鋼板の場合には $\varepsilon=0.16\mathrm{mm}$ を用いる。また、Re はレイノルズ（Reynolds）数であり、$\mathrm{Re}=vd/\nu$（ν はガスの動粘性係数）より求める。

ダクトはその断面が長方形の場合が多くあり、その場合には以下の式で円形ダクトの直径 d に換算して摩擦損失の計算に用いる。ここに長方形ダクトの断面を $(a\times b)$ とする。

$$d=1.38\left[\frac{(ab)^5}{(a+b)^2}\right]^{1/8} \quad or \quad d=1.265\left[\frac{(ab)^3}{a+b}\right]^{1/5} \tag{6.25}$$

(2) 機器抵抗

ダクト系流路の分岐、断面変化などの流動抵抗やダンパー、フィルターなどの各種機器からなる機器抵抗 P_M（Pa または mmAq）は流れの動圧に比例する。その比例係数である各種の抵抗係数 ζ は該当部所における流れの様相によって決まる。

$$P_M=\zeta\left(\frac{\gamma v^2}{2g}\right) \tag{6.26}$$

ここに、ダクト流路内の抵抗係数 ζ は表6.3に示す通りである。その代表的な値は次のようである。

- 曲がり：（直角）1.25、（R ベント、角ダクト）0.18〜0.95、（R ベント、円形ダクト）0.15〜0.73
- ダクトの断面変化：急狭部分 0.50、急拡部分 1.0、漸狭部分 0.04、漸拡部分 0.50

全圧力損失は摩擦損失と機器抵抗を別々に計算して合計することで算出できるが、機器抵抗を摩擦抵抗と等価にして、圧力損失が等しくなるダクト（管）の長さ（相当管長）として扱うことが便利な場合がある。相当管長 l_e（m）は次式で求まる。

$$l_e=\zeta(d/\lambda) \tag{6.27}$$

(c) ダクト径の決め方

(1) 定速法（等速度法）

ダクト各部の内部風速が一定となるようにダクト径を決める方法である。風速（m/s）は、摩擦による圧力損失と騒音の点を考慮して、次の値を標準とすることが多い。

	居住区	機関室・ポンプ室
主ダクト	3.5〜4.5	6.0〜9.0
技ダクト	3.0	4.0〜10.0
立技ダクト	2.5	4.0

6.3 換気・通気

表 6.3 各種機器の抵抗係数

曲がりによる抵抗
遠心力で管壁側の圧力が高くなり流れに剥離が起こって抵抗となる

円形断面エルボ

状態 H/W R/d R/W	機器抵抗係数
0.5	0.90
0.75	0.45
1.0	0.33
1.5	0.24
2.0	0.19

長方形断面エルボ

H/W	R/W	機器抵抗係数
0.5	0.5	1.10
	0.75	0.50
	1.0	0.28
	1.5	0.13
1.0	0.5	1.00
	0.75	0.41
	1.0	0.22
	1.5	0.09

長方形断面直角エルボ

H/W	機器抵抗係数
0.25	1.25
0.5	1.47
1.0	1.50

断面変化による抵抗
[増大] 流速の減少で圧力が上がり剥離
流れの衝突でエネルギーを失う [減少] 縮流が起こる

急拡大（円形、長方形）

A2/A1	10	5	3.3	2.5	2
	0.81	0.64	0.49	0.36	0.25

急縮小（長方形、円形）

A1/A2	2.5	1.66			
	1.6	0.44			
A1/A2	3.3	2.5	2.0	1.66	1.43
	4.7	2.3	1.3	0.72	0.47

漸拡大（長方形）

	θ =	10°	15°	20°	25°	30°
A2/A1	=2.5	0.24		0.38		0.50
	=2	0.21		0.34		0.44
	=1.66	0.18		0.29		0.38
	=1.43	0.14		0.23		0.30
	=1.25	0.10		0.16		0.21

漸縮小（長方形）

A2/A1	30°	45°	60°
0.4	0.13	0.25	0.44
0.5	0.08	0.16	0.28
0.6	0.06	0.11	0.19
0.7	0.04	0.08	0.14
0.8	0.03	0.06	0.11

管内オリフィス

d'/d	0.2	0.4	0.6
	47.8	7.80	1.80

分岐
分流のため速度が低下し、後ろの流れが衝突したり、圧力の変化で剥離が起る

T字管

流れ方向	状態	機器抵抗係数
1→2	V2/V1	0.3　0.5　0.8　0.9
		0.09　0.075　0.83　0.0
1→3	V3/V1	0.2　0.4　0.6　0.8
		1.12　1.20　1.33　1.54
2→1	V2/V1	0.2　0.4　0.6　0.8
	A3/A1=1	0.50　0.40　0.30　0.18
	A3/A1=0.33	1.25　1.00　0.77　0.50

Y字管（45°分岐）

流れ方向	状態	機器抵抗係数
1→2	V2/V1	0.05～0.06
1→3	V3/V1	0.4　0.6　0.8　1.0
	A3/A1=1	0.513　0.36　0.323　0.47
	A3/A1=0.33	0.594　0.50　0.48　0.51
2→1	V2/V1	0.2　0.4　0.6　0.8
	A3/A1=1	−0.17　0.06　0.19　0.17
	A3/A1=0.33	−0.15　−0.70　−0.20　0.10

角ダクト直角丸形取出し

流れ方向	状態	機器抵抗係数
1→3	V3/V1	0.375　0.5　0.75　1.0
		1.03　1.12　1.40　1.70

機器抵抗
流れを阻害したり、運動エネルギーを失う

吹出口（パンチング）

状態 自由面積比	機器抵抗係数
0.2	30.0～41.0
0.4	6.0～8.6
0.6	2.3～3.7

管入口

	0.5

管入口（ベルマウス付）

	0.03

この標準風速により設計風量からダクトの径を決め、その区間の圧力損失を計算することができ、これによりファン容量を決定する。一般に、送風機からダクト末端に行くほど風速を小さく

する"速度低減法"が採られる。

ただし、定速法では風量の異なる区間毎に圧力損失が変わり、静圧変化のために換気流がスムーズでないことが欠点である。

(2) 等摩擦（損失）法

定速法の欠点を避けるために、単位長さ当りの流れ抵抗を一定とするように設計し、風量と圧力損失からダクト径を決めることができる。この方法では、|全圧力損失| = |ダクト全長| × |単位長さ当りの抵抗| で計算する。なお、単位長さ当りの抵抗としては 0.06〜0.08mmAq/m 程度を用いる。

この方法の欠点としては、機器抵抗を入れ難いことであるが、この場合には機器抵抗を相当管長に換算することにより解決できる。

(3) 静圧回復法

静圧変化が大きい場合にはダクト内の流れがスムーズでないために、定速法と等摩擦法を併用して、これを回避する方法である。この設計法では、ダクトが分岐すると分流により風速が小さくなって静圧が増加するので、圧力増加分を次のダクトの圧力損失に振り当てることによりダクト全体の静圧が均一化する。この利点から、この方法が最も用いられる。

(d) エア・ダクトと送風機

(1) エア・ダクトの構造

エア・ダクトには低速用（風速 16m/s 以下）と高速用（16m/s 以上）がある。これらの構造と付属品に関する特記事項は以下のようである。

ⅰ) 低速用ダクト
- 鋼板製のダクトは厚板の場合には溶接にて製作するが、薄板では"はぜ接ぎ"（板接ぎ部を重ねて折曲げることで接続する）または鋲接で組み立てる。
- 風量の調節や停止にはダンパーを用いる。
- ダクトの曲がり半径が［ダクトの長辺×1.5倍］以下の場合には、発生する渦流を小さくして流動抵抗を減らすためにガイドベーン（案内羽根）を設置する。

ⅱ) 高速用ダクト
- 風速が 16m/s 以上または静圧が 40mmAq 以上の場合には、できるだけ円形ダクトを使う。
- 高速用ダクトは主ダクトの風速を 20〜30m/s に取るが、25m/s が経済的な限界である。

ⅲ) 吹出口
- 空気の吹出口に空気の流れ分布を良くするために取り付けられるもので、船舶、海洋構造物、建築物ではほぼ同じ形式のものが用いられる。
- グリル（たくさんの穴をあけた金属板、隙間のある金属板や格子型などがある）、レジスター（翼型ルーバーにより風量を調節できるグリル）、アネモスタット（デフューザー）、パンカルーブル、ノズル型吹出口（騒音少、方向変更可）などがある。（図 4.26 を参照のこと）

ⅳ) 空気取入口（Ventilator）（図 6.10 を参照）

- 空気の吸込口に取り付けられるもので、風雨に耐えられる金具である。船舶、海洋構造物と建築物では水密性、気密性の要求度が異なる。
- 船舶用の給排気口として、ventilator（mushroom type, goose-neck type, curl head type, bonnet type）、house side opening などがある。この他に、建築用から流用した、roof ventilator、越屋根（roof monitor）、整風装置（grill, register）なども使われる。

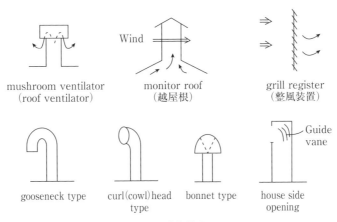

図6.10　空気取入口

(2) 送風機（Fan）

送風機は軸流型と遠心型に大別され、用途に応じて使い分けされる。

ⅰ）軸流送風機（Axial flow fan）

羽根の回転軸方向に空気が流れるタイプで、いわゆる扇風機である。この型は必要風圧が比較的低い 20mmAq 以下の場合に用いられる。他形式のファンに比べ安価であるが、騒音が大きいのが欠点である。

ⅱ）遠心型（多翼型）送風機（Multi-bladed fan）

ケーシングの中で羽根車が回転し、回転軸方向に吸い込んだガスを主に遠心力で軸と直角方向に吐き出すもので、翼の形状で前傾翼と後傾翼などがある。

①前傾翼型

羽根が回転方向に前傾した翼であり、多翼型ではシロッコファンが代表である。後傾翼型より小型になり安価であるが、効率が良くない。風量、静圧が変動しない場合に用いられる。

②後傾翼型

羽根が回転方向に対し後傾して反った翼であり、"ターボファン"ともいう。前傾翼型より効率が良く、高い静圧が必要な場合や負荷の変動がある場合に使われる。

この他に、直線状翼の放射状翼型や波型翼のリミットロード・ファンなどがある。

送風機の所要馬力は風量と風圧によって決まり、軸馬力 BHP およびモータ馬力 Pm は以下のようになる。

$$BHP = \frac{kQP_T}{75 \times 60 \eta_T} \quad (\text{PS}), \quad Pm = \frac{kQP_T}{6120 \eta_T} \quad (\text{kW}) \tag{6.28}$$

ここに、Q は風量（m³/min）、P_T は風圧（全圧）(mmAq)、k は：余裕率（1.2～1.3）である。また、η_T は全圧効率であり、前傾翼 0.50～0.70、後傾翼 0.60～0.80、軸流ファン 0.50～0.60 程度である。

6.4 冷暖房と空気調和

冷暖房設備を計画するには、まず冷房・暖房負荷（損失熱量）を計算しなければならない。これは空気調和の計画でも同じである。それから、区画に適合する冷暖房方式と装置を決めることになる。

(1) 暖房設備

(a) 暖房負荷[6.3][6.5]

区画から外へ逃げて行く熱量（損失熱量）を"暖房負荷"といい、これは主に、1）区画の床、壁、天井からの熱貫流によって失われる熱量 H_{TH}（W）、2）換気によって失われる顕熱 H_{Vt}（W）、3）換気によって失われる潜熱 H_{Vh}（W）、の3つから成っている。したがって、全損失熱量 H_L（W）は次のように表される。

$$H_L = H_{TH} + H_{Vt} + H_{Vh} \tag{6.29}$$

ただし、

$$H_{TH} = \sum_i K_i A_i (\theta_R - \theta_{0i}) \tag{6.30}$$

$$H_{Vt} = C_P \gamma_A Q_V (\theta_R - \theta_{0V}) \tag{6.31}$$

$$H_{Vh} = S_W \gamma_A Q_V (x_R - x_{0V}) \tag{6.32}$$

ここに、K_i は床、壁、天井など各周壁面の熱貫流率（W/m²K）、A_i は床、壁、天井など各面の面積（m²）、Q_V は換気量（m³/h）、C_P は空気の定圧比熱（1.01kJ/kgK）、γ_A は空気の密度（1.2kg/m³）、S_W は水分の蒸発潜熱（2.26kJ/kg）である。また、θ_R は室内の平均気温（℃）、θ_{0i} は各周壁外側の温度（℃）、θ_{0V} は換気で取り込む外気温度（℃）であり、x_R は室内の絶対湿度（kg/kg (dry air)）、x_{0V} は換気で取り込む絶対湿度（kg/kg (dry air)）である。

固定の海洋構造物のように設置場所が変わらない場合には、暖房期間中の総損失熱量を推定し、燃料・エネルギー消費の概算する目安として、暖房ディグリーデー（heating degree-days）が使われる。当然、冷房に対しては冷房ディグリー・デー（cooling degree-days）がある。

外気温 θ_{Oj}（℃）がある基準温度 θ_{OS}（℃）以下になると暖房が必要となる暖房日とする。暖房ディグリーデー D_H（℃・day）は、暖房日（day）に暖房温度 θ_H（℃）と外気温 θ_{Oj}（℃）の差の累積値である。（図 6.11(a) を参照のこと）

$$D_H = \sum_{j=1}^{N_H} (\theta_{OS} - \theta_{Oj}) + N_H (\theta_H - \theta_{OS}) \tag{6.33}$$

ここに、N_H は暖房日数である。なお、冷房ディグリーデー（図6.11(b)参照）も同様の考え方で計算する。

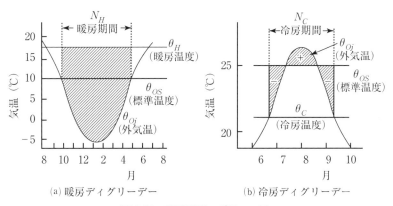

図6.11 冷暖房ディグリー・デー

(b) 暖房方式と装置

暖房方式としては、用いる熱媒体により、その潜熱（凝縮熱）を利用する蒸気暖房と顕熱を利用する温水暖房、温風暖房に大別される。その他に輻射熱によって暖房効果を出す輻射暖房などがある。また冷凍サイクル（後述）を逆利用したヒートポンプ暖房も最近多く使われている。

暖房の規模から見ると、地域全体に供給する地域暖房から、構造物の全体または数区画を対象とする中央式暖房、さらに区画・室のみ暖房する局所暖房がある。

(1) 温水暖房

温水ボイラで昇温した温水を室内に設置されたラジエータなどの放熱器へ送って暖房する方式であり、温水を循環するのにポンプを利用する強制式が主に用いられる。温度差による自然循環水頭を利用する重力式もあるが、揺れる船舶では不可である。温水システム系は図6.12(a)に示すが、系内には温度上昇による温水の体積膨張を吸収する膨張タンクが設けられる。

この方式は蒸気暖房に比べ放熱量の制御がし易い利点があるが、設備費が割高である。

(2) 蒸気暖房

蒸気ボイラで発生した蒸気を室内に設置された各放熱器へ供給し、凝縮熱を放散して室内を暖房し、再びボイラに戻る。環水に真空給水ポンプを用い、放熱器出口に設けた蒸気トラップにより蒸気が還水管へ逃げるのを防いでいる。なお、蒸気は $1kgf/cm^2$ （0.098MPa）以下の低圧飽和蒸気を使用することが多い。（図6.12(b)参照のこと）

この方式では、放熱器は小さくてすむが、容量制御が難しく、スチーム・ハンマー現象[注6-2]が起き易く、温水管の腐食が起り易い欠点がある。

(3) 温風暖房

温気炉または加熱コイルにより加熱された空気を、送風機とダクトにて暖房する部屋に吹出し

注6-2 スチーム・ハンマー現象：長時間経過してトラップが作動するとドレンの再蒸発分と滞留冷却したドレンが接触し、ドレンは急速に流れる蒸気に押されて異常な高速度で配管の曲がりやバルブに衝突してハンマー（音と衝撃）が発生する現象である。

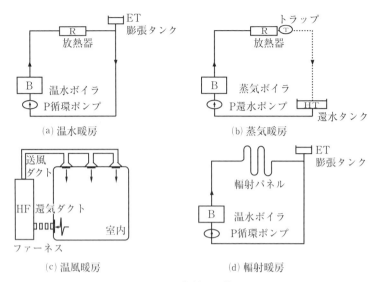

図 6.12 各種暖房装置

て暖房する方式である。温気炉式は灯油などを燃焼することにより空気を間接的に加熱する。また、加熱コイル式は温水や蒸気をフィン付きコイルに通して、空気を接触させて加熱する方式である。（図 6.12(c) を参照のこと）

この方式は、加湿が可能で、新鮮空気を供給できる。また、前 2 者に比べ極めて熱容量が小さく、予熱時間がほとんど要らないが、室内温度分布が偏りやすく、騒音が大きい欠点がある。

(4) 輻射暖房

床あるいは天井全体を 30～50℃ とした放熱（輻射）面から輻射熱で人体を暖め、同時に対流による熱移動で室温を保つ方式である。また、パネルにコイルを取り付けた輻射パネルに高温水あるいは蒸気を通し、表面温度を 100℃ 以上とした高温輻射暖房もある。（図 6.12(d) 参照のこと）

この方式は、良好な快適性が得られ、他方式に比べ室温を低く設定できて熱的に有利である。しかし、構造体には高度な断熱性能が求められ、一般に設備費が高価である。

(c) 暖房時の室温変化

ある区画を蒸気または温水を流した加熱コイルにより暖房する場合（図 6.13(a) 参照）において、室温変化を起す熱量は、放熱器の加熱コイルの発熱量 Q_H から周壁から熱貫流により逃げる熱量を差し引いた量に等しいので、次式で表される。

$$\rho V_R C_p \frac{d\theta}{dt} = Q_H - \sum_i K_i A_i (\theta - \theta_i) \tag{6.34}$$

ここに、θ は室温（℃）、θ_i は周壁面 i の外部温度（℃）、ρ は空気の密度（kg/m³）、C_P は定圧比熱（J/kg K）、V_R は区画の：気積（m³）、K_i は外部への熱貫流率（W/m²K）、A_i は伝熱面積

6.4 冷暖房と空気調和

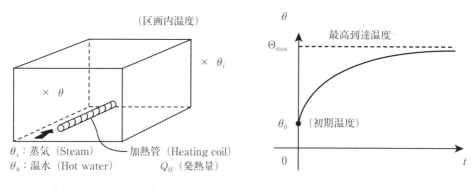

図6.13 加熱コイルによる暖房の場合

(m²) である。

発熱量 Q_H (W) は以下のように場合分けされる。

1) 熱源が充分にある場合には、Q_H は伝熱面積により制限を受ける。

[蒸気暖房の場合]　　　$Q_H = k_s a_s (\theta_s - \theta) + k_h a_h (\theta_h - \theta)$ 　　　(6.35)

[温水暖房の場合]　　　$Q_H = k_h a_h (\theta_h - \theta)$ 　　　(6.36)

ここに、k_s、k_h は蒸気および温水部分の熱貫流率 (W/m²K)、a_s, a_h は加熱コイルにおける蒸気および温水部分の伝熱面積 (m²)、θ_s, θ_h は蒸気および温水の温度 (℃) である。

2) 熱面積が充分ある場合には、Q_H は熱源によって制約される。

$$Q_H = G(i_1 - i_2) \quad (6.37)$$

ここに、G は蒸気または温水の流量 (kg/h)、i_1, i_2 は放熱器の加熱コイルの入口および出口におけるエンタルピー (J/kg) であり、値は飽和蒸気表 (表6.4) により求める。

熱収支方程式 (6.34) の一般解は次のようになる。

$$\theta = C \exp\left(-\frac{\sum K_i A_i}{\gamma V_R C_p} t\right) + \frac{Q_H + \sum K_i A_i \theta}{\sum K_i A_i} \quad (6.38)$$

ここに、C は初期条件より決まる積分定数である。$t=0$ において $\theta = \theta_0$ とし、さらに

$$\mu = \sum K_i A_i / \gamma V_R C_p, \quad \Theta_{\max} = (Q_H + \sum K_i A_i \theta) / \sum K_i A_i \quad (6.39)$$

と置き換えると、この場合の区画内温度の時間変化は次のように表わされる。

表 6.4 飽和蒸気表

温度	圧力	比体積(液相)	比体積(気相)	エンタルピー(液相)	エンタルピー(気相)	エントロピー(液相)	エントロピー(気相)
θ	p	v'	v"	i'	i"	s'	s"
℃	MPa	$10^3 m^3/kg$	$10^3 m^3/kg$	KJ/kg	KJ/kg	KJ(kg・K)	KJ(kg・K)
0	0.000619	1.00022	206305	0.0419	2501.6	−0.00017	9.158
10	0.001227	1.00025	106430	41.99	2519.9	0.1510	8.902
20	0.002336	1.0017	57838	83.86	2538.2	0.2963	8.668
40	0.007375	1.0078	19546	167.5	2574.4	0.5721	8.258
60	0.01992	1.0171	7678	251.1	2609.7	0.8310	7.911
100	0.1013	1.0437	1673	419.1	2676.0	1.307	7.355
140	0.3614	1.0801	508.5	589.1	2733.1	1.739	6.928
220	2.320	1.1900	86.03	943.7	2799.9	2.51	6.282
300	8.593	1.4041	21.65	1345.1	2751.0	3.255	5.708
374.15	22.120	3.1700	3.170	2107.4	2107.4	4.443	4.443
MPa	℃	v'	v"	i'	i"	s'	s"
0.001	6.951	1.0001	129770	29.2	2514	0.1055	8.978
0.004	28.96	1.004	34910	121.3	2555	0.4221	8.476
0.01	45.83	1.010	14690	191.8	2585	0.6492	8.151
0.05	81.26	1.030	3262	340.2	2645	1.090	7.596
0.1	99.61	1.043	1697	417.4	2675	1.302	7.360
0.5	151.7	1.093	378.0	639.5	2747	1.857	6.821
1	179.9	1.127	194.4	762.6	2776	2.138	6.583
5	263.8	1.286	39.67	1153.9	2794	2.919	5.974
10	310.9	1.453	18.07	1407.9	2728	3.360	5.620
22.120	374.2	3.170	3.17	2107.4	2107	4.443	4.443

$$\theta = \theta_0 e^{-\mu t} + \Theta_{\max}(1 - e^{-\mu t}) \tag{6.40}$$

ここに、$\Theta_{\max}$ は最高到達温度(℃)である。この温度変化の様子は図 6.13(b)のようになるが、換気の場合のガス濃度変化(図 6.5 Case ii))と同じ様相を示すことになる。

(2) 冷房と空気調和

空気調和とは、人間にとって快適な空間であり、作業や運動に適する環境となるように、温度、湿度、気流、空気清浄度、室内物品などの熱放射、熱伝導などを調整することである[6.3][6.4][6.5][6.7]。

(a) 空気調和の方式
空気調和の方式には種々あるが、主な方式を列挙すると以下のようになる。
(1) 全空気方式
この方式は、ダクトで空気を輸送するのが一般的であり、中央式の代表的な方式であり、大空間や多区画構造の空気調和に適している。この方式の特徴としては、次のことがある。

ⅰ) 空調機を集中配置するため、保守が容易である。ただし、ダクトスペースや空調機械室などが大きくなる。
ⅱ) 換気量を大きくすることができ、高い空気清浄度の確保が可能である。
ⅲ) 外気冷房・全熱交換器の設置など省エネルギー制御方式の導入が容易である。

この方式には船舶や構造物の用途や区画数に応じて、次の方式が主として用いられる。

① 単一ダクト方式（Single air system）（図6.14(a)を参照のこと）

空調機から1系統のダクトで温湿度を調節した空気を送る方式である。ダクトが1つであるために、異なる温湿度の冷房・暖房が混在する用途には不向きである。

・定風量方式：空調対象の部屋・区画の熱負荷の変動に応じて、一定風量を空調機から供給する方式である。温度調節は送風温度の変更で行う。
・変風量方式：温度調節を風量変更で行う方式である。"VAV方式（variable air volume system)"と呼ぶこともある。

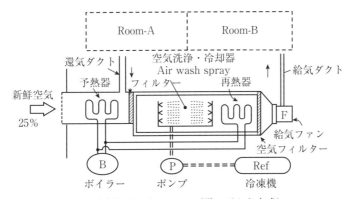

(a) Single air system（単一ダクト方式）

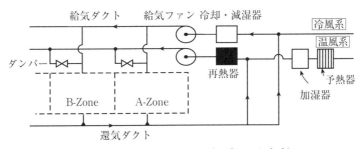

(b) Dual air system（二重ダクト方式）

図6.14 空気調和の方式

② 二重ダクト方式（Dual air system）（図6.14(b)を参照のこと）

空調機から温風と冷風の2系統のダクトで別々に送り、部屋・区画の熱負荷に合わせて混合ユニットで2つを混合して吹き出して温湿度調節する空調方式である。多区画構造における異なる温湿度への区分分け（zoning）[注6-3]に適している。ただし、温冷風の混合損失で省エネルギーの面で問題があり、イニシャルコストも高いため、高質を求める環境（豪華客船など）や特殊環境などの特別な用途に用いられている。

(2) 水・空気方式

熱輸送に水と空気を用いるもので、ファンコイルユニット方式およびインダクションユニット方式がある。この方式の特徴は、ダクトスペースが小さくできる代わりに、エアフィルターなどを分散配置するために保守に手間がかかることである。

① ファンコイルユニット方式（Fan-coil unit system）

単一ダクト併用方式が多く、熱交換器、送風機、エアフィルターが内蔵された室内ユニットに冷水または温水を供給し、温度調節を行うものである。換気はダクトを通して行う。

② インダクションユニット方式（Induction unit system）

熱交換器、エアフィルターが内蔵された室内ユニットにダクトから、圧力を高めた一次空気を吹き込んで室内へ空気を供給する。この方式では冷温水の量で温度調節を行う。

(3) 冷媒方式

熱輸送に冷媒配管を使用するエア・コンディショナー（ルームエアコン、パッケージエアコン）が代表的なものであり、小型船や小規模の構造物で多く採用されている方式である。

この方式は、ユニットに冷凍機を内蔵しているために部分運転ができ、他方式に比べこの方式の特徴は省エネルギーを図れることである。一方、個別分散型になるため、温度制御対象が小区画になり、温度制御が容易で、快適性が増すものの、維持管理対象が小型なために多数に分散する。

(b) 空気調和の計算

(1) 水分比と顕熱比（Sensible Heat Facor, SHF）

顕熱 q_S と潜熱 q_L の取得熱量のある区画（室）へ、風量が G (kg/s) で、温度 θ_1 (℃)、絶対湿度 x_1 (kg/kg (DA))、エンタルピー i_1 (J/kg) の空気を吹出し、還り空気は室内空気と同じになったものとして、θ_2, x_2, i_2 になるものとする。これを模式化すると図6.15(a)のようになる。

この系における室内への流入熱量と流・区画出熱量の熱平衡は次のように表される。

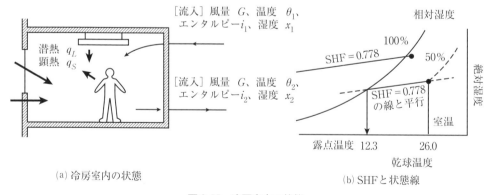

(a) 冷房室内の状態　　(b) SHFと状態線

図 6.15　冷房室内の状態

注6-3　zoning：必要な場所に必要なだけ空調を行うための区域化を"空調ゾーニング"という。それぞれのスペースにおいて区画別に空調の温度を区域分けする。空調ゾーニングを的確に行うことは省エネルギーにも繋がる。

$$Gi_1 + q_S = Gi_2 \tag{6.41}$$

潜熱 q_L（W）は水分量 m（kg/s）にその蒸発潜熱 S_W（J/kg）を掛けた $q_L = mS_W$（W）と考えられるから、物質平衡は $Gx_1 + m = Gx_2$ となり、これらの式を整理すれば次式が求まる。

$$G(i_2 - i_1) = q_S + mS_W, \quad G(x_2 - x_1) = m \tag{6.42}$$

(6.42) 式で表される室内に取り込まれる熱量と水分の比 λ を"熱水分比"といい、勾配 $\Delta i/\Delta x$ が λ により定まるということを意味している。

$$\lambda = \frac{(i_2 - i_1)}{(x_2 - x_1)} = \frac{q_S}{m} + S_W \tag{6.43}$$

また、この室の全取得熱量 $(q_S + q_L)$ に対する顕熱 q_S の比を"顕熱比 SHF (sensible heat factor)"という。

$$SHF = \frac{q_S}{(q_S + q_L)} \tag{6.44}$$

ここで、$q_S = C_p G(\theta_2 - \theta_1)$ および $q_L = S_W G(x_2 - x_1)$（ただし、S_W を 0℃ における水分の蒸発潜熱 2.26（kJ/kg）とする）であるから、次式が求まる。なお、C_p は湿り空気の定圧比熱（J/kgK）である。

$$\frac{x_2 - x_1}{\theta_2 - \theta_1} = \frac{C_p}{S_W}\left(\frac{1}{SHF} - 1\right) \tag{6.45}$$

この式は熱水分比と同様に、勾配 $\Delta x/\Delta \theta$ が SHF により定まるということを意味している。

このことは、室内条件を設定して無負荷計算により SHF をあらかじめ求めておけば、吹出空気の状態点は図 6.15(b) に例を示すように、室内空気の点から空気線図上の SHF と同じ勾配の直線上にあることになる。この直線を"状態線"と呼び、状態線と飽和線との交点が装置の"露点温度"に当る。なお、図 6.15(b) は室内が 26℃、50% で $q_S = 4090$W、$q_L = 1170$W の場合（SHF = 0.778）の例である。この説明は、暖房の場合にも同様である。ただし、冷房の場合に排出される凝縮水は、暖房の場合には加湿水量に相当する。

(2) 吹出風量の計算

冷房する室の吹出風量 G（kg/s）は (6.42) において mS_W を q_L（W）に置き換えて次式より求める。

$$G = (q_S + q_L)/(i_2 - i_1) \tag{6.46}$$

また、(6.46) 式に湿り空気の全熱量（エンタルピー）の (6.12) を代入すれば次の式が得られる。

$$C_p G(\theta_2 - \theta_1) + S_W G(x_2 - x_1) + C_{va} G(x_2 \theta_2 - x_1 \theta_1) = q_S + m S_W \tag{6.47}$$

この式において、近似的に、$G(x_2-x_1)=m, C_{va}G(x_2\theta_2-x_1\theta_1)\approx 0$ と見なせば、風量 G は次式で計算できる。

$$G = q_S / C_p(\theta_2 - \theta_1) \tag{6.48}$$

標準状態の空気では風量を Q_V で表わせば、吹出温度 θ_1 は次式となる。

$$\theta_1 = \theta_2 - q_S / C_P \gamma_A Q_V \tag{6.49}$$

吹出温度差 $(\theta_2-\theta_1)$ はあまり大きすぎると、吹出空気の温度が低くなり、冷風が居住区に直接入るので、表 6.5 のように天井高さ、吹出口タイプ、取付け位置によって許容値が設定されている。冷暖房をする場合には、冷房時の風量をそのまま用いて暖房することができる。暖房時の吹出温度は (6.49) 式において q_S を損失熱量なのでマイナスとして求める。

表 6.5 温度差の許容値

吹出口取付高さ〔m〕		2	3	4	5	6
ユニバーサル形	風量大（℃）	6.5	8.3	10	12	14
（横向吹出口）	風量小（℃）	9	11	13	15	17
天井アネモスタット（℃）		9.5	16	17	18	18

(c) 冷凍機と冷凍サイクル

(1) 冷凍サイクル

一般によく用いられる圧縮型の冷凍機は図 6.16 のように圧縮機（compressor）、蒸発器（evapolator）、凝縮器（condenser）、膨張弁（expansion valve）から構成されている。冷凍機内には"冷媒"と呼ばれるガスが封入されている。このガスの循環量を G_R (kg/s) とし、ガスが巡る以下の 4 過程を"冷凍サイクル"という。なお、番号①～④は各過程間における冷媒の状態を意味し、状態量はその番号を下添字として表している。

[1] 圧縮過程 [①→②]：ガスは圧縮機で圧縮されて高温高圧のガスとなって凝縮器に送られる。
　　この圧縮に必要な動力は $L_{Comp}=G_R(i_2-i_1)$ (W) となる。
[2] 凝縮過程 [②→③]：凝縮器において冷却水管（水冷式）または外気（空冷式）と間接的に接触することにより、高温高圧ガスは冷却されて 35～42℃程度の冷媒液となる。
　　凝縮器において外部に放熱する熱量は $q_{Cond}=G_R(i_2-i_3)$ (W) である。
[3] 断熱膨張過程 [③→④]：この液は膨張弁で断熱的に膨張して温度が低下する。
[4] 蒸発過程 [④→①]：この低温の冷媒液は蒸発器において配管内の水や室内空気と熱交換し

6.4 冷暖房と空気調和

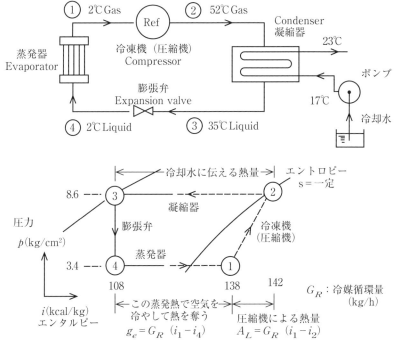

図 6.16 冷凍サイクル

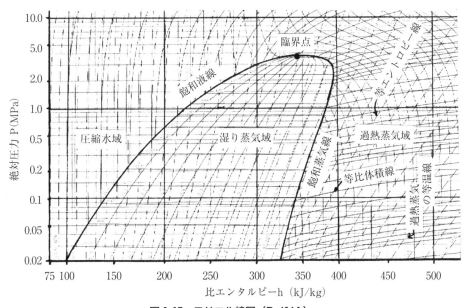

図 6.17 モリエル線図（R-404A）

て水や空気を冷却し、熱を奪った冷媒は気化してガスとなる。この蒸発過程は冷凍機が外部に対し冷凍作用を行う部分であり、その能力は $q_{Evap} = G_R(i_3 - i_4)$ （W）である。

この蒸発した低圧の冷媒ガスは再び圧縮機に戻り、上記のサイクルを繰り返す。この冷凍サイクルは図 6.17（例、冷媒 R-404A）に示すモリエル線図[注6-4]において図 6.16 のように表される。

ここで、エネルギーの保存則から、$q_{Cond}=q_{Evap}+L_{Comp}$ の関係がある。

なお、冷媒ガスの断熱膨張により温度が低下する現象は"ジュール・トムソン効果（Joule-Thomson effect）"と呼ばれ、急膨張により分子の配列が乱れてエントロピーが増大するのと、分子間隔が増して位置エネルギーがプラス側に増すことにより、気体分子の運動エネルギーが減少してガスの温度が低下することによって起る。

好ましい冷凍機は少ない動力で冷凍能力が大きいことであるから、それを成績係数 COP（coefficient of performance）として次のように定義する。

$$COP = \frac{q_{Evap}}{L_{Comp}} = \frac{i_1 - i_4}{i_2 - i_1} \tag{6.50}$$

成績係数は、蒸発温度を高くする程、または凝縮温度を低くする程大きくなるが、蒸発温度を高くすると冷水温度が高くなり、空調器の冷却コイルには大きい伝熱面積が必要となる。このため、一般には COP＝3～5 程度となるよう設計する。

(2) 冷凍機と冷房の知識

ⅰ) 冷凍機

冷凍機としては、冷媒を断熱膨張させて温度を下げる方式が主体であり、次の種類がある。

① 圧縮冷凍機

圧縮機で冷媒を圧縮して、膨張弁で断熱膨張するタイプ（前述）で、最も一般的である。圧縮機には往復動式、スクリュー式、ロータリー式、ターボ式などがある。一般貨物船や専用船などの空気調和装置では往復動式（reciprocating type）が用いられることが多い。

② 吸収冷凍機

アンモニア水の親和性を利用して、アンモニア水に熱を加え、急激にアンモニアを蒸発させ容器の急狭部で絞って圧縮する。

③ 拡散吸収機（ガス冷蔵庫）

アンモニア水から熱によりアンモニアを発生、蒸発器に水素を封入して、これによる分圧のため急激にアンモニアの圧力が減圧する絞りの効果を利用する。

④ 蒸気噴射機

蒸気エゼクターで低温蒸気を吸い出し、テュフュザーで圧縮して水蒸気の気化熱を奪う。この他に、"断熱消磁"によるエントロピー増大を利用した冷凍機、および完全ガスのポリトロープ変化を利用して常温の圧縮気体を外部に仕事をさせながら膨張させる"気体冷凍機"がある。

ⅱ) 冷媒

冷媒は、冷凍サイクルにおいて熱を温度の低い所から高い場所へ移すための熱媒体である。

注6-4 モリエル線図：冷媒の種類ごとに縦軸に圧力(P)、横軸にエンタルピー(h)をとり、温度、乾き度、比体積およびエントロピーを直線/曲線で表して、冷凍機の管理や設計をするのに役立てる。p-h線図ともいう。冷凍機の設計では、圧縮機の選定や電動機の動力の計算に役立ち、また冷凍機の運転中にガス圧力や温度を計測することにより冷媒の状態が分かる。

当初はアンモニアが用いられていたが、後にフロン類の特定フロン FC（R12）、さらに CFC の代替物質 HCFC（R22）などが使われていた。CFC、HCFC はオゾン層を破壊することが分かったため、オゾン破壊がない代替フロン（ハイドロフルオロカーボン）HFC などが使われるようになった。例として、図 6.17 に HFC 混合冷媒 R404A のモリエル線図を示す。

しかし、HCFC より HFC の方が地球温暖化係数が高いことが分かり、アンモニアへの回帰やイソブタンや二酸化炭素が使用されるようになってきている。

ⅲ）冷凍トン

冷凍機の大きさは普通"冷凍トン"で表わされ、これは 1ton、0℃の水を 24 時間で 0℃の氷に変える能力である。

ⅳ）相当外気温

冷房負荷の計算には室内外の温度差が必要になるが、壁面が日射の影響を受けた場合も考慮して、日射のないときの気温に相当する温度差を以下のように設定する。

・外気温が 38℃以下の場合には温度差を 8℃
・外気温が 38℃以上の場合には温度差を 11℃

6.5 居住のための設備

(1) 糧食冷蔵庫

長期間の洋上生活を支える食品保存のための冷蔵庫として、船内には"糧食冷蔵庫"が造作される。糧食冷蔵庫は、a）肉庫、b）魚庫、c）野菜庫、d）ロビーなど、異なる温度条件の冷蔵室（区画）に分かれているのが普通である。

(a) 冷蔵庫
(1) 容積と設備

糧食冷蔵庫の必要容積の算出には、乗組員数と航海日数を基本とし、食品の積地、積付量、食品の貯蔵期間と荷姿などの種々の要因を考慮する必要がある。実際には、実績をベースとしてその容積が決定されている[6.1]。

一般には、各冷蔵室の純容積 V_i（m³）は実績から次式で推定されている。

$$V_i = q_i r_i N_p D \tag{6.51}$$

ここに、q_i は 1 日 1 人当りの各冷蔵室向き食糧の必要量（kgf/人/日）、r_i は食品の単位重量当り容積（m³/kgf）、N_p は人数（人）、D は航海日数（日）である。なお、1kgf = 9.807N である。

国内船においては、q_i（kgf/人/日）は 0.21（肉庫）、0.3（魚庫）、0.75（野菜庫）程度であり、r_i（m³/kgf）は 0.014（肉庫）、0.008（魚庫）、0.013（野菜庫）程度の値とする。冷蔵室の容積の割合とその保冷温度はおおよそ、肉庫（15%、−8℃）、魚庫（15%、−8℃）、野菜庫（40%、2℃）、ロビー（30%、8℃）である。なお、相対湿度は 80%～90% を保持しなければならない。実績では、乗組員数が 30 人程度の船の糧食冷蔵庫の合計庫量は約 60～80m³ となっている。

設備としては、肉庫には肉を吊下げる設備が必要であり、その他の区画には棚が必要である。冷却装置は、一般に冷凍機から冷却管を導き、室内の保冷温度に応じて、天井、壁面にグリッド管を配置する方法を用いる。野菜庫には、冷却管を用いずに、送風機を備えたコールドディフューザーによるものが多い。

(2) 糧食冷蔵庫の配置

糧食冷蔵庫は、ⅰ）調理室に近く、食料が積込みやすい位置である、ⅱ）他の配管類が防熱壁内を通らない、ⅲ）なるべく熱源から離れていること、などを考慮して配置するのが好ましい。なお、圧縮機、凝縮器、受液器などの冷凍装置は冷蔵庫になるべく近接した別区画内に設けることが多い。

糧食冷蔵庫はいわば食料の大口倉庫であり、毎日の調理毎に材料を取り出すことは面倒なので、調理室や配膳室には小出し用の電気冷蔵庫を設けることが多い。

(b) 冷凍機

(1) 冷蔵庫の冷却方式と計画

通常運転時における機器の発停および温度調整を全自動式運転による直接膨張冷却方式が一般的である。冷媒としては、6.4で述べたように、代替フロン（ハイドロフルオロカーボン）HFCからアンモニア、イソブタンや二酸化炭素を使用するように変わりつつある。

冷却器の形式は、ⅰ）ロビーのような低温が要求されない小容量の区画には、グリッドコイルやフィンコイルによる自然対流式（グリッド方式）、およびⅱ）魚、肉庫のように保冷温度が低い区画または均一な温度分布を必要とする野菜庫にはユニットクーラーによる強制通風方式（通称、ディフューザー方式）が用いられる。

冷蔵庫用冷凍機は、一般に同容量のものを2台装備し、食品積込後の急冷時は2台を並列運転し、その後の保冷時には1台を運転、1台を予備として計画することになる。また、冷却海水温度は外航船32℃、内航船27℃を標準とすればよい。

冷凍機の計算上の運転時間は、冷凍負荷に対する必要冷凍能力に余裕をもたせて 18h/day 程度とするのが一般的である。なお、冷蔵庫の防熱材は、冷凍機の能力、保冷温度、航行区域、保冷品の性質等によって、適切で経済的な材質と防熱厚さを決めなければならない。

(2) 冷凍機の容量計算

冷蔵庫用冷凍機の容量は、庫内への浸入熱と庫内にて発生する熱量を考慮して以下の手順により決める。また、より簡便な容量推定法として実績法も用いられる。

[1] 冷蔵庫の冷凍負荷、庫内機器の発生熱量負荷、扉の開閉に伴い浸入する外気熱量負荷を算出する。

[2] 上記の値を合計し、冷凍機の熱負荷を計算する。

[3] 圧縮機の電動機容量を決定し、圧縮機を選定する。

なお、乗組定員が30名程度の船では、冷凍機容量は3.7～5.5kW程度である。

(2) 防熱構造と内装材

(a) 防熱の目的と熱伝導

船舶における快適な居住性や作業性を維持するために、防熱を必要とする区画は、1) 外気にさらされる場所、2) 機関室、調理室などの熱源がある区画に隣接する区画、3) 蒸気管が導設される区画などがある。この外に、暖冷房区画、冷蔵庫、冷蔵貨物倉からの熱拡散防止のため、および隣の区画との温度差による結露を防ぐためにも防熱を行なう[6.1]。

防熱のためには、防熱構造または防熱材の熱伝導率が問題となり、これには以下の特性がある。

1) 一般に温度、密度の増加とともに熱伝導率は大きくなる。なお、繊維状防熱材は密度と熱伝導率には比例しない。
2) 防熱材が水分を吸収すれば熱伝導率は増加する。高温で使用される防熱材は乾燥するので問題は少ないが、保冷材は吸湿すると役に立たなくなる。

なお、以降出てくる防熱材や上張材は、SOLASの防火規則を満足し、所轄官庁に承認されたものを使うことが必要な場合があるので注意を要する。

代表的な防熱材料の熱伝導率を表6.6に示す。

表 6.6 防熱材の熱伝導率

分類	品名	カサ比重 g/cm^3	熱伝導率 (λ) kcal/mh℃ (θ = 平均温度)	安全使用温度℃
木材	バルサ すぎ、ひのき まつ	0.116 0.34、0.38 0.527	$0.046 + 0.000075\theta$ $0.083 + 0.000075\theta$ $0.107 + 0.000075\theta$	
気泡入り保温材	ポリウレタン系 ポリスチレン系	0.08〜0.1 0.01〜0.03	$0.033 + 0.00014\theta$ $0.028 + 0.00013\theta$	68 68
アルミニウムはく	アルミニウムはく保温材(30mm厚、4枚はく)		$0.042 + 0.00011\theta$	100
ガラス綿製筒及び板		0.10	$0.035 + 0.00015\theta$	300
岩綿製品	保温板 鉱さい綿	0.18〜0.20 0.145〜0.476	$0.038 + 0.00009\theta$ 0.051〜0.062	600 600
けいそう土 炭酸マグネシア製品 けい酸カルシウム製品 バーミキュライト(ひる石)製品		0.41 0.20 0.25 0.4〜0.6	$0.076 + 0.00010\theta$ $0.051 + 0.00009\theta$ $0.051 + 0.00009\theta$ 0.11 ($\theta = 70℃$〜$100℃$)	500 300 600

(b) 防熱構造材

(1) 防熱の材料

防熱材は、その使用場所、目的によって選択しなければならない。一般に舶用の防熱材として必要な条件は、防熱効率の良好なもの、軽量、耐久性のあるもの、鋼板などを腐食させないもの、耐水性で吸水しないもの、不燃性のもの、施工簡易なもの、価格が適当なものなどである。

現在、各目的に応じて使用されている材料は以下のとおりである。
ⅰ) 居住区などの快適温度保持：グラスウール、岩綿、木材、発泡ウレタン
ⅱ) 冷蔵区画などの保冷：コルク、グラスウール、発泡ウレタン、合成樹脂コルゲート保温材
ⅲ) 機関室などでの耐火性：岩綿、グラスウール、ケイ酸カルシウム成形品
ⅳ) 温度差による結露を防ぐ：コルク粒、ひる石、吹付岩綿

　実際には、居住区内の保温効果を高め、また結露を防止するために、外気に面する天井、側壁および機関室に面する壁、床面に防熱を施すには、材料としてグラスウール、ロックウールなどを選択する。また、床上には耐圧強度のあるケイ酸カルシウム板やパーライトを使用することが多い。

(2) 防熱構造

　最近の糧食冷蔵庫の防熱材は、難燃性硬質ポリウレタンフォーム（平均密度 30～40kg/m^3）が用いられることが多い。防熱層は、防熱材を表面材ではさみこんだパネルを用いる"プレハブ工法"が主流であり、作業工程の簡略化などの面において優れている。他に船内にて発泡させる方法もある。

　一般に居住区、作業室等の防熱は、耐暑・耐寒を目的としたもので、グラスウール、岩綿製品が多く用いられる。厚さは一般に 25mm、50mm のもので、周囲の熱さ寒さなどの条件を考慮して決める。

　図 6.18 は、耐暑・耐寒を目的とする防熱構造の一例である。なお、空気は熱伝導率が小さく、断熱効果が大きいので、気泡または薄い空気層として利用すれば、極めて有効な防熱材である。

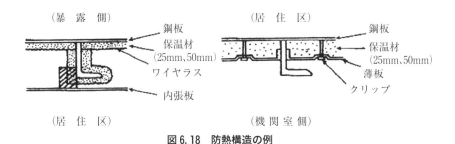

図 6.18　防熱構造の例

(c) 内装材

(1) 甲板被覆材

　甲板被覆材は、甲板の保護、防熱、防火、歩行感、防音、滑り止めのために施工するもので、その基材と上張り材は以下の通りである[6.2]。

ⅰ) 基材：モルタル（タイルの基材として、セメントに骨材と水を混ぜたもの）とデッキコンポジションが使用される。なお、デッキコンポジションには、居住区内部の床に使用するラテックス系、および主として暴露部の甲板被覆材として使用する樹脂系がある。
ⅱ) 床上張材：基材の上には、用途に応じて上張材を施工することがある。一般の室内や通路にはビニール系上張材を使用し、浴室、便所、調理室などには"陶磁器タイル"を使用することが多い。

(2) 内張り・仕切の材料

居住区の仕上げは美観と居心地を良くするために、壁や天井などの表面材の選定に留意すると共に、仕上げ色調、図柄が室内に装備される家具類と調和しなければならない。

仕切材や内張材には次のような種類がある。

ⅰ）合板：1～4mm の薄板を縦横に張り合わせたもので、接着剤の種類によって耐水性が異なる。

ⅱ）パーティクルボード（チップボード）：木材を小片にし、有機質の接着剤で成型熱圧着したもの。

ⅲ）ファイバーボード：木材を解繊し、加熱圧縮して成型板としたもの。

ⅳ）アスベストフリー板：ケイ酸カルシウムを主材とし、耐アルカリ繊維を混ぜた強圧成型したもの。

ⅴ）カセットパネル：薄い鋼板（0.4mm～0.8mm）を箱型に成型し、中にグラスウールボードや岩綿板を入れたもの。内張材は鋼板片面、仕切材は両面鋼板で、主に耐火、防火構造として使用する。

内張り、仕切材の表面仕上げは美観が良いと共に汚れにくいもの、汚れた場合に清掃がしやすいものが要求され、ⅰ）メラミン化粧板、ⅱ）ポリエステル化粧、ⅲ）ビニール化粧シート、ⅳ）天然木突板（単板）などが用いられる。この他に、船内で吹付塗装する舶用ペイントもある。

仕切、内張りのベース材と表面仕上材の組合わせの一般的なものを示すと表6.7のようになる。

表6.7 内張りのベース材と表面仕上げ材の組合せ

ベース材 \ 表面仕上	(1) メラミン化粧版	(2) ポリエステル化粧版	(3) ビニール化粧シート	(4) 突板	(5) 舶用ペイント
(1) 合板	○	○	△	○	○
(2) パーティクルボード	○	○	△	○	△
(3) ファイバーボード	×	○	×	△	○
(4) アスベストフリー板	○	○	×	×	○
(5) カセットパネル	×	×	○	×	○

注：○：適合、△：やや適合、×：不適合

(3) 諸設備

(a) 家具

乗組員の日常生活や事務・船内作業に必要な衣服、用具類の収納のために、一般にプラスチック被覆加工した合板で製作した木製家具や鋼製家具、備品などを装備する[6.2]。

これらの船用家具は振動、動揺が避けられないため、引き出しには動揺時の飛出し防止のストッパー、棚類には転落止めおよび閂（かんぬき）、家具類は甲板または壁面に固定するなどの対策を行なう。例えば、ⅰ）寝台はなるべく船体中心側、船首尾方向に配置し、寝台頭は船首側とする、ⅱ）テーブル類は長手を船の幅方向に配置する、などの注意が必要である。

(b) 調理室からの廃棄物の処理

船内での調理、食事にともない発生する廃棄物に関しては、MARPOL73/78 付属書Ⅴ "船舶からの廃物による汚染防止のための規則" により、船舶から投棄される食物くず、可燃性ごみ、不燃性くず、プラスチック類がその種類毎に処理方法が規制され、また投棄の禁止海域等が決められている。

これら廃棄物の処理のため、最近では、粉砕装置（disposer）、焼却装置（incinerator）、廃棄物ロッカー（garbage locker）などを装備することが多い。

第7章 艤装システムの安全

艤装システムや装置がいくら機能的に優れ、性能が良くても、安全面への配慮がなされていないとシステムや装置として完全ではない。ただし、それらの安全性を高めるには、その目標や適確な方法が明確でないことが多く、また経済的な負担を要することでもある。従って、この問題に対処するためには、安全に関する知識と信頼性を高める手法を知る必要がある。

7.1 事故の構造と安全性

事故に至る事象を起こす誘因(暴風、濃霧などの事故・災害を起こす1次要因)、素因(誘因を受け入れてしまう要因)、拡大要因(事故損害を拡大、激化する要因)が明確で支配的な場合には、事故に対する対策の策定は比較的容易である。一方、人的要因などの多くの要因が絡まって不安全な状態に移行する現象については、事故の素因である基本要因(事象)の結合にもとづく事故に到る過程を分析することが必要である。これには、事故の構造を適確に認識することが不可欠である。

(1) 事故の状態

(a) 事故の構造と要因

船舶、海洋構造物などの人工構造に起る事故では、人工構造のもつ機能を一部失う小事故から構造全体の機能が停止、さらには火災のように人命に係る事故または油流出のような環境汚染を引き起す事故まである。艤装システムのような人間一機械系では、僅かな欠陥(素因)があるところに事故を引き起す一次要因(誘因)が発生し、これに拡大要因が存在する場合には重大な事故へと発展する。

事故・災害の拡大要因は、事故規模の拡大によって新たな事故損害を生じる正要因(positive feedback[注7-1])である。これに対応して、事故防止対策には次の2種類がある。
1) Passive 対策…拡大要因に対抗する対策、(例)防火構造、難燃化
2) Active 対策…事故規模の拡大を抑える負要因(negative feedback)を設けて防止する、
 (例)スプリンクラー、消火活動

ここに、Passive 対策は対策が施されていればいかなる条件下でも安全側に作用する"本質安全"[注7-2]策である。一方 Active 対策は巧く機能したときのみ役に立ち、"制御安全"[注7-3]と呼ばれる。当然、安全対策は"本質安全"を求めるべきであるが、経済性や技術的な困難さから"制御安全"に代替されることもあり得る。

注7-1 positive feedback：システムの攝動に同じ方向に応答するフィードバックループの攝動のこと。
注7-2 本質安全：設備・機器・システムが人間や環境に危害を及ぼす原因そのものを低減または除去して安全確保する。本来なら、これにより安全を保つことが望ましいが、技術面や経済面から、全てに対応することは現実的でない場合がある。
注7-3 制御安全：機能的な工夫(安全のための制御など)により、極力安全確保する。現実には事故を減らし、起きても損害を最小限にとどめるように仕組む。

事故の構造を図示すると図7.1のようになる[7.1]。

船舶、海洋構造物などに起る事故やトラブルの生起要因は多種多様に考えられ、それは要因分析者の知見に依存することは否めない。

ここでは、一般的な見識と認められている畑村らの"失敗知識データベース"[7.2]から共通の事故生起要因を抽出し、それをもとにした事故の起因は以下のように考えられる。

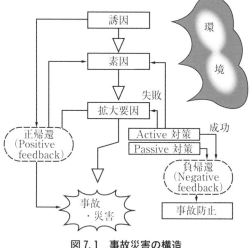

図7.1　事故災害の構造

Ⅰ．機器故障：機器故障・破損、機器の機能不全、計器不全
Ⅱ．組織の不全：価値観不良（組織・文化不良、安全意識不足）、運営不良（運営の硬直化、管理体制の不備、構成員不良）
Ⅲ．計画・設計・工作段階の不良：未知による失敗（未知の事象発生、異常事象発生）、設計・計画段階の人的過誤（環境調査・事前検討不足、戦略・企画不足、組織・構成不足、計画・立案不完全）、建造時の人的過誤（施工ミス、検査ミス）
Ⅳ．運用時の人的過誤（ヒューマンエラー、Human error）
（Ⅳ-1）知覚段階の過誤：異常発見困難な状況（理解不足、注意不足、疲労・体調不良）、服務不適切（他の作業に従事、居眠り、監視不十分）
（Ⅳ-2）判断段階の過誤：環境変化に対する対応不良、知識不足（安全意識不良、機器システムの知識不良）、伝承不足（教育不足）、作業標準（SOP）の不備、誤判断（誤った判断、連絡不足、状況の認識不足、狭い視野）
（Ⅳ-3）操作段階の過誤：知識不足（安全意識不足、作業標準（SOP）の不備）、機器の不備、不注意動作（操作拙劣、動作ミス、操作変更の失敗）、手順の不遵守（体調不良、連絡不足、手順無視）、緊急操作の失敗（パニック、不作為）

ハードウェアとしてはほぼ完成している船舶を対象とする海洋事故の要因は、Ⅳ．"運用時の人的過誤"によるものが85〜95%程度原因すると見られており、Ⅰ．"機器故障"が残りを占めている。しかし、これからの事故防止対策には、直接原因の排除や封じ込めの他に、Ⅱ．"組織の不全"およびⅢ．"計画・設計・工作段階の不良"のもつ事故に繋がる潜在要因に対する検討が不可欠である。

(b) 事故の遷移

艤装システム・装置の事故時には、正常に機能している安全状態から危険状態へ遷移することが起こるが、事故対策などによる修復可能な場合と不可能な場合があり得る。このプロセスを図7.2に示す。なお、図中の p、q、r、s は各ルートの状態遷移の確率を示す。

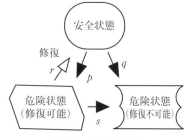

図7.2　状態遷移図

修復可能性の高い、低いの違いによる、安全と危険に関する状態確率の経時変化の例"船舶の衝突事故の状態確率"を図7.3に示す。図より、修復の可能性が低い場合には安全状態の確率が当然急激に低下するが、修復の可能性が高くても安全状態の確率はしだいに低下する。これにより、固定したシステムでは本質的には修復不可能な状態へ移る危険性（"吸収状態"と呼ばれている）が内存していることが分かる。このため、絶えず対象とするシステムの改革を行って安全を維持することが必要である。

さらに、安全状態の維持のためには、事故発生の生起確率 p、q を小さくすること、および事故対策を策定して修復の可能性 r を高める必要がある。ただし、状態遷移の確率 p、q、r、s は一般に不可測分も含まれて不確定的で把握することが困難であり、後述のフォールトツリー解析（FTA）

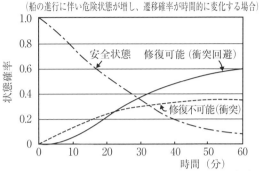

(a) 修復の可能性が低い場合（操船者に強い環境ストレスが負荷）

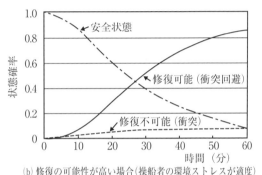

(b) 修復の可能性が高い場合（操船者の環境ストレスが適度）

図7.3　修復と状態確率の例

などの手法を用いた推定値により、安全計画または安全対策を行うことになる。

(2) 人間―機械系の過誤

(a) 機能配分と信頼性確保

艤装システム・装置は一般に人間―機械系であり、この設計にはシステム分析・計画を行うことによりシステム要件を明確化し、システム機能分析にもとづいて人間と機械の特徴と限界を踏えた機能配分を行う必要がある。また、この段階で人間-機械系としての整合性を取ることが不可欠である。

人間と機械の機能配分のための一般原則を例示すると以下のようになる。
1) 機械の方が有利な機能
・ルーチン計算、多量情報の蓄積、多量データの整理
・大きい、迅速な物理力による負荷への対応、長時間の負荷に対応
・同じ判断基準による判断の反復、一定仕事の反復
2) 人間の方が有利な機能
・多種の入力間の判別、極めて発生頻度の低い事象に対する判断、煩雑な情報の判別
・帰納的推理力を要する問題の解決、パターン変化時のパターン認識
・不測の事態発生が予測され探知情報が得られる場合の対応

人間の基本的な限界としては正確度、体力、行動速度、知覚能力に限界があり、機械には機械

性能の保持能力、機械による判断能力、費用に限界があるために、人間と機械への機能配分にはこれらの限界を考慮しなければならない[7.3]。ただし、人間の能力限界は教育・訓練によりある程度上積みできるが、異常事態での能力は正常時とは大きく異なることも考慮しなければならない。

艤装システムの信頼性確保のためには、信頼性の高い機器機能および機械側の動作が人間側に理解でき、操作の意図が機械側に伝えられるインターフェイスが重要であり、また機械側と人間側の過誤がそれぞれ相手側に容易に検知でき、対策がとれるシステム機能が必要である[7.4]。

(b) 人的過誤の発生と対応

科学技術の進歩により、機械的要素の信頼性はかなり改善されたが、人的過誤(ヒューマンエラー、Human error)に対する対策はあまり進まず、人間の思考・行為に対する信頼度の低さが事故やトラブルを起こす主要因となっている。

Rasmussen は人的過誤の発生過程を図7.4のように考えており[7.6]、人間の内的状態に問題があるとき、外的要因(環境)が作用して過誤が発生するものとしている。この外的要因は人的過誤の"背後要因(4M)"とよばれ、次のように分類される。

1) 人間(Man):職場の人間関係など
2) 機械(Machine):人間と機械のインターフェイスに人間工学的配慮の有無
3) 環境(Media):温度、湿度などの物理的環境条件、作業方法や手順などのソフトシステム
4) 管理(Management):安全規則の取り締まり、点検・管理・監督や指示方法、および教育・訓練

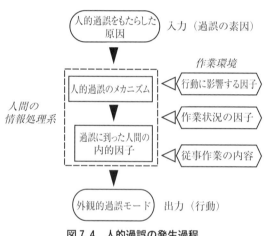

図7.4 人的過誤の発生過程

人的過誤を減少させるには背後要因(4M)を各々適正なものにする必要があり、これに対処するための冗長性のあるシステム構成としては、i) Fail safe[注7-4]方式と ii) Shut down 方式がある。さらに、積極的に人的過誤が生じ得ない Fool proof[注7-5]設計を目標とすべきである。

7.2　艤装システムの信頼性解析

艤装システムが安全で正常に機能することを定量的に評価したり、過去の事故やトラブルを参考に信頼性の高い艤装システムを構築するためには、信頼性解析を行なう必要がある。

注7-4　Fail safe:装置やシステムに故障や障害が起きても、常に安全側に機能するように制御し、安全が確保される仕組み。

注7-5　Fool proof:何ら知識を持たない者が誤った操作を行なっても事故に至らない仕組み、または知識を持たずとも操作できるようにした相反する仕組み(馬鹿除けともいう)。

7.2 艤装システムの信頼性解析

その信頼性解析は解析者のその問題に対する認知の度合いにより問題の意味合いが異なる、いわゆる"悪定義問題"[7.7]であり、1) 問題の捉え方、2) 問題分析への取り組み方、3) 解の解釈の仕方、4) 置かれている立場、などに依存して問題の視点や評価が異なる。

(1) 単一基準の信頼性評価

システム信頼性評価の単一基準としては以下のものがある[7.8]。

a) 信頼度（Reliability）：対象とするシステムや構成要素が機能不全（故障）を起すまでの時間 X が許容時間 t より大きくなる確率 $R(t)=P\{X>t\}$ でもって信頼度を表す。$F(t)=P\{X≤t\}$ を累積故障率（時刻 t までに故障する確率）とすると、$R(t)=1-F(t)$ となる。

b) 故障率（Failure rate）：単位時間にどの程度故障するかを確率で示したもので、関数 $f(t)=dF(t)/dt=-dR(t)/dt$ が存在する場合には瞬間故障率は $\lambda=f(t)/R(t)$ （$R(t)>0$）で表す。
なお、機器の故障率は一般に3段階のバスタブ曲線状に経時変化する。

  ⅰ）初期故障期：初期不良が主たる原因であり、故障率は時間と共に減少する。

  ⅱ）偶発故障期：故障率が一定の時期であり、故障の発生がポアソン分布に従う場合が多く、故障率を λ とすると $R(t)=e^{-\lambda t}$ となる。

  ⅲ）摩擦・疲労故障期：故障率は時間と共に増加し、ワイブル分布で表されることが多く、$R(t)=e^{-\lambda t^m}$ （m は分布の形を決める形状パラメータ）となる。

c) 平均故障間隔（MTBF: Mean Time Between Failures）：故障の際に保全により機能を回復させ、使用を継続する場合の相隣る故障間の作動時間の平均値であり、修理にかかった時間を平均したものは平均修理時間（MTTR; Mean Time To Repair）である。

　　　　MTBF＝［総稼動時間］/［総故障件数］＝ $1/\lambda$

　　　　MTTR＝［総修復時間］/［総故障件数］

d) 稼動率（Availability）：機器やシステムがある期間内に機能を維持している時間の割合であり、次の関係がある。一方、機器やシステムが使えない状態にある割合は不稼動率という。

　　　　［アベイラビリティ（稼動率）］＝ MTBF/(MTBF + MTTR)
　　　　［不稼動率］＝ MTTR/(MTBF + MTTR)

(2) 複合的システムの信頼性評価

艤装などの機能システムでは一般に複合化した使命と機能を備えているので、単一な評価規準では十分には評価できず、複合的システム向きの信頼性評価法を用いることになる。

(a) 複合的システムの信頼性評価法

一般に、システム構成は小さい方から、［部品］→［組立品］→［機能品］→［サブシステム］→［システム］となる。そこで、［部品レベルの故障または事故］→［サブシステムの機能への影響］→［システム使命への影響］の順に bottom-up して解析する方法として、FMEA（Failure Mode and Effect Analysis）がある。逆に、［システムの不具合］→［サブシステムの不具合］→［部品レベルの故障または事故］と top-down の解析法としてフォールトツリー解析（FTA）などのツリー型分析法[7.5][7.8]がある。

FMEA は、新たに設計されたシステムや機器のハードウェア面のもつ弱点の系統的把握と信頼性保証に有効な方法である。これは、部品レベルの不具合（故障）にもとづくシステム全体への影響と信頼性を、試作段階に入る前に事前検討するための方法である。

FTA は、人的過誤を含めた信頼性解析に適し、機器の故障と人的過誤が同じレベルで取扱え、事故の基本事象の生起確率が明かな場合には事故発生率を定量的に予測できる。

なお、代表的なツリー型分析法[7.5][7.10]である、フォールトツリー解析 FTA については(3)、および時系列的分析法のイベントツリー解析（ETA）について(4)において説明する。

(b) FMEA（故障モードとその影響解析）[7.9]

この方法は、設計段階でのシステム設計が完了した時点で機器やシステムの信頼性を検討し、必要があれば設計変更を実施するものである。これには、設計されたシステムの全構成部品について、使用中の潜在的な故障（不具合）モードを仮定し、この不具合が上位構成品、サブシステム、最終的システムの任務達成に及ぼす影響および故障等級を検討する。これにより、信頼性上の弱点を指摘し、適切な対策案を勧告し、事故の未然防止を図ろうとするもので、ハードウェアの単一故障の解析に最適である。

解析は以下の手順により行う。

[1] 製品に生じる故障の状態を想定して故障の原因を分析し、その影響を調べて抽出する。
[2] システム設計者が FMEA シート（機器名、機能、故障の原因、故障の影響、影響度、単一・致命的な故障、調査法、防止法について記載）を作成する。なお、システム設計者は製品の仕様、安全基準、使用条件、使用方法などを十分理解していることが必要である。
[3] 信頼性・安全性・品質管理を担う技術者が調査・審査し、故障の影響をなくすための調査法と防止法を導き出す。

(3) フォールトツリー解析（Fault Tree Analysis、FTA）

(a) フォールトツリー解析の概要[7.5][7.11]

フォールトツリー解析（FTA）は、後述の例"油タンカーの荷役時の漏油事故"（図7.5）のような、事故・トラブルの分析対象を"頂上事象"として、これを引き起こす要因に分化した"中間事象"を経て、末端の独立した事故要因を"基本事象"とするフォールトツリー（FT, fault tree）を作成する。さらに各レベルにおける事象間の因果関係を AND 結合（論理積）注7-6 や OR 結合（論理和）注7-7 などの論理式により結びつけた構造関数で表すトップダウン的な解析法である。

フォールトツリー（FT）は、分析対象のシナリオをある程度想定しながら作成するが、一般に解析者の経験や勘に頼ってなされることが多いために、作成したツリーは解析者によって異なることがある。

注7-6　AND 結合：集合 A、B の両方に含まれる要素よりなる集合を共通集合といい、このようにファジィ（あいまい）数などの集合的な数の共通集合をつくる結合のことで、"論理積"ともいう。
注7-7　OR 結合：集合 A、B の少なくとも一方に属する要素を和集合といい、このようにファジィ（あいまい）数などの集合的な数の和集合をつくる結合のことで、"論理和"ともいう。

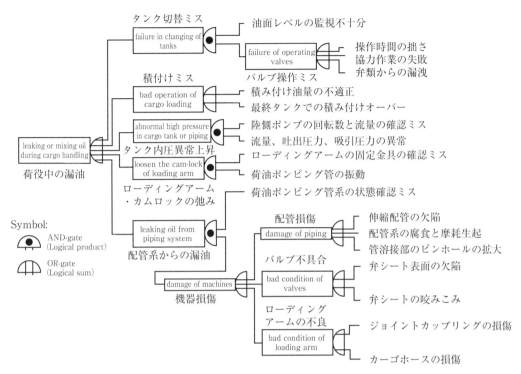

図7.5 フォールトツリーの例―荷役中の漏油事故

頂上事象（または上部事象）の生起確率を計算するには、基本事象（または下部事象）を x_i として、まず頂上事象に寄与しない事象の排除および演算の重複を取り除く必要がある。これには、"同定法則"（$x_i \bullet x_j = x_i, x_i \vee x_j = x_i$）または"吸収法則"（$x_i \vee x_i \bullet x_j = x_i, x_i(x_i \vee x_j) = x_i$）を用いて処理し、これを"既約化"という。ここに、記号 $\bullet$ は論理積、記号 $\vee$ は論理和を意味する。なお、既約化および論理演算の概念について図7.6に説明する。

次に、事象 x_i の生起確率を P_i とすると、論理演算のAND結合とOR結合を次式によって四則演算に変換して上部事象の生起確率を計算する。

$$\begin{aligned} \text{AND結合(論理積)}: & \quad [x_i \bullet x_j] = P_i P_j \\ \text{OR結合(論理和)}: & \quad [x_i \vee x_j] = 1 - (1 - P_i)(1 - P_j) \end{aligned} \quad (7.1)$$

以上のように、フォールトツリー解析は事象の推移（シーケンス）を扱うことができないが、基本事象、背景要因へと掘り下げることにより頂上事象の生起確率の推定が可能である。

(b) 人的要因と過誤の発生

(1) 基本事象の生起確率

フォールトツリー解析において基本事象の生起確率が把握できれば、頂上事象の発生確率が推定できる。しかし、基本事象にヒューマンエラーおよび人で構成する組織の不全などの人的要因を扱う場合には、ⅰ）基本事象が完全には独立でない事象、ⅱ）人的要因のために発生確率の幅

(a) 既約化の概念

(1) FT内の事象が重複する場合の既約化

$$P_{Top} = P_a \times P_b$$
$$= P_1 \times P_2 \times [1 - (1 - P_1)(- P_3)]$$

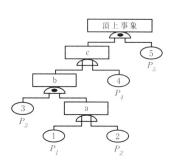
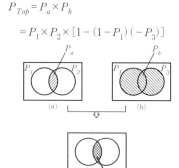

(2) 事象が重複する場合の既約化

1) 各基本事象が独立でない、2) FTに同じ各基本事象が含まれている

・同定法則

$$x_i \cdot x_j = x_i$$
$$x_i \vee x_j = x_i$$

・吸収法則

$$x_i \vee x_i \cdot x_j = x_i$$
$$x_i \cdot (x_i \vee x_j) = x_i$$

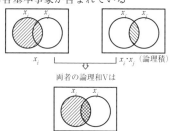

［吸収法則の概念］

(b) 論理演算の概念

(1) AND結合：［論理積］（事象が直列的な場合）

事象x_iの生起確率をP_iとする

AND-gate: $[x_i \cdot x_j] = P_i P_j$

事象が多い場合

$[x_1 \cdot x_2 \cdot x_3 \cdots] = P_1 P_2 P_3 \cdots$

(2) OR結合：［論理和］（事象が並列的な場合）

事象x_iの生起確率をP_iとする

OR-gate: $[x_i \vee x_j] = 1 - (1 - P_i)(1 - P_j)$

事象が多い場合

$[x_1 \vee x_2 \vee x_3 \cdots] = 1 - (1 - P_1)(1 - P_2)(1 - P_3)\cdots$

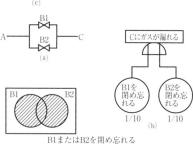

図 7.6　既約化および論理演算の概念

が極めて大きい事象、iii）極めてまれに生起する事象、など生起確率の算定が極めて難しい場合が多い。さらに事故原因は隠される傾向にあることも事実である。

一般に、海洋における事故に関しては、事故に繋がる基本事象の発生を頻度確率として扱えるほどデータの蓄積が無いために、実際には対象データの母数が大きい化学プラントや原子力プラントなどの他分野の類似データ（文献[7.5][7.11][7.12]）を活用することが考えられる。例えば、原子力プラントでの調査報告[7.12][7.13]では、人の装置に対する操作ミスや認識ミスなど人的因子の頻度確率は10^{-4}〜10^{-2}程度の項目が多数を占め、さらに10^{-5}〜10^{0}と極めて広範囲にバラついている。

この人的要因のあいまいさの表現には種々の工夫が必要である。例えば、船舶の操縦者や運用者などに対するインタビューの結果を参考にし、日常の業務や経験などから得た事故発生の危惧に対して"極めてよく起こる"、"よく起こる"、"ほとんど起らない"などの感覚的尺度（以降"危惧度"と呼ぶ）を用いることが考えられる。この他に、類似作業の過誤生起の確率（文献[7.6][7.10][7.12]）より生起確率（または危惧度）を類推する。危惧度を用いた例として、次に述べる油タンカーの荷役時の漏油事故に用いる危惧度と頻度確率の関係を図7.7（説明は後述する）のように定めている。

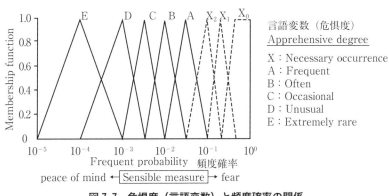

図 7.7　危惧度（言語変数）と頻度確率の関係

(2) 危惧度による発生確率の計算

基本事象の生起確率とし危惧度を用いて計算する場合[7.14]には、危惧度があいまい量であるために次の方法を用いる。

n個の基本事象x_iに対し危惧度を$\tilde{a}_i$とすると、直積集合$\tilde{D}$およびそのメンバーシップ関数[注7-9]$\mu(\tilde{D})$を以下のように定義する。なお、記号"〜"はあいまい量を意味する。また、直積集合とは、集合の集まり（集合族）に対し各集合から一つずつ元（要素）を取出して組にしたものを元（要素）として持つ新たな集合のことである。これは2つのベクトルからテンソル積をつくる演算と同じである。

$$\tilde{D} = \tilde{a}_1 \times \tilde{a}_2 \times \cdots \times \tilde{a}_n \tag{7.2}$$

注7-9　メンバーシップ関数：" 所属度関数"ともいい、ファジィ集合の要素がその集合に属する度合いを表す関数であり、0から1の間の任意の実数値で表す。0はその要素がファジィ集合に完全に属さないことを示し、1の時は完全に属することを示す。

表 7.1 荷役中の漏油事故における基本事象の生起確率

Primary event 基本事象	Apprehensive degree 危惧度		
	機側操作	遠隔操作	荷役自動化
油面レベルの監視不十分	B	D	E
操作時間の拙さ	C	D	E
協力作業の失敗	C	D	E
弁類からの漏洩	C	D	E
積み付け油量の不適正	C	D	D
最終タンクでの積み付けオーバー	B	C	E
陸側ポンプの回転数と流量の確認ミス	C	D	D
流量、吐出圧力、吸引圧力の異常	B	C	D
ローディングアームの固定金具の確認ミス	C	C	C
荷油ポンピング管の振動	A	A	A
荷油ポンピング管系の状態確認ミス	C	D	D
伸縮配管の欠陥	D	D	D
配管系の腐食と磨耗生起	C	C	C
管溶接部のピンホールの拡大	D	D	D
弁シート表面の欠陥	C	C	C
弁シートの咬みこみ	C	C	C
ジョイントカップリングの損傷	D	D	D
カーゴホースの損傷	D	D	D

$$\mu(\underset{\sim}{D})=\mu(\underset{\sim}{a_1}\times \underset{\sim}{a_2}\times \cdots \times \underset{\sim}{a_n})=\mu(\underset{\sim}{a_1})\wedge \mu(\underset{\sim}{a_2})\wedge \cdots \wedge \mu(\underset{\sim}{a_n}) \tag{7.3}$$

ただし、∧は論理和を意味する連言（and）記号であり、minimum 演算子[注7-10]として作用する。

ここで、各基本事象の危惧度を危惧度ベクトル $\underset{\sim}{a}$ として $\underset{\sim}{a}=\{a_1,a_2,\cdots,a_n\}$ のように置く。FTの構造関数を $\phi(x)$ とし、これに $\underset{\sim}{a}$ を代入し、直積集合 D 内で既約化し重複を排除すると、頂上事象のメンバーシップ関数 $\mu(\phi(\underset{\sim}{a}))$ が計算できる。なお、計算に際しては $\underset{\sim}{a}$ を α-レベル集合（縦軸メンバーシップ関数 $\mu(\phi(\underset{\sim}{a}))$ の値を与えて、横軸の集合 x_i 値を計算する）により離散化する。

（3）（例）油タンカーの荷役時の漏油事故[7.14]

油タンカーの荷役時にはポンプ停止ミスやバルブ操作ミスなどにより漏油事故が起こり、海面の油汚染を引き起こすことが稀に生じる。ここでは、"油タンカーの荷役時における漏油事故"を例題とし取上げる。そのフォールトツリー（FT）を図 7.5 に示す。

荷役作業時における各基本事象の危惧度については、作業実務者および運航管理者の経験にもとづく推定値を使用し、事象が"極めてよく起こる"（ランク X）、"よく起こる"（ランク A）、"たまに起こる"（ランク B）、"まれに起こる"（ランク C）、"極まれに起こる"（ランク D）、"ほとんど起らない"（ランク E）と感覚的にランク付けし、図 7.7 に示すように対数軸による頻度ランクごとに意味づけする。なお、危惧度が事象の頻度を感覚的に表す言語変数[注7-11]であるために、Weber-Fechner の感覚法則に従うものと考えて頻度確率の対数により危惧度を関係付け

注 7-10　minimum 演算子：2つの数や集合の内で小さい方をとる演算。ファジイ関係では2つの交わりを表し、ファジイ関係の2つのメンバーシップ関数の交わり部分の小さい方を採る。

ている。

危惧度の例として、油タンカーの荷役を、①従来型の機側操作方式、②遠隔操作・集中監視（リモコン）方式、③荷役自動化システムにより行う場合について、荷役の危惧度を作業者へのインタビューなどから表7.1に示すように推定する。これと図7.5のFTにもとづき求めた荷役時の漏油事故の生起確率は図7.8のようになり、荷役自動化の漏油事故防止に対する効果が示されている。

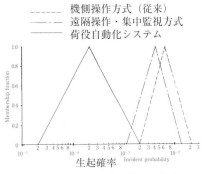

図7.8 荷役中の漏油事故の生起確率

このように、フォールトツリー解析は頂上事象を構成する基本事象間の構造が把握し易く、事故の最大原因を抽出できるために事故防止対策を策定し易い。

(4) イベントツリー解析（Event Tree Analysis、ETA）

(a) イベントツリー解析の概要

イベントツリー解析（ETA）[7.5][7.10]は、イベント（event, 事象）の推移として、関係する組織・系統、構成機器、オペレータなどがその機能を果たすかどうかの成否をバイナリ型分岐YES/NOにより表現する手法である。これは、起因（初期）事象から始まって時系列的に様々な結果事象が生じる可能性を考える場合に用いられる。イベントツリーの例として"静止対象物への船舶の衝突事故"について図7.9に示す。

イベントツリーは、事象推移の前後関係を時系列的な記述によって、事故の典型的なシナリオを作成するものである。その分岐点の事象（"ヘディング事象"という）において成否を問い、否定（NO）の場合に失敗の確率 P_n が割り当てられ、反対に成功（YES）の場合は確率 $(1-P_n)$ が与えられる。結果事象の生起確率は、各分岐での成否確率 P_n（分岐が成功の場合は $(1-P_n)$）の積で算出される。なお、ヘディング事象の抽出やツリー構成には過去の事故分析例などを踏まえ、解析者の経験・勘に頼ってなされることが多い。

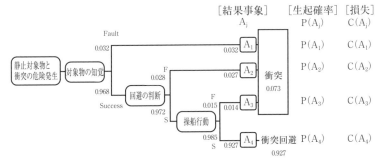

図7.9 イベントツリーの例—静止対象物への船舶の衝突事故

注7-11 言語変数：評価問題や信頼性問題では、評点を"良い"、"悪い"または事象の生起を"よくある"、"めったにない"などの定性的に言語で表した方が状態を決めやすい。実際には、これらの言語を、何らかの方法で定量化して演算を行なうことになる。

従って、イベントツリー解析手法は複数の起因事象が関係する事故については記述できない。

(b) (例) 船舶の静止物への衝突[7.14]

ETA の適用例として、"静止対象物への船舶の衝突事故"を取り上げる。その ET を図 7.9 に示すが、"対象物の知覚"、"回避行動の判断"、"操船行動"という 3 つのヘディング事象を経て、"衝突回避"または"衝突"という結果事象に至るシナリオを基にしている。なお、各ヘディング事象の成否確率については、原子力プラントの安全に係わる基本作業のエラー確率を示した NURER/CR-1278 (1983)[7.12]データをもとに FTA によって求めている。

ETA と FTA のどちらの場合でも、最終的には対象とする事故事象の持つリスクを推定・評価し、リスクが許容できないレベルにあれば、安全対策を策定してその効果を検証することになる。

7.3 リスク解析

安全性の確保は希求の課題である。ただし、これには経済的負担を伴い、また人命の価値観が関与して難しい判断が伴うが、何らかの負担限度を定める必要がある。このため、人的・物的損失の評価額と過誤対策のコストの比較などにより、安全レベルを設定するリスク解析を行う。

(1) 人間─機械系の信頼性とリスク解析

(a) リスク解析の過程

リスク解析の手順は次の 3 つの過程に分かれる[7.15]。

[1] 構造分析過程：システムの信頼性構造を把握するために、分析対象の頂上事象発生の素因・誘因となる原因子を基本事象としてフォールトツリーにより表わす。

[2] 生起確率の推定過程：シミュレーション実験、操作・運用者に対するインタビュー、過去事例のデータベースなどにより、基本事象の生起確率を推定して頂上事象の生起確率を算定する。

[3] リスク評価の過程：事故発生における人的・物的損失の評価額と過誤対策のコストの比較による"損失期待値の最小化"または"バックグランド評価"から安全レベルを設定する。これにより、信頼性向上のための改善事象を量的に把握して、過誤対策の効果を検討する。

(b) リスク評価

(1) 解析の手順

防火、避難などの安全に係わる艤装システムのリスク評価のためには、次の手順が必要である。

[1] リスク決定因子の抽出：過去の事故例の原因分析などを対象に FTA による信頼性解析を行い、潜在的危険性をもつ高い生起確率の卓越事象からリスク決定因子を抽出する。

[2] リスクの決定因子によるリスクの定量化：抽出したリスク決定因子により起因する人命、財産（船舶、機器、積み荷など）および外部環境に対する損害について予測し、リスクを算定

する。
[3] リスク評価指標の設定：[1]、[2]の段階で算定されたリスクに基き、対象とする安全（艤装）システムのリスク評価のための指標を決定する。
[4] 安全（対策）レベルの決定：リスク対策コストとリスク低減効果のバランスからコスト・ベネフィット評価またはバックグランド評価を行い、最適な安全レベルを決める。

(2) リスク評価の方法

実際には、人命安全の確保には経済的負担を伴い、これに多くの対策コストを費やすと他の安全対策が疎かになって別の危険性が高じることから、何らかの負担の限度を定める必要がある。このため、何らかの評価基準と判定法により、安全レベルを設定するリスク評価を行う必要がある[7.1]。

リスク評価には以下の2種のやり方がある。

① 総損失期待値によるリスク評価（コスト・ベネフィット評価）

人的・物的損失の期待値と安全対策のコストからなる総損失の期待値が最小となるように安全レベルを設定する。つまり、次式で表される総損失の期待値Eのなす曲線の最下点に対応する安全レベルを選ぶ。（図7.10を参照のこと）

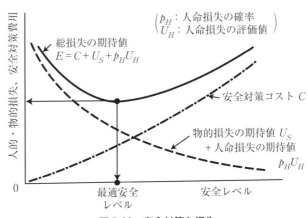

図7.10 安全対策と損失

$$E = C + U_S + p_H U_H \tag{7.4}$$

ここに、Cは安全対策のコスト、U_Sは物的損失の期待値、p_Hは人命損失の確率、U_Hは人命損失の評価値である。なお、この評価法では、人命の価値観が関与して難しい判断となる。

② バックグランド・リスク評価

コスト・ベネフィット評価による人命損失の評価に社会的コンセンサスを得る難しさを避けるために、人命損失の確率の許容値を日常生活の中に存在する危険度（バックグランド・リスク）から設定し、この許容範囲の中で経済的損失が最小な対策を採用する[7.13]。

バックグランド・リスクとしては、ある程度の社会的なあきらめや必要悪として認知された、死亡率が高い疾病による死亡、不慮の事故による死亡、自動車事故による死亡などの発生

確率を用いる。

(2) 卓越事象への対策とリスク評価―（例）避難安全システム

(a) FTAによる信頼性解析と対策案

ここでは具体的な例として船舶火災時における避難安全を取り上げる。"火災による死亡事故"は初期消火に失敗して火災が拡大し、さらに避難に失敗した場合に起きる。この事故のFTを生起確率が大きい卓越事象のみで構成すると図7.11のようになる[7.13][7.14]。特に、FTでは"異常心理"と"煙の発生・浸入"およびその類似事象が多く、生起確率も大きく卓越している。

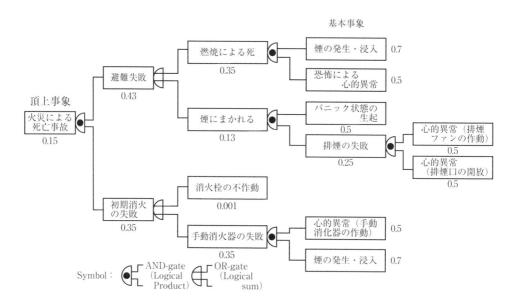

図7.11 卓越事象のみによる"火災による死亡事故"のフォールトツリー

(1) 卓越した基本事象への対策

卓越した2つの基本事象について、生起確率を下げるための具体的な対策法を考える。

① "異常心理"への対策

緊急時における心理情報処理[7.16]は状況予期(注7-12)が厳しい場合には、恐怖の情動のみ卓越して思考遮断(注7-13)状態となりパニックが起こる[7.17]。従って、"異常心理"状態の生起を回避するためには、教育・訓練による緊急時の模擬経験によりパニックの生起を抑える。

② "煙の発生・浸入"への対策

本質的な安全な対策として、壁材、床張材、備品などの"不発煙化・難燃化"があげられる。ただし、これには感性や機能上から限度がある。

注7-12 状況予期：異常が知覚されると、危機状態に対する自己のもつ定型的な判断パターンを活性化して、状況の定義または再定義することによって状況の進展状態を予期する。

注7-13 思考遮断：事故の刺激が大きく、恐怖や極度の不安に曝されてその状況予期が厳しく、その程度がある閾値を越える場合には、恐怖の情動のみ卓越して自分自身の行動判断がつかない状態となりパニックが起る。俗にいう"頭の中が真っ白"の状態である。

(2) 対策レベルと頂上事象の生起確率の関係

対策の度合いとして、上記2種の対策に対し次のように3段階の対策レベル（対策①は大文字、対策②は小文字を用いる）を設定する。

[レベルN、n]：特に対策を講じていない状態；（対策の効果：下限0.3、頂上0.7、上限1.0）
[レベルA、a]：ある程度対策を講じた状態　；（対策の効果：下限0.25、頂上0.5、上限0.7）
[レベルB、b]：かなり対策を講じた状態　　；（対策の効果：下限0.15、頂上0.3、上限0.4）

対策の効果は、事故時の環境に応じて変化して"あいまいさ"があるために、対策レベルと生起確率の低下率の関係を三角形のメンバーシップ関数[注7-9]として表わしている。この2基本事象への対策施行により頂上事象"火災による死亡事故"の生起確率も低下し、その対策レベルに応じて得られる死亡事故の生起確率は図7.12のようになる。

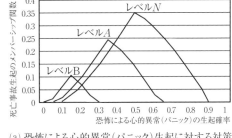
(a) 恐怖による心的異常（パニック）生起に対する対策

(b) 安全システムのリスク評価

(1) リスク解析のための要因

a) リスクの定量化と安全レベル

一般的なリスクの定義にもとづく［人命に関するリスク］R_Hは次のようになる。

$R_H =$ ［人命に被害を及ぼす事象の発生確率］$p_H \times$ ［発生時の人命損失数］N_L

ここに、p_Hは船舶火災の頻度であり、近年では4.4×10^{-4}（回／隻／年）程度である。

$N_L =$ ［"火災による死亡事故"の生起確率］$p_{TOP} \times$ ［乗船者の数］N_S

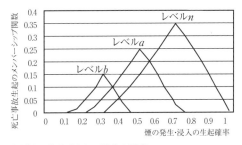
(b) 煙の発生・浸入に対する対策

図7.12　2種の卓越事象に対する対策による生起確率の減少

次に、人命に関するリスクとリスク決定因子へ及ぼす安全対策の効果の関係を求めるために、ここではリスク決定因子の生起確率をP_iとして、［安全レベル］を$S_i = 1/P_i$で定義する。さらに、n個のリスク決定因子による［安全レベル］Sは個々のリスク決定因子の［安全レベル］S_iの積で表わす。

$$S = \prod_{i=1}^{n}\left(\frac{1}{P_i}\right) \tag{7.5}$$

b) バックグラウンド・リスク評価のための評価指標

バックグラウンド・リスクとして次の項目の発生確率[7.18]を評価指標として採用する。

ⅰ）不慮の事故による死亡（2.1×10^{-4}）　ⅱ）交通事故による死亡（8.5×10^{-5}）
ⅲ）自動車事故による死亡（6.8×10^{-5}）　ⅳ）結核による死亡（2.1×10^{-5}）

(2) 対策レベルと対策費用の関係

例として、リスク決定因子"異常心理"に対するリスク低減対策にかかる費用について述べる

が、これは単なる例であり、対策の費用はその時点に応じて決めることになる。

"異常心理"に対する具体的なリスク低減対策として、避難訓練回数を増やすことが考えられる。ここでは訓練1回にかかる費用と訓練回数の積により対策費用 C を決める。この例では、対策レベル"N"は訓練0回、"A"は1回、"B"は3回としており、避難訓練における訓練1回にかかる費用は12,000円、訓練は客室乗務員全員としている。

(3) リスク評価の結果

以上のデータをもとに、船舶火災の避難安全を例としてリスク評価を行う。ここでは、計算モデルとして、クルーズ客船"A"（総トン数77,000トン、乗客数1,780名、乗組員860名）を対象とする。

客船"A"に関する、総損失期待値の最小値を求めるリスク評価（"異常心理"への対策）の計算結果を図7.13(a)に示す。これによると、"異常心理"に関する適当な対策としては安全レベル"A"近傍にあり、年1回程度の訓練に相当する。

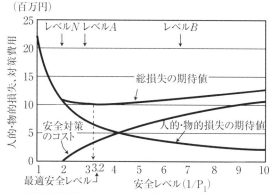
(a) 総損失期待値によるリスク評価（「異常心理」への対策）

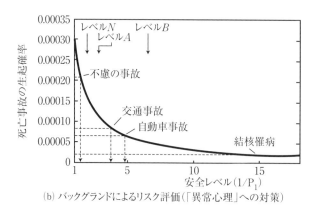
(b) バックグランドによるリスク評価（「異常心理」への対策）

図7.13　総損失期待値とバックグランドによるリスク評価

さらに、バックグラウンド・リスク評価（"異常心理"への対策）の計算結果を図7.13(b)に示す。バックグラウンド・リスクの評価指標として［交通事故による死亡］を採って判断すると、"異常心理"に関する適当な安全レベルは"A"と"B"の中間にあり、年1〜2回程度の訓練をすることが選択される。ただし、この方法では、バックグラウンド・リスクの選択により、

安全対策のレベルの判断が異なることになる。

7.4 火災安全

船舶や海洋構造物の火災時における安全確保の方策を考える上での難しさは、火災現象の複雑さと人的要因が事態の進展に極めて大きく影響することである。

(1) 火災安全の基本要因

(a) 火災安全要件

船舶では以下のような具体策により火災安全を確保する[7.19]。

1) 出火の防止：火元管理、可燃物の制限、内装材などの不燃化・難燃化、油類の漏洩注意
2) 火災の早期発見：火災の早期探知・発見・通報、火災探知機の設置
3) 火災拡大の阻止：出火場所・区画での消火、防火仕切りによる区画化、可燃物の制限、消火設備の設置、消火訓練、火災拡大現象の把握
4) 安全な避難：避難計画の策定、安全な避難経路の確保、避難支援設備（案内標識・LLL（避難案内下部照明）、煙流動阻止機器、排煙装置など）の設置、避難訓練
5) 被害の抑制：火災の可能性の高い区画と居住区画の分離

これらは、船舶では SOLAS 第 II-2 章おける防火の目標および火災安全要件となっている。これらの安全要件を確立するためには、数値解析などによる火災伝播と煙流動の現象把握に基づいて、煙の探知法と能力検証、火災拡大要因の理解、防火仕切りの性能把握、火災性状に応じた消火方法の検討、避難行動と最適経路の推定などが不可欠である。

(b) 火災安全の必要機能と評価

火災安全のためには、図 7.14 に示す流れ図に沿った、出火防止から防火・消火・避難までの機能を備える必要がある。この図から明らかなように、火災の進展に伴って必要とする機能が増

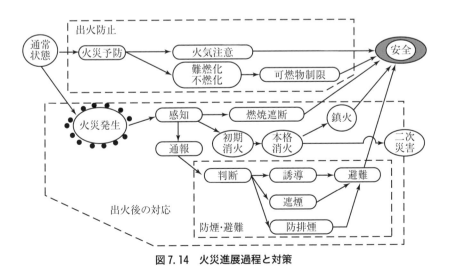

図 7.14 火災進展過程と対策

え、さらに機能目的の完遂のための仕組みが順次複雑化する。それだけに、出火時の早期対応が肝心である。

火災が起きた際に、限度を超えると火災区画は消火では修復不可能な状態となるが、他区画・部屋への延焼がなければ、火災の進展を喰い止めることができる。このことから、現在、壁、床、天井、扉などの"防火値"（断熱性や耐破損性などの防火抵抗値）が重要視されている。

船舶では、国際的な火災試験方法（FTP-Code）[注7-14]に従って試験が行われ、防火仕切りの防火値が評価されている。これらが防熱要素として完全であれば"本質安全"[注7-2]としての機能は保たれことになる。一方、消火装置、スプリンクラーなどに頼る場合には、濡れ率や作動タイミングなどの不確定要素が介在するために、"機能安全（制御安全）"[注7-3]となり安全性の質が下がることが懸念される。

(c) 船舶火災の特徴

船舶火災において、出火場所はおおよそ機関室系が57％、船室などが34％、ホールド（貨物倉）が6％を占めている。出火物としては燃料などが40％、貨物が6％、その他は船内にある可燃物である。また、出火源としては機関排気管の熱などが31％、電気設備が24％、居住関係の火気が24％、工事の火（溶接など）が10％を占めている[7.20]。もっとも、火災原因は発火源、経過、着火物の3要素の組み合わせによって決まるので、個々の事例を調べて分類する必要がある。

船舶火災は陸上建物などの一般火災とは以下のような点で異なる。

1) 船舶火災の多くは比較的密閉度が高い区画火災である。このために、可燃物の燃焼が空気（酸素）の供給の状態に依存し、火災区画から他区画への延焼には比較的時間を要する。このため、火災熱よりも煙の流動が人命を脅かし、安全上問題となる。
2) 船が港湾内またはその近くに居ない限り外部からの消火・避難などの支援が受けられない。また多量の消火水は船の沈没または水船状態を引き起こす。
3) 陸上の火災と違って船員・乗客は船外には逃げられず、乗艇甲板までの避難経路を設定する。一般に陸上建物に比べ内部構造が複雑なために避難訓練の重要度が高い。
4) 船舶の構造部材はほとんど金属であり、火災熱による耐力の低下と崩壊温度について考慮しなければならない。一般に、鋼構造では300℃までは健全度100％とし、それより高温になると直線的に低下して750℃で0％となるように仮定する[7.22]。

(2) 火災における燃焼

(a) 燃焼の理論

(1) 可燃物の発火と発熱量

火災での燃焼は一般に木材や油類などが燃える"分解燃焼"であり、熱分解を伴う。例えば木材の場合には、最初には乾燥し、その後熱分解を起こして可燃性ガスを発生する。このガスが燃焼し、火炎が加勢して連続的な燃焼にエスカレートする現象である。この外に、プロパンやメタ

注7-14　火災試験方法（FTP-Code）：国際海事機関の海上安全委員会が決議MSC.61(67)において採択した、火災試験方法の実施のための国際規則のこと。

7.4 火災安全

ンなどの可燃性ガスが燃焼するとき、ガス分子と空気分子が拡散しながら混合して燃える"拡散燃焼"などがある。

可燃物の引火温度および発火温度は表7.2に示すように異なり[7.21]、さらに含水率、気流の状態などにより変化する。火災現象の解析には引火温度260℃、発火温度400℃とすることが多い。

表7.2 引火温度と発火温度

種類	引火温度（℃）	発火温度（℃）
（木材）		
スギ	240	
ヒノキ	253	
ツガ	253	445
アカマツ	263	430
ケヤキ	264	426
シラカバ	263	438
ベイマツ		445
（プラスチック）		
ポリスチレン	370	495
ポリエチレン	340	350
エチルセルロース	290	296
ポリアミド（ナイロン）	420	424
ポリ塩化ビニール	530＜	530＜
ポリウレタンフォーム	310	415
（可燃性気体）		
メタン		632
プロパン		504
（可燃性液体）		
メタノール	11	385
ガソリン	−50〜0	300〜320
重油	60〜120	530〜590
石油原油	0＞	400〜450

燃焼反応では、元素間の結合状態が変わることにより化学エネルギーが減り、減った分が熱となって放出される量が発熱量である[7.21]。

有機物が燃焼するときの発熱量 q_G（MJ/kg）は、次のDulongの式により算定される。

$$q_G = 33.9kC + 121.4(H + O/8) - 2.51W \tag{7.6}$$

ここに、k は完全燃焼率であり、完全燃焼の場合は1.0、不完全燃焼の場合は0.3とする。また、C、H、O、W は有機物中の炭素、水素、酸素、水分の組成重量比である。なお、居室の内装材に用いる可燃物の（低）発熱量（MJ/kg）を表7.3に示す[7.21]。

表 7.3 可燃物の発熱量

種類	発熱量 (MJ/kg)
(木質系)	
スギ (比重 0.45)	18.9
合板 (比重 0.50)	18.8
パーティクルボード (比重 0.55)	16.7
硬質パーティクルボード	20.1
木毛セメント板	3.14〜5.36
(プラスチック・タイル)	
ポリエステル	21.8
アクリル	29.2
アスファルトタイル	17.3
塩化ビニールタイル	15.1〜19.4
(壁紙)	
塩化ビニール	18.0 (難燃処理 8.75)
ポリエステル	22.9 (難燃処理 7.12)
ガラス繊維	3.35
(衣料)	
綿	16.1
レーヨン	15.0
ポリアミド (ナイロン)	27.4
羊毛	21.9
(可燃性液体 (高発熱量))	
灯油	44.0〜46.0
軽油	41.9〜46.0
重油	41.9〜43.0

(2) 燃焼速度

可燃物の燃焼を酸素との準 1 次（ほぼ線形的な）反応と見なすと、見かけの反応速度 $\dot{r}(t)$ (1/s) は次の Arrhenius の式により表現できる。なお、この反応は極めて温度に対し非線形性が強い反応である。

$$\dot{r}(t) = \xi \cdot \chi_0(t) e^{-Ea/RT(t)} \tag{7.7}$$

ここに、t は時間、$T(t)$ は可燃物の絶対温度 (K)、Ea は見かけの活性化エネルギー (J/mol) であり、ξ は反応定数 (1/s)、R は気体定数 (8.314J/mol・K) である。また、$\chi_0(t)$ は燃焼の際の酸素濃度（無次元）であり、燃焼に応じて時間変化する。例えば、木材の場合には、おおよそ $\xi = 0.123$ (1/s)、$Ea = 2.03 \times 10^4$ (J/mol) である。また、燃焼による酸素の消費量は $\dot{r}(t)$ に比例する。

燃焼量を $M(t)$ (kg) とすると、燃焼速度 $\dot{m}(t)$ (kg/s) および発生熱量 $\dot{Q}_H$ (MJ/s) は次となる。

$$\dot{m}(t) = M(t)\dot{r}(t), \qquad \dot{Q}_H(t) = q_G \dot{m}(t) \tag{7.8}$$

ここに、q_G は表7.3に示す発熱量である。

(b) 区画火災

(1) 区画火災と火災伝播

　船舶、海洋構造物では囲われた空間（区画）が多く、火災の進展がオープンな空間とは異なり、このような火災は"区画火災（compartment fire）"と呼ばれる。

　延焼は火災熱により周囲の可燃物が引火温度または発火温度（無火気時）に達した場合に起る。また、火災区画から隣接区画への火災の伝播は、図7.15に示すように、構造体の熱伝導および開口や換気ダクトからの熱気流によって隣接区画の温度が上昇し、可燃物が発火温度に達して起こる。

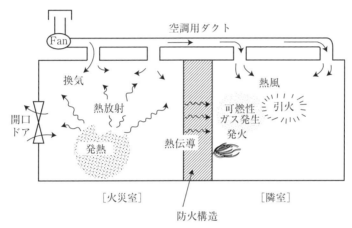

図7.15　火災伝播の概念図

(2) 区画火災の発展過程

　密閉度が比較的高い区画で火災が発生した場合には、その区画の条件、特にその密閉度や給気状態により酸素の供給量が決まって、火災の様相が変わる。船舶・海洋構造物などのように鋼構造の区画火災の特徴としては、一般に構造体が燃え抜けることが少なくて密閉度がある程度保たれ、一般建物などの火災に比べて火災時間が長くなる傾向がある。

　区画火災の発展過程を区画温度の時間変化で示すと図7.16のようになり、火災初期、火災成長期、火災最盛期、火災減衰期と進展する。

[1] 火災初期：燃焼が小さい内は十分な酸素が供給され、火災区画の上部に高温層が形成される。

[2] 火災成長期：火元近傍の可燃物が順次燃え上がり、発生した可燃性ガスが区画上部に滞留する。それが劇的に発火すると"フラッシュオーバ（flashover）"が起こり、区画内の温度は800〜1200℃まで急上昇する。

[3] 火災最盛期：火災区画の密閉度が高いと酸素供給が追いつかずに酸素（換気）支配型の燃焼となり、供給酸素量に見合った燃焼により火災が続く。この際に熱で窓ガラスが割れるなどして急激に酸素の供給があると、熱された一酸化炭素が急速に酸素と結合して爆燃する"バックドラフト（back-draft）"が起こる。

[4] 減衰期：最盛期に可燃物の大半が燃え尽き、次第に区画温度は低下して鎮火に到る。

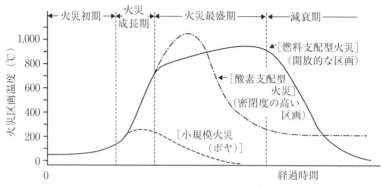

図7.16 船室区画火災の典型的な例

(3) 防火構造に関する規定

(a) SOLASの規定

船舶の防火に関するSOLAS条約の規定は、1974年に定められた事項を原則として、次第に修正が加えられ、各船級協会のルールに反映されている。例えば、NK（日本海事協会）では鋼船規則／検査要領に規則として盛り込まれている。

以下に防火構造に関するSOLASの規定を述べるが、これには緩和事項もあり、また時代の趨勢に応じて条文には多少の改正もあるので、詳細については最新の規則を参照する必要がある。

(1) 防火の基本原則

防火に関するSOLAS条約の規定の中で構造に関するものは、以下の3項である。
ⅰ）船舶を防熱上および構造上の境界により主垂直区域に区分する。（旅客フェリー、自動車運搬船などの車両区域は主水平区域の考えが適用される。）
ⅱ）居住区域[注7-15]を防熱上および構造上の境界により船舶の他の場所から隔離する。
ⅲ）可燃性材料の使用を制限する。

この他に、構造以外に防火に関して、火災の探知、火災の封じ込め、脱出設備、通路、階段の保護、消火設備、引火性貨物の扱い、などの規定がある。

なお、ⅰ）の主垂直区域による区分は主垂直隔壁により区画化し、次の規定がある。
ⅰ）主垂直区域：A級仕切りで区分し、1甲板上の平均長さが原則として40mを超えないこと。
ⅱ）主垂直隔壁：階段部およびリセス部は最小限とし、実現可能な限り隔壁甲板上の水密隔壁と同一線上とすること。防熱保全性は場所の用途に応じた防熱値を有すること。

(2) 貨物船・タンカーの防火構造方式

消火装置と火災探知装置の組み合わせによって、以下の防護方式［IC方式］、［IIC方式］、［IIIC方式］を採用することになる。これらの主な要件をまとめると表7.4のようになる[7.23]。

注7-15 居住区域：公室、廊下、洗面所、居室、事務所、病院、映写室、娯楽室、理髪室、調理器具のない配膳室、その他これらに類する場所として使用する場所をいう。

表 7.4 防護方式

	IC 方式	IIC 方式	IIIC 方式
B 級、C 級仕切り	不燃材（居住区域、業務区域、の総ての内部仕切り）	不燃材（居住区域、業務区域、においてB、C級を要求されるもの）	不燃材（IIC 方式に同じ）
A、B、C 級仕切り	不燃材	難燃材（居住区域、業務区域、においてB、C級を要求されるもの）	難燃材（IIC 方式に同じ）
内張り、天井張り、通風止め、根太	不燃材	不燃材（通路、階段囲壁内）難燃材（その他）	不燃材（通路、階段囲壁内）難燃材（その他）
居住区域	――	――	A 級または不燃 B 級で 50m^2 以下に区切る。（公室は増大可）

ⅰ）[IC 方式]：すべての内部仕切り隔壁が不燃性の [B 級仕切り] および [C 級仕切り] の構造であって、一般には居住区域および業務区域[注7-16]に自動スプリンクラー装置を備えない。

ⅱ）[IIC 方式]：火災の発生する恐れのある全ての場所に、火災探知および消火のための自動スプリンクラー装置（火災探知および火災警報装置を内蔵するもの）を備える。内部仕切り隔壁の形式には、一般に制限を設けない。

ⅲ）[IIIC 方式]：火災の発生する恐れのある全ての場所に、固定式火災探知警報装置を備える。内部仕切り隔壁の形式には、一般に制限を設けない。

ただし、[A 級仕切り] および [B 級仕切り] で仕切られる居住区域は 50m^2 を越えてはならない。

(3) 旅客船の防火構造方式

旅客船では、居住区域、業務区域および制御場所の全てを不燃材料による構造とし、ⅰ）自動スプリンクラー装置（火災探知および火災警報装置内蔵型）を装備する方式、またはⅱ）固定式火災探知装置を装備する方式のいずれかを採用することが要求される。ただし、不燃材料による構造は場所の配置に応じて隔壁および甲板の保全防熱性の度合が規定される。

この外に、旅客船の居室バルコニーにおける防火措置に関して規定がある[7.23]。

(b) 構造と材料の詳細

(1) 防火仕切り

防火構造方式には A 級、B 級、C 級の仕切りがあるが、これは以下のように定義されている[7.23]。なお、主官庁は火災試験方法（FTP-Code）[注7-14]に従って隔壁または甲板の標本の試験を要求している。

ⅰ）[A 級仕切り]：以下の要件を満たす、鋼またはこれと同等の材料で造られ、適当に補強さ

注 7-16　業務区域：調理室、調理器具のある配膳室、ロッカーなど、郵便室、金庫室、貯蔵品室、作業室（機関室の一部を形成するものを除く）、その他これらに類する場所として使用する場所および当該場所に至るトランクをいう。

れた隔壁または甲板で形成する仕切りをいう。
① 次の各級に対応して指定する時間内において、火に曝されていない側の平均温度が最初の温度よりも140℃を超えて上昇せず、継ぎ手を含めた全ての温度が最初の温度よりも180℃を超えないように、承認された不燃性材料で防熱を施されていること：
［A-60］級：60分、［A-30］級：30分、［A-15］級：15分、［A-0］級：0分
② 1時間の標準火災試験が終わるまでの間、炎および煙の通過を阻止し得ること

ⅱ）［B級仕切り］：以下の要件を満たす隔壁、甲板、仕切り（天井内張りまたは内張りで形成）をいう。
① 承認された不燃性材料で造られており、かつ、組み立て用の使用材料も不燃性のもの
② 次の各級に対応して指定する時間内において、火に曝されていない側の平均温度が最初の温度よりも140℃を超えて上昇せず、継ぎ手を含めた全ての温度も最初の温度よりも225℃を超えて上昇しないような防熱値を有すること；［B-15］級：15分、［B-0］級：0分
③ 30分の標準火災試験が終わるまで、炎および煙の通過を阻止し得ること

ⅲ）［C級仕切り］
承認された不燃性材料で造られた仕切りをいう。この仕切りは、煙および炎の通過についての要件ならびに温度上昇制限に適合することを要しない。

(2) タンカーの追加要件

対象となるタンカーとは、引火点が60℃以下の石油および石油精製品であり、レイド（高揮発性）蒸気圧が大気圧以下のもの、ならびにこれと同等の液体製品を運搬する船である。これより火災の危険性の高い液体貨物または液化ガスを輸送する船については、SOLAS 第Ⅶ章に定義された国際バルクケミカル（IBC）コード、バルクケミカル（BCH）コード、および国際ガスキャリア（IGC）コード、ガスキャリア（GC）コードなどが適用される。

一般貨物船とは異なって、タンカー特有の要件としては以下の事項がある。

ⅰ）貨物ポンプ室、貨物タンク、スロップタンクおよびコッファダムは機関区域の前方に配置しなければならないが、これらは機関区域から隔離する。

ⅱ）開口を設けることのできない区域および固定窓が要求される区域は、船楼または甲板室の前端からL_{PP}の4％（最大5m、最小3m、L_{PP}は船の長さ）以内とする。

ⅲ）貨物ポンプ室の天窓はポンプ室の外部から閉鎖できる鋼製とし、ガラスを取り付けてはならない。

なお、SOLAS にはこれ以外にも多くの防火要件が規定されているので設計にあたっては注意を要する。

(4) 煙の流動

(a) 煙の性状

(1) 煙の生成

燃焼により生成された粒子が大気中に放出され、凝縮された粒子や放出分子の凝縮液滴などが煙の粒子となり、材料の燃焼によって生成された煤などを核とする煙粒子が大気中に拡散浮遊し

ているエアゾル系を"煙"と呼んでいる[7.21]。

煙の色や濃度は煙粒子の粒子数、粒径分布と光学特性により決まる。例えば、粒径は油煙 0.03～1μm、タバコの煙 0.01～1μm、ポリエチレン 0.5～3μm（平均 1.29μm）程度である。

(2) 煙の性状と有害性

煤などの煙粒子は凝集により成長するが、最終的にその径は、炎を伴わない燃焼では 0.8～2.0μm で可視的であり、炎を伴った燃焼では 0.35～0.4μm となって、人間の吸引性粒子径 0.3～7.07μm に含まれる。また、煙粒子は微細粒子のために換気流や浮力による拡散・移流性が高く、その移動性状は気相流の扱いが可能である。

煙の主な危険性は視程の減少と発生ガスによる有毒性である[7.21][7.25]。その内、煙粒子による視程の減少は消火作業や避難時の視認性を低下させ、行動判断の障害となる。発生した有毒ガスの暴露を受けた人は、刺激と催眠作用により行動不能となり、さらに死に至る危険性がある。

(3) 煙を特徴付ける諸量

煙濃度の単位には主に、ⅰ）重量濃度（gf/m^3）（空気単位体積中の煙重量）、ⅱ）粒子濃度（個/m^3）（空気単位体積中の煙粒子数）、ⅲ）減光係数（1/m）（煙により光がどの程度遮られたかを示す光学濃度）の3種類がある。このうち重量濃度および減光係数がよく用いられる。なお、減光係数は避難行動や見通し距離（視程）を問題とする場合に使われる濃度表現である。

減光係数 Cs（単位は 1/m）は光源からの光束 I_0 が、厚さ L_S（m）の煙層を通して I_x となったとき、Lambert-Beerの法則[注7-17]が成り立つと仮定して、次式で定義する。

$$Cs = \frac{1}{L_S} \log_e \left(\frac{I_0}{I_x} \right) \tag{7.9}$$

実際の計測では、L_S を光路長さとし、煙の無い時の光の強さ I_0 および煙路に煙がある時の光の強さ I_x を照度として測定して、光束に置き換える。

(b) 発煙量と排煙

発煙速度 dC/dt（m^3/s）は、可燃物の燃焼速度 $\dot{m}(t)$（kg/s）に質量当たりの発煙係数 $S(T)$（m^3/kg）（T は可燃物の絶対温度（K））を乗じたもので表され、累積発煙量 Q_S（m^3）は次式で表される。

$$Q_S(t) = \int_0^t \dot{m}(\tau) S(T(\tau)) d\tau \tag{7.10}$$

発煙係数 $S(T)$ は、木質系材料の例を図 7.17 に示すように、くん焼状態（450℃以下）または着炎状態であるかによってその大きさは大きく異なる。

注7-17　Lambert-Beerの法則：媒質の長さと光吸収との関係を表すLambertの法則と媒質濃度と光吸収との関係を表すBeerの法則を組み合わせた光吸収に関する法則である。

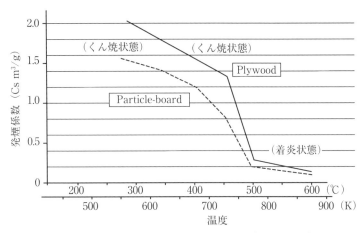

図7.17 発煙係数（合板とパーティクルボードの場合）

(5) 消火装置

(a) 消火の原理

燃え上がる火を消すには、燃焼の継続に必要な、ⅰ）可燃物、ⅱ）空気（酸素）の供給、ⅲ）熱源（高温の状態）の3要因の内からどれかを取り除くことで達成できる。従って、消火には3要因に対応した以下の方法があるが、実際には各種の消火法は各要因の組み合わせである。

1) 冷却消火：燃焼物に水などをかけて燃焼中の可燃物を冷却することにより熱源を消滅させる。特に消火水などが蒸発すると気化熱を奪って冷却効果が大きく、さらに水を噴霧状にすると効果が大きい。
2) 除去消火：燃焼物を取り除くことで火災の継続を阻止する。気体・液体可燃物ではタンクの元弁を閉じたり、可燃性蒸気が出ている場合には吹き払うことで消火できることがある。
3) 窒息消火：燃えている容器・区画などを密閉して空気（酸素）の供給を止め、酸素濃度を15〜16％以下に抑えることで消火する。特に燃えている油の消火には有効である。ただし、発火点以上で密閉不完全であると新しい空気が供給され"ブローバック（blow back）"という爆発が起こる。
4) 負触媒（抑制）消火：化学反応の速度を減速させ、連鎖反応を中断させる負触媒作用を利用して燃焼を抑えて消火する。これには、アルカリ金属塩を主成分とする粉末消火剤などがある。

(b) 消火装置と効用

一般貨物船では、上甲板、居住区および機関室に対し水消火装置を設けると共に、貨物室および機関室に対し炭酸ガス消火装置または高膨張泡消火装置を設ける。一方、タンカーでは、上甲板、居住区および機関室（ポンプルームを含む）に対し水消火装置を設け、カーゴタンク部の上甲板およびタンクに対して泡消火装置を設ける。さらに、初期消火のために持ち運び式または移動式消火器を備えると共に、消火活動を助けるための消防員装具を準備しておかなければならな

い。

　消火装置・設備の装備設計に当っては、船舶の所属する国の法律を満足する必要があり、日本では船舶消防設備規則で詳細に規定されている。また、SOLASの条項を満足しなければならない。

　以下に、船舶に用いられる各種消火装置について列挙し、消火法の特長と効用を概説する[7.23]。

(c) 水消火装置

　水消火装置は、消火ポンプにより海水を汲み上げ、船内各所に設けられた消火栓より消火ホースおよびノズルを通して放水する最も一般的な消火装置である。これは1) 消火水が蒸発するときに気化熱を奪う冷却効果、および2) 燃焼面を水蒸気で覆うことによる窒息効果によって消火するもので、居室などの一般火災に有効である。

　海水供給用の消火ポンプは、機関室内に装備されることが多く、その容量、台数はSOLASに基いて各船級協会または各国の国内法に規定されている。一般に、1,000GT以上の貨物船の機関室に2台以上（4,000GT以上の旅客物船は3台以上）設けることが必要であるが、1台は専用の消火ポンプであり、もう1台はビルジ・バラストポンプと兼用することが多い。また、機関室が火災の場合には機関室内の消火ポンプは使用不能となるために、機関室外に独立した非常用消火ポンプを設けることが義務づけられている。なお、消火栓の配置、ホースおよびノズルの装備数についても規定がある。

　例として、タンカーの水消火配管系統図を図7.18に示す。

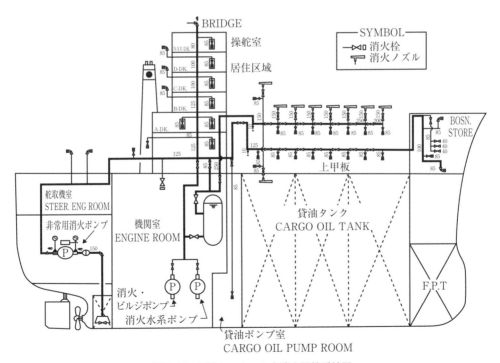

図7.18　原油タンカーの水消火配管系統図

(d) スプリンクラー消火装置

スプリンクラー（sprinkler）消火装置は、火災を防ぐために火災感知時に防火対象物の天井に配置されたスプリンクラーヘッドにより自動的に散水する装置であり、湿式タイプと乾式（予作動式）タイプに分かれる。湿式タイプは給水管とスプリンクラー配管が直結していて、常に水が充満している装置である。一方、乾式タイプは感知器の信号で配管内に水を導く装置である。また、火災探知を兼ねる場合と火災探知装置と併用する場合がある。なお、射水の有効範囲は通常のヘッド1個当たり直径約5m程度である。

この装置は、［圧力タンク］、［加圧送水装置（消火ポンプ）］、［自動警報装置（流水検知装置、表示装置、警報装置など）］、［スプリンクラーヘッド］、［送水口］、［配管・弁類］および［非常電源］などから構成されている。スプリンクラー装置は、旅客船では居住区域に装備するよう義務づけられており、貨物船では居住区の防火構造がIIC方式の場合、スプリンクラー装置が要求されている。またカーフェリー、自動車運搬船などの特殊船にも固定消火装置の一つとして装備するよう規定されている。

この装置の対象区画は、一般に、客室、乗組員室、事務室、食堂や売店などの共用室、調理室、居住区通路、エントランスなどである。

(e) 水噴霧消火装置
(1) 固定式加圧水噴霧消火装置

固定式加圧水噴霧消火装置は、ⅰ）水を微粒子状に噴霧して、その冷却作用、ⅱ）水蒸気による窒息作用、ⅲ）油に対する乳化作用、希釈作用などの効果によって消火、火勢抑止、延焼防止を図るものである。主に機関室の消火に用いられるが、タンカーの貨油ポンプ室およびカーフェリーの車両区画の消火装置として有効である。この装置のスプリンクラー装置との違いは、散水される水の粒が細かく、蒸発熱を奪う冷却効果および燃焼面を噴霧で覆う窒息効果が大きいことである。なお、水散布量は平均5 $(L/m^2/min)$ と規定されている。

水噴霧消火装置の構成は、［ノズル］、［圧力タンク］、［加圧水噴霧ポンプ］、［ポンプ始動盤］、［分配弁］、［固定配管］、［弁類］および［電路］などからなる。

この装置は、炭酸ガスなどの固定式ガス消火装置に較べ、人体や環境に対し安全であり、消火区画を閉め切る必要はない。また少量の水による急速消火のために、他の水系消火装置に較べて、水による機器への被害が最小限ですむ特長を持っている。

(2) 高圧水噴霧消火装置

機関室やタンカーの主ポンプ室の消火装置としては、過って使われたハロンガス消火装置[注7-18]の代替として高圧水噴霧消火装置が開発された。

この消火装置は、少量の清水と圧縮空気または窒素ガスを水噴霧ノズルで混合して極めて微細な霧を発生させ、ⅰ）窒息効果、ⅱ）冷却効果、ⅲ）発生水蒸気が煙の微粒子に付着して煙濃度

注7-18　ハロンガス消火装置：閉囲された区画に対し有効な高速の消火装置であり、不活性ガスの負触媒作用を利用した消火対象物を汚染しない消火法である。一般に陸上建物、航空機に用いられ、船舶では自動車運搬船の貨物倉に使われていた。しかし、ハロンガスはオゾン層を破壊する環境上の問題から1990年代に使用禁止になった。

を下げる効果により消火する。さらに、水噴霧は流動性が高いために狭い場所にも十分入り込み、区画密閉の必要がなく、油火災にも適用できる。

高圧水噴霧消火装置の配管系統図を図7.19に示す。

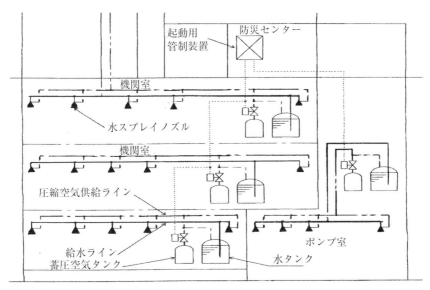

図7.19　高圧水噴霧消火装置

(f) 泡消火装置

固定式泡消火装置は、油火災を対象とする消火装置であり、機関室、タンカーの荷油ポンプ室、荷油タンクの上甲板に設置される。この装置は、泡原液（蛋白質の加水分解物が主要成分）と海水を一定比率（3％〜6％）で混合し攪拌して、泡放出口から放出する際に空気を吸い込んで空気を核とした泡を発生し、1) 燃焼面を覆う窒息効果、2) 泡の構成水による冷却効果により消火するものである。

泡消火装置（固定式）は水源の他に、[加圧送水装置（消火ポンプ）]、[泡消火薬剤貯蔵タンク]、[混合器]、[自動警報装置（流水検知装置、表示装置、警報装置など）]、[泡放出口（フォームヘッド）]、[感知ヘッド（閉鎖型スプリンクラーヘッド）]、[配管・弁類] および [非常電源] などから構成されている。

この消火装置は低膨張式と高膨張式がある。この内、低膨張式は混合液をターレットノズルから放出する際に空気と混合させて泡を放出するもので、発泡倍率が12倍以下であり、タンカー上甲板の火災を対象とする。また、高膨張式は機関室やタンカーの荷油ポンプ室に用いられるもので、発泡倍率が350倍から1,000倍までのものがある。

低膨張式泡消火装置の概念図（タンカー上甲板）を図7.20に示す。

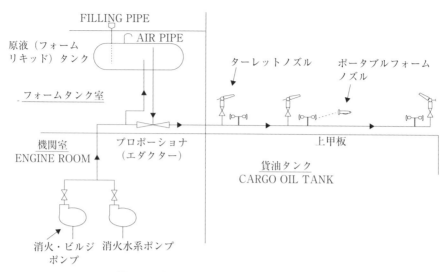

図7.20 タンカーの上甲板低膨張泡消火装置

(g) ドライケミカル（粉末）消火装置

ドライケミカル（粉末）消火装置は、粉末状の消火剤を加圧ガス（一般に窒素ガス）と共に固定配管を経てノズルから放出し、1）消火剤によって燃焼の連鎖反応を抑制する負触媒効果を主として、2）発生水蒸気の冷却作用、3）二酸化炭素による窒息作用により消火する。これは表面火災に対して消火性が速効的、能率的であり、特に火災拡大が急速な各種引火性液体の消火に適している。船舶用の粉末消火剤には、主成分として炭酸水素ナトリウムが使用され、油火災や電気火災に有効である。

粉末消火装置は［粉末消火剤貯蔵タンク］、［加圧用ガス容器］、［起動用ガス容器］、［選択弁］、［配管］、［噴射ヘッド］、［手動起動装置］、［感知器］、［制御盤］、［音響警報装置］および［蓄電池設備］などから構成されている。

ドライケミカル消火装置を装備すべき船舶の種類および装備方法はSOLASのIGCコード、IBCコードに規定されている。実際には液化ガス船の上甲板に適用されることが多い。

(h) 炭酸ガス消火装置

炭酸ガス消火装置は、消火後の水損・汚損などの影響が少ないという特性に加え、高浸透性、高絶縁性などの優れた特性を持ち、船舶では機関室、ポンプ室、特殊貨物室、倉庫などに用いられる。ただし、火災区画の密閉または半密閉が必要要件となり、放出区画に人が残っていないのを確認した上での放出となる。なお、各区画に対するガスの最大必要量は各国政府機構または船級協会により定められている。

炭酸ガス消火装置（固定式）は、1）炭酸ガスの吹き付けにより酸素濃度を燃焼限界の15%～16%以下にする窒息作用、および2）高圧シリンダーから放出時の高膨張率による断熱膨張と気化熱による冷却効果による消火である。特に、油火災や電気火災に対しその効果を発揮する。

この消火装置の構成は、［炭酸ガス貯蔵容器］、［起動用ガス容器］、［選択弁］、［配管］、［噴射

ヘッド］、［操作箱］、［感知器］、［制御盤］、［音響警報装置］および［蓄電池設備］などから構成されている。

炭酸ガス消火装置は貯蔵に高圧シリンダーを用いる高圧式（20℃、約 5.6MPa で貯蔵）と冷凍機で保冷して貯蔵する低圧式（－18℃、2.1MPa で貯蔵）の 2 種類がある。船舶ではほとんど高圧式が使われるが、大量の炭酸ガスを必要とする自動車運搬船の貨物倉には低圧式が用いられる。

炭酸ガス消火装置の概念図を図 7.21 に示す。

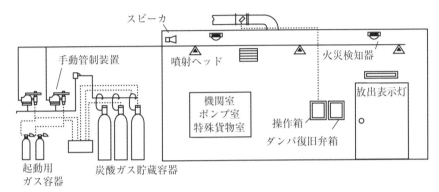

図 7.21　炭酸ガス消火装置

(i) 火災探知装置

火災の発生を初期の段階において感知して自動的に警報を発する装置が火災探知装置であり、早期発見により火災の被害を最少に抑えると同時に人命の安全を確保する。最近では機関室の無人化が進んでいるが、この種の機関室には火災探知装置の装備が要求される。また、カーフェリー、自動車運搬船などの車両甲板にも設置が要求される。

この装置は検出器の機能によって、以下のように分類される。

1) イオン式火災探知装置：煙などの燃焼生成物の微粒子がイオン化された空気を中和するので、電極間を流れる電流が減少するのを感知してイオン電流の変化として検出する。
2) 煙管（光学）式火災探知装置：火災によって発生した煙の濃度を光電素子で検出する装置であり、吸煙器、火災探知器、電動排気ファン、三方弁と煙管から成る。
3) 熱式火災探知装置：発生した火災熱を検出して警報を発するもので、差動式（温度上昇率で作動）、定温式（バイメタルによる規定温度での警報回路形成）および補償率式（差動式と定温式の組み合せ）に分けられる。
4) 赤外線・紫外線式火災探知装置：炎より発する赤外線および紫外線の放射を感知する。

なお、旅客船の火災探知装置は個々の火災探知器が識別できるものとし、居室で火災探知器が作動した場合には、その場で警報を鳴らす（現場警報）ことが求められる。[7.26]

(6) 区画火災現象の解析

防火対策のための区画火災の現象解析には、その現象特性を踏まえた数理モデルの構築が必要であるが、実際にはいくらかの経験を要する。ここでは数理モデルの考え方について説明する[7.7]。

(a) 火災現象の数理モデル

火災現象では、多くの支配要因があって互いに影響し合い、極めて微細な要因が場を支配して複雑な様相を呈したりするので、これらの現象特性を踏まえた解析をすることが必要である。

火災現象を支配する状態式としては、1) 燃焼式、2) 酸素の消費方程式、3) 生成・消費ガス（CO_2、CO、H_2O など）の生成方程式、4) 区画内の乱流熱拡散式（熱・運動量の輸送方程式）、5) 壁体間の放射熱伝達式、6) 壁体内の熱伝導方程式、などの収支および輸送方程式がある[7.27][7.28][7.29]。

これらの多数の方程式・関係式を同時に厳密に解くことには無理があり、解析のために何らかのモデル化（単純化）を行うことが必要であり、1) 対象各空間（ゾーン）を均一状態とみなす"ゾーンモデル"、および 2) 空間内（フィールド）での状態量変化を解析する"フィールドモデル"が用いられる。

(b) ゾーンモデル（Zone model）

(1) ゾーンモデルの考え方

多区画の火災伝播（延焼）のシミュレーションを対象として、"瞬時拡散の仮定"注7-19をとって、各区画空間を均一な状態量のゾーンに分ける。そして、火災伝播経路を図7.22に示すようにリニアグラフにモデル化して熱、ガス流量、化学種（ガス）濃度などの収支方程式であるゾーン方程式を解くことにより、状態量の時間変化を求めることができる。なお、煙の界面が形成される場合には煙層（上部）と下部空気層に分けた2層ゾーンモデル（概念図を図7.23に示す）[7.22][7.27]が用いられる。

(a) 簡略化された区画（セル）モデル

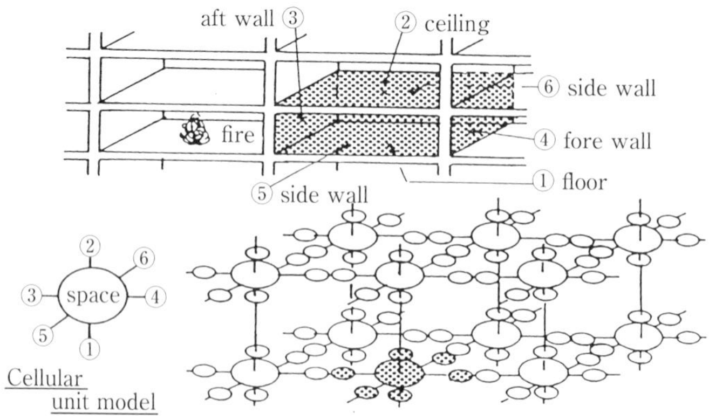

(b) 火災伝播のためのリニアグラフ

図 7.22 火災伝播経路と数理モデル

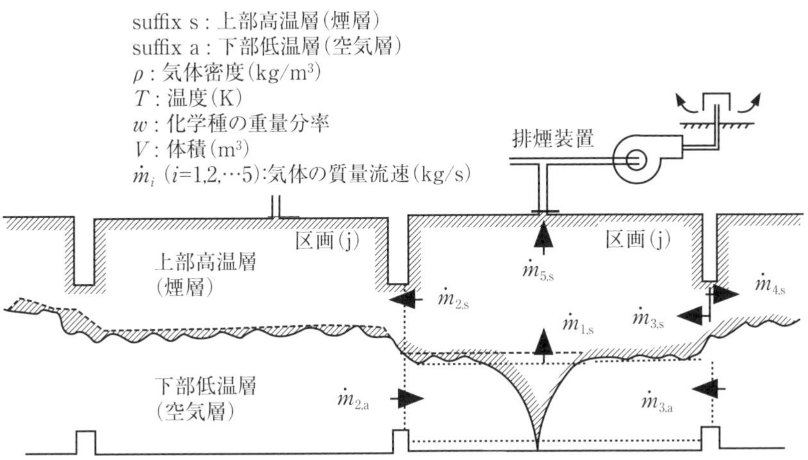
suffix s : 上部高温層(煙層)
suffix a : 下部低温層(空気層)
ρ : 気体密度(kg/m3)
T : 温度(K)
w : 化学種の重量分率
V : 体積(m3)
ṁi (i=1,2,…5):気体の質量流速(kg/s)
排煙装置
区画(j)
区画(j)
上部高温層
(煙層)
ṁ5,s
ṁ2,s
ṁ4,s
ṁ1,s
ṁ3,s
下部低温層
(空気層)
ṁ2,a
ṁ3,a

図 7.23　区画内の状態量とゾーンモデルの概念図

(2) ゾーンモデルと支配方程式

i) 可燃物の燃焼

各区画における造作材料や備品などの可燃物は形状、材料などにより燃焼特性が異なるが、火災解析では、可燃物の発熱量が等価な木材質量に換算して等価可燃物量（火災荷重）として計算に用いる。火災荷重の例としては、旅客フェリー（12,000 総トン）の 2 等船室（13.5m^2）で総計 3072MJ（床カーペット 374MJ、ベッドのクッション 1232MJ、ベッドの底板 664MJ、その他 802MJ）程度である[7.19]。

ii) 化学種の濃度収支方程式

ゾーン内の化学種（O_2、CO_2、CO、H_2O）などの質量分率（濃度）w_k に関する状態方程式は次のように表せる。

$$\rho V\frac{dw_k}{dt}=\sum_j (w_{k,j}-w_k)\dot{m}_j+\dot{n}_k \tag{7.11}$$

ここに、t は時間（s）、ρ はゾーンの気体密度（kg/m^3）、V はゾーンの体積（m^3）、$\dot{m}_j$ はゾーンの境界から流出入する気体の質量流速（kg/s）である。添字 j は対象空間に隣接する区画の空間を意味し、$\sum_j$ は流出入が生じる隣接空間の境界について和をとるものとする。また、w_k は化学種 k の重量分率、$\dot{n}_k$ はその化学種の生成速度（kg/s）であり、酸素は消費のために負値となり、窒素では 0 である。

iii) 区画内ガス温度の状態方程式

ゾーン内に流出入する熱エネルギーおよび仕事の収支より、次の区画内ガス温度 T に関する状態方程式が得られる。

注 7-19　瞬時拡散の仮定：流体・熱の移動に関わる現象は移流も含めた拡散系の問題であり、輸送方程式を解いて状態を決める必要があり、解析は大変な労力を要する場合が多い。これを空間（ゾーン）を均一状態とみなす“瞬時拡散の仮定”をとることにより、収支方程式を解けばよく、要するに加減算のみの演算で済む。

$$c_p \rho V \frac{dT}{dt} = \dot{Q}_H + \Delta H \dot{m}_B + c \sum_j (T_j - T) \dot{m}_j \tag{7.12}$$

ここに、$\dot{Q}_H$ は発生熱量およびゾーンに加わる正味の熱伝達量 (kW)、c_p は空気の定圧比熱 (kJ/kgK)、T は区画内のガス温度 (K) を表す。また、ΔH は単位燃焼量あたりの原系と生成系のエンタルピー差 (kJ/kg)、$\dot{m}_B$ は燃焼速度 (kg/s) であり、c は流入気体の比熱 (kJ/kgK) であるが一般に空気の定圧比熱 c_p で近似する。

iv) ゾーンの体積の式

2層ゾーンモデルの場合には、上部層の体積を対象とするゾーンの体積 V_s (m^3) に関する収支方程式は次のように与えられる。

$$c_p \rho_s T_s \frac{dV_s}{dt} = \dot{Q}_{H,s} + \Delta H \dot{m}_{B,s} + c \sum_{j \in s} T_j \dot{m}_j \tag{7.13}$$

ここに、s は上部層を示す添字である。下部層の体積は区画の体積から上部層の体積を差し引いて得られる。

(3) 解析例：旅客船居住区の火災拡大シミュレーション

このゾーンモデルを用いた例[7.29]として、単純な船室ユニットが No.1, No.2, No.3 … と 1 列に並んだ旅客船の居住区について火災拡大シミュレーションを行った結果を示す。端部の船室 No.1 より出火し、火災が他船室へ伝播する場合において、船室 No.1 と No.2 における室内空気、床、天井、壁体の温度および区画内ガス濃度の時間変化は図 7.24 のように得られている。

このようにゾーンモデルでは、計算対象の区画がたくさんある場合にも火災拡大の様相を解析できる。各区画内の温度や煙濃度の局所的な分布は把握できなくても、防火構造の決定および消火や避難行動などの火災安全設計には有用である。

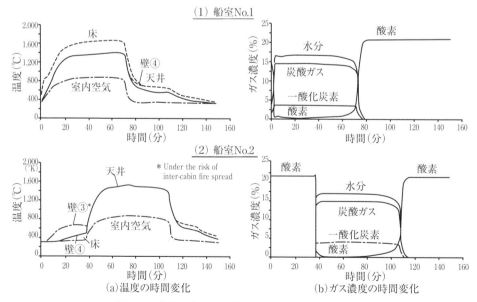

図 7.24 船室における温度およびガス濃度の時間変化

(c) フィールドモデル（Field model）

(1) フィールドモデルの考え方

火災区画内における状態量分布の変化を解析するには、空間内の対流熱伝達および開口や可燃物の配置などを考慮した火災現象を把握し、区画内の乱流熱拡散、壁体間の放射熱伝達、壁体内の熱伝導およびガスの生成・消費に関する状態方程式を導き、これに基づき数値計算を行うことになる。ただし、計算対象の区画数が多い場合には、計算量が莫大となり解析が困難である。

このために、実際には不完全系の数理モデルが用いられることが多い。例えば、可燃物の燃焼速度は周囲の酸素濃度より燃焼物の温度に大きく依存するために、ガス濃度より熱拡散の解析精度を高める必要がある。この処理として、酸素の消費、ガスの生成に関してはゾーンモデルの扱いをして、区画内気体の対流熱伝達、壁体間の放射熱伝達および壁体内の熱伝導を考慮したフィールドモデルとして数値解析[7.30]を行うことがある。一般に、このフィールドモデルに用いる支配方程式は渦粘性モデルを用いた乱流状態の運動量と熱の輸送方程式（(2.57)式，(2.58)式など）、および熱放射量の式（(2.47)式）である。

(2) 解析例：実大船室模型の火災実験と解析[7.31]

実大船室模型における火災実験に対応して、火災現象のシミュレーションを行った結果を示す。解析は、実大船室模型をモデル化して、図7.25（左図）に示すような、ドアにより連結され、断熱壁で囲まれた船室と廊下の部分空間を計算対象とする。

解析による室内計測点における温度の時間変化を図7.26(b)に示す。これに対応する実験結果は図7.26(a)である、着火から火災最盛期に至り、減衰に至るまでの様相が両者よく一致している。火災最盛期の $t=11$ 分の時点での室内温度 $T=700℃$ の等温面は図7.25（右図）のようになる。

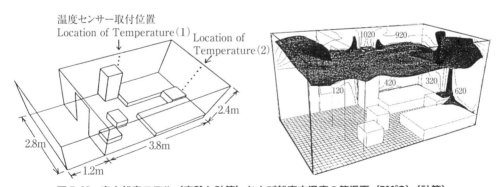

図7.25 実大船室モデル（実験と計算）および船室内温度の等温面（700℃）（計算）

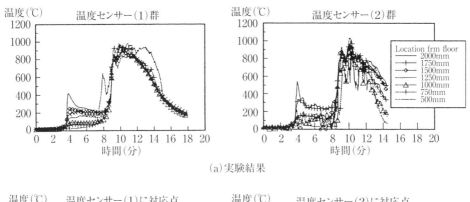
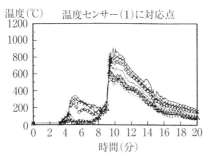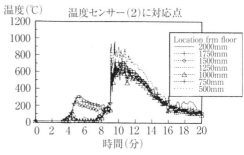

図 7.26 船室内温度の時間変化

7.5 避難安全

(1) 避難計画と規定

(a) 避難計画の考え方

避難計画の目的は、船舶の沈没時や火災時に、危険空間・区画から乗船者が混乱なく迅速に、乗艇甲板などの安全な場所に避難できるようにすることである。ただし、区画配置や避難経路を熟知し訓練を受けた乗組員が乗る貨物船やタンカーと、習慣や言語が異なったり幅広い年齢層にわたる不特定多数の乗客が乗ることが多い旅客船では、避難計画の粗密度と重要度が異なる。

(1) 避難計画の原則[7.32]

防災には Fail safe[注7-4] と Fool proof[注7-5] の二つ原則があるが、避難計画もこれに則していなければならない。

ⅰ) Fail safe の原則：火災や浸水が拡大しても避難経路が確保されること、および避難設備に故障や不具合が発生しても最低限の機能を発揮することが要求される。特に避難時の犠牲者は避難経路の不完全さによるものが多く、多重の避難経路の確保が原則となっている。

ⅱ) Fool proof の原則：緊急時には心理的に思考・行動能力は低下し、さらに状況が厳しい場合には恐怖の情動のみ卓越して思考遮断[注7-13]（俗に"パニック"という）状態が起きることを踏まえ、高度な判断を必要とせず、使い易い避難設備・システムとすること。

7.5 避難安全

(2) 避難経路[7.33]

避難計画の中では避難経路の設定が最も重要であり、以下の事項を考慮して設計を行なう。

ⅰ) 避難者が危険区画を避けるためには、安全な場所への2つ以上の経路が避難計画上必要となる。

ⅱ) 避難群衆が円滑に避難できるように、通路、階段、出入口などは十分な大きさを確保する。

ⅲ) 居室・船室などの各区画から階段までの経路は混乱を起こさない明瞭なコースとする。

ⅳ) 火災を対象とする避難経路は防火・防煙対策を行い、経路の内装を不燃化する。

(b) 旅客船に関するSOLASの規定[7.26][7.34]

旅客船での避難は不特定多数の乗客を混乱なく避難させなければならない。従って、避難計画や避難経路の設定が適切でなければ、大惨事を引き起こすことも考えられる。

1912年に客船タイタニック号（46,328総トン）が氷山と衝突・沈没した事件を契機として、船舶の安全に関する措置を国際的に取り決めるべく、1914年に"海上における人命の安全のための国際条約"（SOLAS条約）が採択された。なお、現在では国際的な航海を行う船については、全世界で統一的なルールの作成が国際海事機関IMO（International Maritime Organization）で行われている。

このSOLAS条約では、海に浮かんでいるという自己完結性や動揺などの船舶固有の特性を考慮して、脱出に関する事項を陸上建物に比べて厳しく詳細に規定している。

以下に避難に関するSOLASの規定を述べるが、これには緩和事項もあり、また時代の趨勢に応じて、条文には多少の改正もあるので、詳細については最新の規則を参照することが望ましい。

(1) 避難の基本と過程

船舶での避難は、一般に火災時の消火や脱出などに外部からの援助が期待できないので、自船の設備と人的資源・労力のみで消火・避難活動を行う必要がある。ただし、船内の乗船者は互いの面識度が高く、相互援助の面では有利な点もある。

船では、避難場所（救命艇への乗艇甲板または緊急時の指定場所）に集合し、船から離脱して初めて避難が完了となり、適切な避難経路の設定と避難計画による迅速な脱出が不可欠である。

例えば火災時には、以下の過程を遂行することが求められる。

[1] 火災検知装置の適格な作動と火災発生の確認：一般に非火災報注7-20が多数起こるために、その正否の確認および火災発生場所・火災規模について正確な把握が必要である。

[2] 旅客への火災発生の周知：火災が発生した甲板の旅客への周知のみならず、非火災甲板への連絡も遅れないようにする。その際、旅客がパニックを起こさないような避難指示が必須である。

[3] 消火装置の作動：スプリンクラー装置の自動的作動と乗組員による消火活動が平行するが、乗組員避難のための消火停止の決定と防火区画の形成には適確な判断が必要である。

[4] 船内での避難行動：旅客および乗組員は避難場所に速やかに集まる。この遂行には、適切な

注7-20 非火災報：警報器の故障・誤作動、いたずらなどによる誤って鳴る火災報である。この回数が多いために警報器のスウィッチを切ることが時々あり、大事故に繋がった事例が多くある。

避難経路の設定と避難支援設備および訓練された案内役を要する。

[5] 船からの脱出：火災が拡大する場合には、救命艇などの救命装置により船外に脱出する。

(2) 客船の避難経路

客船の避難経路は、各主垂直区域において設定することになる。

脱出経路は、各主垂直区域の各甲板から少なくとも2系統を持たねばならず、その一つは隣接する主垂直区域に通じる通路でよいが、もう一つは各垂直区域内に設置された閉囲された階段室とすることが規則に定められている。この階段室は避難場所まで連続して直接通じていなければならない。また避難上の重要な区画である通路も2方向に脱出できる配置でなければならない。

(3) 避難人員の設定

避難経路の幅は、そこを通る避難者数によって決めることになるので、各経路を通る脱出人員を設定（推定）する必要がある。特に旅客船では搭載人員が多いだけに、この設定の適確さが重要である。

人員配置は、最も厳しい配置を想定して、"DAY BOAT"（昼の人員配置）および"NIGHT BOAT"（夜の人員配置）の考え方により算出する。なお、旅客は一般に休息するための"居住部分"と様々なイベントが開かれ楽しむことのできる"公室部分"に分散させる。

ⅰ) DAY BOAT：昼間には、ほとんどの人が居室を離れ、公室（乗客、乗組員）や作業場所（乗組員）に分散しており、居住区区画に居るのは僅かである。従って、以下のように設定する。

① 旅客は全ての公室に居るものとする。各公室には最大収容人員の3/4が居るものとし、最大収容人員はその公室の席数（レストラン、劇場など）または床面積を2（m^2/人）で除した数とする。

② 乗組員は乗員定員数の1/3ずつが公室、作業場所、居室（船員室）に分散している。

ⅱ) NIGHT BOAT：

① 旅客は旅客定員数の全員が各人の居室にいる。

② 乗組員は乗員定員数の2/3が各人の居室におり、残り1/3が作業場所に分散している。

(4) 避難経路の幅

搭載人員の分散配置が決まれば、それぞれの区画から避難場所までの人の流れが設定でき、安全で停滞のない避難のための各避難経路の幅を決めることができる。IMOでは、避難経路を通る人員の数に応じて、通路および階段の幅を規定している。その規定に基く階段幅の計算例を図7.27に示す。

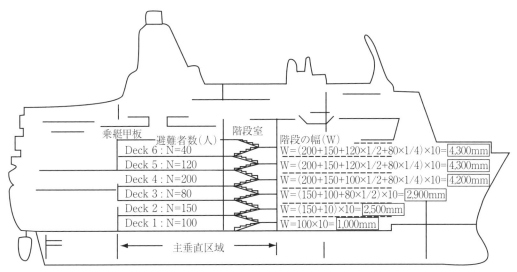

図7.27 階段幅の計算例

(2) 避難行動とシミュレーション

(a) 避難計画に係わる人的要因

(1) 避難時の心理状態と行動

ⅰ) 避難行動の傾向

避難時の人間の行動は様々であるが、一般的な習性として帰巣本能、指光本能、追従本能などがある[7.14]。この中で特に問題なのは追従本能であり、誤った避難路を選択した集団に追従した場合には多くの犠牲者が出る可能性があり、明確な避難経路の表示や適確な避難誘導が重要である。

ⅱ) 避難開始までの行動

人間が火災を知覚して避難開始するまでの時間は、区画の管理状況、火災報知器の設置状態、通報・伝達システムの信頼性などに依存している。特に、非火災報に曝されることが多く、正誤報の判断や確認のために避難行動への移行が遅れるケースが多く見られる。

ⅲ) パニック状態の生起[7.14][7.35][7.36][7.37]

危機時の心理プロセスで問題なのは、非常時の恐怖や極度の不安に曝されてその状況予期が厳しい場合には、恐怖の情動のみ卓越して自分自身の行動判断がつかない思考遮断[7.14]（パニック）状態となる。なお、遮断状態の発生を回避するためには、教育や訓練などにより緊急時の理解・行為に関する知識構造のレベルを向上させ、対応行為への移行を容易にする必要がある。

(2) 歩行速度

避難行動のシミュレーションでは年齢層に応じた歩行速度が必要となる。日本人の平均歩行速度データ[7.38]では、10歳〜59歳の青年・成人層は1.3m/s、9歳以下の低年齢層および60歳以上の高年齢層は1.0m/s程度である。なお、火災時には煙層降下に伴って歩行姿勢に影響を受けて変動する。

(b) 火災時避難の予測計算

一般に群集流の行動モデルを基本とした避難モデル[7.14][7.32][7.37][7.38]を考えることが多い。特に火災時の避難では多数のシナリオが考えられ、シナリオの選択および結果の解釈が問題となる。

(1) 避難モデルの概念

避難者が基本的には避難場所に向かうものと仮定して、避難者の滞留の発生や各空間通過に要する時間などを考慮して、避難状態を予測するための避難行動モデルを次のように考える[7.27]。

避難開始時点では避難者は全て移動出来るものとし、避難者全体を歩行（移動）速度に応じて数グループに分け、それぞれ異なる初期歩行速度を設定する。これによって避難者の行動能力のばらつきを群として盛り込んだ避難モデルとする。避難空間としては、火災時に避難者が存在する空間、避難者が移動する空間および最終避難場所となる空間を扱う。

(2) 避難行動の設定

避難行動に要する時間は、避難開始までの時間、避難者の歩行速度および避難者の滞留の発生などに大きく左右され、実際には、避難者の行動能力、経路の視認の程度、心理的状態などにより決まる。

以降の計算例では、避難者を［A：青年・成人層］、［B：低年齢層］、［C：高年齢層］、の3グループとし、水平部の歩行速度はそれぞれ1.3m/s、1.0m/s、1.0m/sとし、階段部では各グループとも水平部速度の50%を歩行速度とする。また、狭い出口や階段などでの滞留は開口部流動係数（水平部において1.5（人/m/s）、階段部では1.3（人/m/s））を設定して滞留の発生の有無を判断する。

(3) ［解析例］クルーズ客船における避難シミュレーション

ⅰ）解析モデル[7.38]

避難シミュレーションでは、図7.28に示すクルーズ客船の3層甲板にわたる火災時の避難行動を解析の対象としている。各甲板の区画と乗客・乗員422名の配置を同図(a)に示す。

この例では、利用客が多い時間帯 Day Boat（昼間の旅客・乗員配置）時にC甲板の船室（中央）からの火災発生を想定している。乗客・乗員は想定した避難行動のシナリオ［火災発生後180秒で火災室から避難、360秒後に他の区画から避難が開始する］に従い、C甲板にある2カ所の避難口を目指し、避難行動をとるものとしている。

ⅱ）シミュレーションの結果

計算による避難状況を図7.28に示す。この例では、煙流動はゾーンモデルにより別に数値計算を行っており、この避難状況は、非火災甲板の避難開始時点において既にA甲板ホールの煙層高さが0.9mに達しているために歩行速度が低下し、危険な状態になっている例である。

以上のような避難行動の数値シミュレーションを避難計画に利用するには、火災現象や煙流動の複雑さと緊急時の人的要因の多様性のために、多くの適切なシナリオについて多数計算を行ない、事態の進展を適確に把握する必要がある。

7.5 避難安全

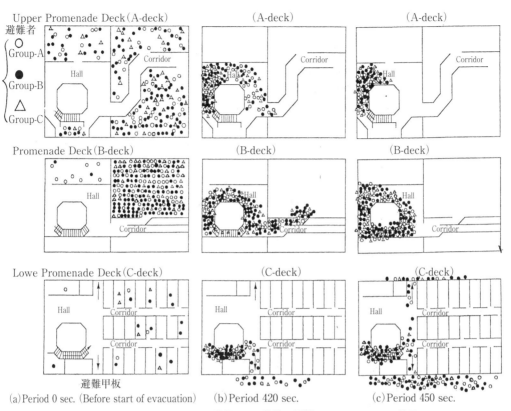

(a) Period 0 sec. (Before start of evacuation)　(b) Period 420 sec.　(c) Period 450 sec.

図 7.28　避難開始時、420 秒後、450 秒後の避難シミュレーション結果

参考文献一覧

第 1 章 船体艤装序論
[1.1] 例えば、林、大川、井口：人間・機械システムの設計、人間と技術社、(1971)
[1.2] 三浦大亮、橋本茂司：システム分析、共立出版、(1987)
[1.3] 福地信義：悪定義問題の解決—数理計画学、九州大学出版会、(2006)

第 2 章 艤装問題の解析と状態方程式
[2.1] 日本機械学会：伝熱工学資料、(第 4 版)、(1986)
[2.2] 福地信義：保温・保冷時の熱的環境に対する熱放射の影響について、日本造船学会論文集、第 155 号、pp.293-299、(1984)
[2.3] Jones,W.P., Launder,B.E.: The Prediction of Laminarization with a Two-equation Model of Turbulence, Int. Jour. of Heat Mass Transfer, Vol.15, (1972)
[2.4] Deargroff,J. W.: A Numerical Study of Three-dimensional Turbulent Channel Flow at Large Reynolds Numbers, Jour. of Fluid Mechanics, Vol.41, (1970)

第 3 章 管 艤 装
[3.1] 福地信義：高流動点原油積タンカーの船底凝固層と熱貫流について（その 1．凝固層形成と溶融）、日本造船学会論文集、第 158 号、pp.265-275, (1986)
[3.2] 造船テキスト研究会：商船設計の基礎知識、成山堂書店、(2001)
[3.3] 藤井修二（編）：建築環境のデザインと設備、市ヶ谷出版社、(2004)
[3.4] 木村宏：環境設備原論、共立出版、(1978)
[3.5] 佐藤、田中、松本：改訂 建築設備、学献社、(1974)
[3.6] Moody, L.F.: Trans. ASME, No.66, pp.671, (1964)
[3.7] 例えば、日本機械学会：機械工学便覧、9-11
[3.8] 造船テキスト研究会：商船設計の基礎（下巻）、成山堂書店、(1982)
[3.9] 関西造船協会（編）：造船設計便覧（第 4 版）、海文堂出版、(1983)
[3.10] 和田洋六：図解入門よくわかる最新水処理技術の基本と仕組み、秀和システム、(2008)
[3.11] 全国造船教育研究会（編）：造船工学、海文堂出版、(2001)

第 4 章 甲板艤装・鉄艤装
[4.1] 造船テキスト研究会：商船設計の基礎知識、成山堂書店、(2001)
[4.2] 全国造船教育研究会（編）：造船工学、海文堂出版、(2001)
[4.3] 日本小型船舶工業会：通信教育造船科講座 "艤装"、日本財団事業成果ライブラリー、(1996)
[4.4] 日本造船学会造船設計委員会：P89 大型船の係船装置と Emergency Towing Arrangement の設計指針、(1997)
[4.5] 日本造船学会造船設計委員会：P87 コンテナ船艤装の設計指針、(1996)
[4.6] 日本造船学会造船設計委員会：P90 ハッチカバーの設計指針、(1998)
[4.7] 日本造船学会造船設計・技術研究会造船設計部会：P92 "P43 操舵装置の計画基準" の見直し（改定版）、(2001)
[4.8] 関西造船協会（編）：造船設計便覧（第 4 版）、海文堂出版、(1983)
[4.9] 日本造船学会造船設計委員会：P86 船内交通設計指針（改定版）、(1995)
[4.10] 大橋将太：旅客船のバリアフリー化について、日本造船学会誌、856 号、(2000)
[4.11] 宮崎恵子：研究サイドからの提言、日本航海学会海洋工学研究会・日本造船学会造船設計技術研究委員会合同シンポジウム 旅客船におけるバリアフリー、(2001)
[4.12] 日本造船学会造船設計委員会：P83 救命設備計画指針、(1992)
[4.13] 日本造船学会造船設計委員会：P71 艤装品の振動と防止対策、(1985)
[4.14] 日本造船学会造船設計委員会 P7 小委（志村輝夫）：レーダーマストの固有振動数に及ぼす基本的ン要因の影響について、日本造船学会誌、第 682 号、(1986)
[4.15] 日本海事協会：造船振動設計指針、(1981)

第 5 章 快適さのための環境設計
[5.1] 建築設備体系編集委員会（編）：建築設備体系Ⅰ 建築設備原論Ⅰ、彰国社、(1965)
[5.2] 乾、長田、他 2 名：新建築学体系 11 環境心理、彰国社、(1981)
[5.3] 大山正：色彩心理学入門、中公新書、(1994)

[5.4]　南幸治（編）：建築計画原論・建築設備、共立出版、(1957)
[5.5]　木村宏：環境設備原論、共立出版、(1978)
[5.6]　建築設備体系編集委員会（編）：建築設備体系Ⅰ　建築設備原論Ⅰ、彰国社、(1965)
[5.7]　例えば、平山崇：建築学体系22　音響設計、彰国社、(1981)
[5.8]　建築設計計画基準委員会（編）：日本建築学会設計計画パンフレット4　音響設計、日本建築学会、(1965)
[5.9]　渡辺要、石井聖光：室内の音場分布理論について、日本建築学会研究報告、No.44, pp.40-44, (1958)
[5.10]　Lyon, R.H.: Stastistical Energy Analysis of Dynamical Systems, M.I.T. Press, (1975)
[5.11]　鈴木羊二、尾川正行：海洋構造物・作業船の騒音予測、日本造船学会論文集、第162号、pp.401-411, (1988)
[5.12]　例えば、入江吉彦：SEA法による固体伝播音解析、日本音響学会誌、第48巻、第6号、pp.433-444, (1992)
[5.13]　田代、高橋、他4名：船舶騒音予測プログラム：SEA理論の適用、日本造船学会論文集、第150号、pp.564-575, (1981)
[5.14]　造船テキスト研究会：商船設計の基礎知識、成山堂書店、(2001)
[5.15]　中山昭雄（編）：温熱生理学、理工学社、(1995)
[5.16]　人間―熱環境系編集委員会編：人間―熱環境系、日刊工業新聞社、(1989)
[5.17]　建築学大系編集委員会編：建築学大系8、彰国社、(1959)
[5.18]　中橋美智子、吉田敬一：新しい衣服衛生、南江堂、(1990)
[5.19]　ISO7933: Hot environments-Analytical determination and interpretation of thermal stress using calculation of required sweat rate, (1989)
[5.20]　村山雅己、福地信義、中橋美智子：暑熱環境下の海洋作業における熱的限界と温熱対策に関する研究（その1）、日本造船学会論文集、第179号、pp.239-251, (1996)
[5.21]　村山雅己、福地信義、中橋美智子：暑熱環境下の海洋作業における熱的限界と温熱対策に関する研究（その2）、日本造船学会論文集、第182号、pp.507-519, (1997)
[5.22]　Nishi, Y. Gagge, A.P.: Humid operative temperature. A biophysical index of thermal sensation and discomfort, Jour. of Physiology, Paris, No.63, pp.365-368, (1971)
[5.23]　井上宇市：空気調和ハンドブック、丸善、(1982)
[5.24]　空気調和・衛生工学会編：空気調和・衛生工学便覧1基礎編、空気調和・衛生工学会、(1989)

第6章　居住区艤装

[6.1]　日本小型船舶工業会：通信教育造船科講座"艤装"、日本財団事業成果ライブラリー、(1996)
[6.2]　造船テキスト研究会：商船設計の基礎知識、成山堂書店、(2001)
[6.3]　建築設備体系編集委員会（編）：建築設備体系Ⅰ　建築設備原論Ⅰ、彰国社、(1965)
[6.4]　南幸治（編）：建築計画原論・建築設備、共立出版、(1957)
[6.5]　木村宏：環境設備原論、共立出版、(1978)
[6.6]　佐藤、田中、松本：改訂建築設備、学献社、(1974)
[6.7]　長岡順吉：冷暖房及び換気、共立出版、(1969)
[6.8]　Psychrometric Chart-Sea Level-ST, Carrier Corp. Cat. No. 794-001, (1975)
[6.9]　建築設計計画基準委員会（編）：日本建築学会設計計画パンフレット18　換気設計、日本建築学会、(1965)

第7章　艤装システムの安全

[7.1]　川越邦雄　他：新建築学大系12　建築安全論、彰国社、(1983)
[7.2]　畑村洋太郎：失敗知識データベースの構造と表現、科学技術振興機構、http://shippai.jst.go.jp/fkd/Contents?fn=1&id=GE0704, (2005)
[7.3]　浅居喜代治：現代人間工学概論、オーム社、(1980)
[7.4]　村山雄二郎：内航タンカー近代化船・荷役自動化システム共同研究資料、(1994)
[7.5]　林喜男：人間信頼性工学、海文堂、(1984)
[7.6]　Rasmussen, J.: Classification System For Reporting Events Involving Human Malfunction, Riso-M-2240, (1981)
[7.7]　福地信義：悪定義問題の解決―数理計画学、九州大学出版会、(2006)
[7.8]　清水、佐野：設備信頼性工学、海文堂出版、(1987)
[7.9]　鈴木、牧野、石坂：EMEA・FTA実施法、日科技連、(1982)

[7.10] 例えば、安部俊一:システム信頼性解析法、日科技連、(1987)
[7.11] D.M. Kammen、D.M. Hassenzahl:リスク解析学入門、シュプリンガー・フェアラーク東京、(2001)
[7.12] A.D.Swain, H.E.Guttmann: Handbook of Human-reliability Analysis with Emphasis on Nuclear Power Plant Applications, U.S. Nuclear Regulatory Commission, (1983)
[7.13] Rasmussen,J: Classification System for Reporting Events Involving Human Multifunction, Riso-M-2240, (1981)
[7.14] 福地信義:ヒューマンエラーに基づく海洋事故、海文堂出版、(2007)
[7.15] 宇宙開発事業団:ヒューマンファクター分析ハンドブック補足(暫定)版、(2001)
[7.16] 池田謙一:認知科学選書9 緊急時の情報処理、東京大学出版会、(1986)
[7.17] 安部北夫:パニックの人間科学、ブレーン出版、(1986)
[7.18] 佐藤方彦 他:人間工学基準数値数式便覧、技報堂出版、(1992)
[7.19] 日本造船研究協会RR73委員会:船舶の防火に関する調査研究(SOLAS II-2章総合見直し)成果報告書(平成12年3月)、日本造船研究協会、(2000)
[7.20] 日本サルベージ技術室:海難の処置と応急マニュアル、成山堂書店、(1995)
[7.21] 日本火災学会:火災便覧、共立出版、(1986)
[7.22] 日本火災学会(編):火災と建築(4章 燃焼と火炎性状)、共立出版、(2002)
[7.23] 日本造船学会造船設計委員会:JSDS-16 船舶消火設備設計指針(第2改訂版)、(1994)
[7.24] 日本造船学会造船設計・技術研究会造船設計部会:P-101 居住区防火・防熱設計指針、(2008)
[7.25] 平野敏右:燃焼学、海文堂出版、(1986)
[7.26] 太田進、梅田直哉:クルーズ時代に対応する新しい客船安全基準、咸臨(日本船舶海洋工学会誌)、第17号、(2008)
[7.27] 田中孝義:建築火災安全工学入門、日本建築センター、(1993)
[7.28] 日本火災学会(編):火災と建築(4章 燃焼と火炎性状)、(2002)
[7.29] 日本機械学会:燃焼の数値計算、丸善、(2001)
[7.30] 福地、大石:不完全系フィールドモデルによる区画火災伝播の現象解析、日本造船学会論文集、第180号、pp.721-730, (1996)
[7.31] 胡、福地、吉田:開口のある区画の乱流熱対流に関する3次元数値計算、西部造船会会報、第100号、pp.189-198, (2000)
[7.32] 堀内三郎(監修):建築防火(第5章 避難の性状と計画)、朝倉書店、(1994)
[7.33] 日本火災学会(編):火災と建築(10章 避難設計)、共立出版、(2002)
[7.34] 炭竃豊:4.火災時の避難 (a)旅客船の避難経路配置、TECHNO MARINE(日本造船学会誌)、第799号、(1994)
[7.35] 堀内三郎 他4名:大洋デパート火災における避難行動について(その2)、日本建築学会大会学術講演梗概集(北陸)、(1974)
[7.36] 斎藤平蔵 他6名:火災と人間行動のシミュレーション(その3)、在館者の行動・心理の法則性、日本建築学会大会学術講演梗概集(中国)、1977)
[7.37] 防災システム研究会:建築防火の基本計画、オーム社、(1977)
[7.38] 福地、篠田、今村:人的要因を考慮した火災時の避難安全性に関する研究、日本造船学会論文集、第184号、(1998)

索　引

欧　文

Active 対策 …………………… 175
Air Duct 方式 ………………… 152
AND 結合 ……………………… 180
Archimedes 数 ………………… 17
Arrhenius の式 ………………… 194
back-draft ……………………… 195
Colebrook-Moody の式 ……… 37
DAY BOAT …………………… 212
Depuit（ドピュイ）の仮定 …… 37
flashover ……………………… 195
FMEA …………………………… 180
Fourier の法則 ………………… 10
Grashof 数 ……………………… 17
homeostatis …………………… 101
latent heat …………………… 144
Met（metabolic equivalents）
　………………………………… 132
Navier-Stokes の方程式 ……… 27
NC 値 …………………………… 123
Newton の法則 ………………… 15
NIGHT BOAT ………………… 212
Noise Criterion Number …… 123
Noise Rating Number ……… 123
NR 数 …………………………… 123
Nusselt（ヌッセルト）数 …… 16
OR 結合 ………………………… 180
Passive 対策 …………………… 175
Planck（プランク）の法則 …… 21
PMV（Predicted Mean Vote）
　………………………………… 134
Prandtl 数 ……………………… 17
Reynolds 数 …………………… 17
SEA 法 ………………………… 124
sensible heat ………………… 144
Steering engine ……………… 81
WBGT 熱ストレス …………… 136
Weber-Fechner の法則 ……… 102
Wein の変位即 ………………… 22

ア　行

悪構造問題 ………… はじめに v, 5
悪定義問題 ………… はじめに v, 5
圧力損失 ……………………… 36
泡消火装置 …………………… 203
安全レベル …………………… 189
錨 ……………………………… 61
異常心理 ……………………… 188
イナートガス装置 …………… 52
イベントツリー解析（ETA）
　………………………………… 185
引火温度 ……………………… 193
インダクションユニット方式
　………………………………… 164
飲料水管系統 ………………… 56
ウインドラス ………………… 64
ウェバー-フェヒナーの法則
　………………………………… 102
渦粘性モデル ………………… 28
エア・ダクト ………………… 156
エダクタ ……………………… 40
遠心ポンプ …………………… 39
オートパイロット …………… 80
汚水管 ………………………… 56
汚水処理装置 ………………… 57
音の強さレベル ……………… 112
音圧レベル …………………… 113
音響設計 ……………………… 116
音源のパワーレベル ………… 113
温度差による浮力の影響 …… 28

カ　行

海水淡水化 …………………… 47
拡散 …………………………… 7
拡散相純度 …………………… 151
拡散燃焼 ……………………… 193
拡大要因 ……………………… 175
火災安全 ……………………… 191
火災試験方法（FTP-Code）
　………………………………… 197
火災探知装置 ………………… 205
火災による死亡事故 ………… 188
舵取機の力量 ………………… 82
渦動粘性係数 ……………… 27, 29
稼働率 ………………………… 179
貨物倉の通風装置 …………… 91
貨油管システム ……………… 48
感覚的尺度 …………………… 183
換気回数 ……………………… 149
管材 …………………………… 34
完全黒体 ……………………… 21
乾燥空気 ……………………… 144
管継手 ………………………… 35
ガントリー型デッキクレーン … 70
機器抵抗 …………………… 36, 153
危惧度 ………………………… 183
艤装数 ………………………… 61
艤装品の振動 ………………… 93
機能安全 ……………………… 192
基本事象 ……………………… 180
キャビテーション …………… 41
吸音材料 ……………………… 121
吸音率 ………………………… 116
給水器具単位 ………………… 54
救命設備 ……………………… 88
救命艇 ………………………… 89
境界層 ………………………… 15
共振回避 ……………………… 94
強制対流 ……………………… 17
居住区設計 …………………… 137
居住区排水管 ………………… 56
キルヒホッフの法則 ………… 21
空気管 ………………………… 45
空気抜管 ……………………… 45
空中音 ………………………… 111
区画火災 ……………………… 195
クルーズ客船における避難
　シミュレーション ………… 214
グローブ温度 ………………… 133
係船金物 ……………………… 67
係船機 ………………………… 65
係船限界の基準 ……………… 59
係船装置 ……………………… 59
係船方法 ……………………… 60
形態係数 ……………………… 24
煙の発生・浸入 ……………… 188
減光係数 ……………………… 199
舷梯 …………………………… 87

索　引

顕熱…………………… 144
原油洗浄………………… 53
効果温度（OT）………… 134
格子平均モデル………… 28
構造体の遮音…………… 119
交通バリアフリー法…… 84
高粘度油………………… 34
勾配……………………… 7
高流動点油……………… 34
国際的な火災試験方法… 192
故障モードとその影響解析… 180
固体伝播音……………… 111
固有振動数の計算……… 94
コンテナ荷役装置…… 68,70
コンテナの積付と固縛… 74

サ 行

ザイデル（Zeidel）の式 …… 150
残響時間………………… 115
色彩調節………………… 108
刺激……………………… 101
事故の遷移……………… 176
自然対流………………… 17
実在気体………………… 30
実大船室模型の火災実験と解析
　…………………………… 209
失敗知識データベース… 176
自動浚油装置………… 49,50
ジブ型デッキクレーン… 69
湿り空気………………… 143
湿り空気線図…………… 144
自由降下型救命艇……… 90
修正有効温度…………… 133
重力換気………………… 148
ジュール・トムソン効果… 168
主垂直隔壁……………… 196
主垂直区域……………… 196
主操舵装置……………… 80
純度効率………………… 150
消火の原理……………… 200
照度……………………… 103
照明の設計……………… 110
諸室配置………………… 140
シングルメイン方式…… 43
人体の熱平衡方程式…… 132
人的過誤………………… 178

振動数推定……………… 95
振動の加速度レベル…… 129
振動の感度と許容限界… 129
吸込揚程………………… 42
水頭……………………… 33
ステファン・ボルツマンの法則
　…………………………… 22
ストリッピング………… 49
スプリンクラー消火装置… 202
静圧回復法……………… 156
制御安全…………… 175,192
成否確率 P_n ……………… 185
絶対湿度………………… 144
設備騒音の振動………… 120
潜熱……………………… 144
船舶の照度基準………… 109
全放射エネルギー……… 23
全揚程…………………… 41
素因……………………… 175
騒音規制………………… 121
騒音の要因……………… 117
騒音防止設計…………… 118
騒音レベル……………… 117
総損失期待値によるリスク評価
　…………………………… 187
相対湿度………………… 144
操舵機…………………… 81
操舵装置………………… 79
相当外気温……………… 169
送風機…………………… 157
ゾーンモデル…………… 206

タ 行

体温調節………………… 132
対流熱伝達…………… 9,14
対流熱伝達方程式……… 14
単一ダクト方式………… 163
タンク液面計…………… 51
タンク加熱管…………… 53
タンク洗浄……………… 53
炭酸ガス消火装置……… 204
断熱膨張………………… 168
暖房時の室温変化……… 160
暖房ディグリーデー…… 158
暖房負荷………………… 158
中間事象………………… 180

昼光率…………………… 108
頂上事象………………… 180
調整……………………… 101
潮流抵抗………………… 66
抵抗係数………………… 37
定常熱伝導……………… 10
デッキクレーン………… 68
等感曲線………………… 113
統計的エネルギー解析… 124
動粘度…………………… 26
動揺病…………………… 131
投・揚錨装置…………… 63
ドライケミカル（粉末）消火
　装置…………………… 204

ナ 行

2流体モデル……………… 31
荷役遠隔制御システム… 50
荷役時の漏油事故……… 184
荷役装置………………… 68
ニュートン流体………… 25
人間と機械の機能配分… 177
熱拡散係数……………… 14
熱拡散方程式…………… 28
熱拡散率………………… 12
熱貫流…………………… 19
熱伝達抵抗……………… 15
熱伝達率………………… 15
熱伝導…………………… 9
熱伝導抵抗…………… 10,11
熱伝導率………………… 10
熱放射…………………… 20
粘性係数………………… 26

ハ 行

灰色体…………………… 21
背景条件………………… 2
背後要因（4M）………… 178
梯子……………………… 84
把駐力…………………… 61
発煙係数………………… 199
発火温度………………… 193
バックグランド・リスク評価
　…………………………… 187
バックドラフト………… 195
ハッチ…………………… 85

索　引

ハッチカバー……………………… 75
ハッチカバーの開閉機能……… 76
ハッチカバーの種類………… 76
バラスト管…………………… 43
バラスト水処理装置……… 2, 44
パワーフローの計算式……… 125
反応…………………………… 101
非定常熱伝導………………… 11
避難計画の原則…………… 210
避難行動のシミュレーション
　……………………………… 213
非ニュートン流体…………… 25
ヒューマンエラー………… 178
錨鎖…………………………… 62
ビルジ管……………………… 44
ファンコイルユニット方式… 164
フィールドモデル………… 206
フィジビリティ・スタディ…… 4
風圧抵抗……………………… 66
風力換気……………………… 148
フォールトツリー解析（FTA）
　……………………………… 180
物質の輸送方程式…………… 31
フラッシュオーバ………… 195
プランジャータイプの操舵機… 82
フレキシブル制約……………… 5
プログラム条件………………… 3
分解燃焼…………………… 192
平均故障間隔……………… 179
ヘディング事象…………… 185

ベルヌーイの定理…………… 33
ベント管装置………………… 51
弁類…………………………… 35
防火構造方式……………… 197
防火値……………………… 192
防護方式…………………… 196
放射束……………………… 103
放射熱伝達………………… 9, 20
放射率……………………… 21
防振対策………………… 94, 130
防熱構造…………………… 171
防熱材……………………… 171
飽和蒸気圧…………………… 33
ボートダビット……………… 89
補助操舵装置………………… 80
ホメオステイシス………… 101
本質安全……………… 175, 192
ポンピング…………………… 40
ポンプ………………………… 39

マ 行

摩擦損失………………… 36, 153
摩擦抵抗係数…………… 37, 153
マンセル表色系…………… 104
マンホール…………………… 85
見かけの反応速度………… 194
水消火装置………………… 201
水噴霧消火装置…………… 202
ムーディ線図……………… 153
目標条件……………………… 2

モリエル線図……………… 167

ヤ 行

油圧管システム……………… 46
誘因………………………… 175
有効温度（ET）…………… 133
有効放射定数………………… 24
揚錨機………………………… 64

ラ 行

乱流熱流束…………………… 28
リスク解析………………… 186
理想気体……………………… 30
糧食冷蔵庫………………… 169
旅客船居住区の火災拡大
　シミュレーション……… 208
旅客船に関するSOLASの規定
　……………………………… 211
リングメイン方式…………… 44
冷凍サイクル……………… 166
レイノルズ応力……………… 28
冷媒………………………… 168
レーダーマスト……………… 95
ロータリーベーンタイプの
　操舵機……………………… 81
ローディング・ステーション… 49
論理積……………………… 180
論理和……………………… 180

著者略歴

福地　信義（ふくち　のぶよし）
- 1967.3　九州大学大学院工学研究科修士課程修了
- 1967.4　三菱重工業㈱入社、広島造船所造船設計部に配属
- 1972.1　長崎大学工学部（構造工学科）講師、後に助教授
- 1985.4　九州大学工学部（造船学科）教授
- 2006.3　九州大学大学院工学研究院（海洋システム工学部門）退職、九州大学名誉教授

内野　栄一郎（うちの　えいいちろう）
- 1977.3　九州大学工学部造船学科卒業
- 1977.4　三菱重工㈱入社　長崎造船所に配属
　　　　　船舶・海洋事業本部　船海技術総括部　長崎船海技術部次長を経て
- 2013.9　三菱重工㈱退職
- 2013.10　長崎船舶装備㈱入社
- 2018.6　長崎船舶装備㈱ 常務取締役

安田　耕造（やすだ　こうぞう）
- 1978.3　九州大学工学部造船学科卒業
- 1978.4　佐世保重工業㈱入社　佐世保造船所に配属
　　　　　造船所副所長を経て
- 2016.4　㈱名村造船所に異動
- 2017.10　佐世保重工業㈱に復帰
- 2019.1　佐世保重工業㈱ 新造船事業部長補佐

船舶海洋工学シリーズ⑩
せんたい ぎ そうこうがく
船体艤装工学(改訂版)

定価はカバーに
表示してあります。

2012年10月18日　初版発行
2019年 1 月18日　改訂初版発行

著　者　福地 信義・内野 栄一郎・安田 耕造
監　修　公益社団法人 日本船舶海洋工学会
　　　　能力開発センター 教科書編纂委員会
発行者　小 川 典 子
印　刷　亜細亜印刷株式会社
製　本　株式会社 難波製本

発行所　鱶成山堂書店

〒160-0012　東京都新宿区南元町4番51　成山堂ビル
TEL：03(3357)5861　　FAX：03(3357)5867
URL　http://www.seizando.co.jp
落丁・乱丁本はお取り換えいたしますので、小社営業チーム宛にお送りください。

©2012　日本船舶海洋工学会
Printed in Japan

ISBN978-4-425-71522-0

成山堂書店発行　造船関係図書案内

水波問題の解法 −2次元線形理論と数値計算−	鈴木勝雄 著	B5・400頁・4800円
基本造船学（船体編）	上野喜一郎 著	A5・304頁・3000円
コンテナ船の話	渡辺逸郎 著	B5・172頁・3400円
LNG・LH2のタンクシステム −物理モデルとCFDによる熱流動解析−	古林義弘 著	B5・392頁・6800円
和英英和船舶用語辞典	東京商船大学船舶用語辞典編集委員会 編	B6・608頁・5000円
新訂 船と海のQ&A	上野喜一郎 著	A5・248頁・3000円
海洋構造力学の基礎	吉田宏一郎 著	A5・352頁・6600円
商船設計の基礎知識【改訂版】	造船テキスト研究会 著	A5・392頁・5600円
氷海工学 −砕氷船・海洋構造物設計・氷海環境問題−	野澤和男 著	A5・464頁・4600円
造船技術と生産システム	奥本泰久 著	A5・250頁・4400円
英和版 新船体構造イラスト集	惠美洋彦 著/作画	B5・264頁・6000円
流体力学と流体抵抗の理論	鈴木和夫 著	B5・248頁・4400円
SFアニメで学ぶ船と海 −深海から宇宙まで−	鈴木和夫 著/逢沢瑠菜 協力	A5・156頁・2400円
船舶で躍進する新高張力鋼 −TMCP鋼の実用展開−	北田博重・福井努 共著	A5・306頁・4600円
船舶海洋工学シリーズ① 船舶算法と復原性	日本船舶海洋工学会 監修	B5・184頁・3600円
船舶海洋工学シリーズ② 船体抵抗と推進	日本船舶海洋工学会 監修	B5・224頁・4000円
船舶海洋工学シリーズ③ 船体運動 操縦性能編	日本船舶海洋工学会 監修	B5・168頁・3400円
船舶海洋工学シリーズ④ 船体運動 耐航性能編	日本船舶海洋工学会 監修	B5・320頁・4800円
船舶海洋工学シリーズ⑤ 船体運動 耐航性能初級編	日本船舶海洋工学会 監修	B5・280頁・4600円
船舶海洋工学シリーズ⑥ 船体構造 構造編	日本船舶海洋工学会 監修	B5・192頁・3600円
船舶海洋工学シリーズ⑦ 船体構造 強度編	日本船舶海洋工学会 監修	B5・242頁・4200円
船舶海洋工学シリーズ⑧ 船体構造 振動編	日本船舶海洋工学会 監修	B5・288頁・4600円
船舶海洋工学シリーズ⑨ 造船工作法	日本船舶海洋工学会 監修	B5・248頁・4200円
船舶海洋工学シリーズ⑩ 船体艤装工学【改訂版】	日本船舶海洋工学会 監修	B5・240頁・4200円
船舶海洋工学シリーズ⑪ 船舶性能設計	日本船舶海洋工学会 監修	B5・290頁・4600円
船舶海洋工学シリーズ⑫ 海洋構造物	日本船舶海洋工学会 監修	B5・178頁・3700円

最新総合図書目録無料進呈　　　　　　※定価は本体価格（税別）